RF DESIGN SERIES

はじめての
高周波測定

測定の手順をステップ・バイ・ステップで詳解!

市川裕一 [著]
Yuichi Ichikawa

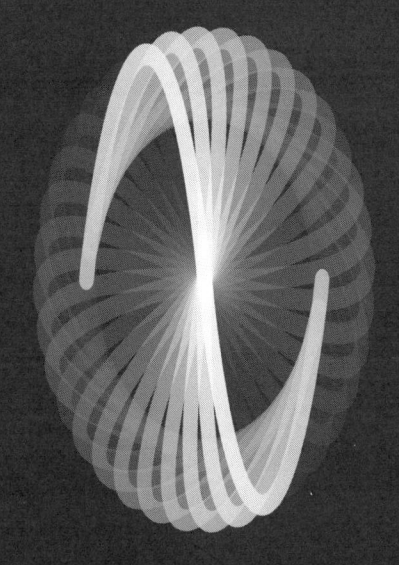

CQ出版社

はじめに

　回路や機器の特性評価は，回路設計と同じくらい重要な作業です．回路や機器の特性が仕様を満足しているのか，それを正しく評価できなければ，特性の調整さえも行うことができません．
　高周波測定では，一つの回路の測定にもさまざまな測定器が必要になります．また，測定器以外にもさまざまな測定用の小物やケーブルなどが必要になります．そのため，
- 回路や機器の評価にどんな測定器を用意したらよいのか
- 測定器を選ぶ際にどんなスペックに注目したらよいのか
- 測定器以外に何が必要なのか

など知らなければならないことがたくさんあります．

　以前は会社の先輩に付いていろいろな測定作業を行う中で，高周波の測定器のこと，測定器の使い方，そしてさまざまな測定用小物のことを，いろいろと教えてもらうことができました．昨今では，作業の分業化が設計現場でも進み，さらに製品サイクルの短命化によって日々の仕事に追われているため，測定に関して広く知識を習得する機会がほとんどなくなっています．
　そこで本書では，さまざまな測定の基本を理解し，一人で，ステップ・バイ・ステップで測定を進められるように配慮しています．

　本書は全28章で構成されています．第1章では高周波のさまざまな測定器，コネクタ，ケーブル，そして測定用小物についての基礎知識を解説しています．
　第2章〜第12章では，インピーダンス，反射特性，通過特性など，高周波の基本的な測定項目の測定方法を解説しています．
　第13章〜第17章，第22章〜第24章では，アンプ，発振回路，アンテナなどについて，それぞれの回路特有の評価項目の測定方法を解説しています．

第18章〜第20章では，設計の中で必要となる基板の特性，部品の寄生成分，そして伝送線路の損失の測定方法を解説しています．

　第21章では伝送線路の不整合個所の測定方法，第25章ではEMI問題個所の測定方法をそれぞれ解説しています．

　第26章〜第28章では，高周波測定の注意点，測定器選びのポイントと取り扱いメーカ，測定用小物選びのポイントと取り扱いメーカを解説しています．

　高性能で高機能な高周波用測定器が増えている現在，測定の基本的なことを知らなくても簡単に各種特性の測定評価ができてしまいます．しかし，測定の基本が分かっていないと，その測定結果が本当に正しいのか判断できません．また，測定評価に必要な測定器のスペックの判断ができないと，必要以上に高性能で高価な測定器を選んでしまう恐れがあります．その逆に，正しく測定評価できないスペックの測定器を選んでしまう恐れもあります．

　本書が，高周波の各種測定に携わる皆さん，そしてこれから高周波の世界に入る方の一助になれば幸いです．本書で高周波測定の基礎を習得し，高周波測定の腕を磨いてください．

　最後に，本書の編集・校正作業にご尽力いただきましたCQ出版社・野村英樹氏，そして本書がより良いものとなるように測定を行う人の立場に立って原稿のチェックと校正を行ってくれた妻の古都美に深く感謝します．

2010年4月　市川裕一

目次

はじめての高周波測定

第1章 高周波回路測定に利用する測定器と測定用小物 ── 017

1-1 高周波測定と低周波測定の違い ── 017
低周波では電圧を測定　017
高周波では電力を測定　017

1-2 測定器 ── 018
■ネットワーク・アナライザ　018
回路に入出力される信号の大きさを測るスカラ・ネットワーク・アナライザ　019
回路に入出力される信号の振幅と位相を測るベクトル・ネットワーク・アナライザ　020
校正キットと電子校正モジュール　021
■スペクトラム・アナライザ　022
周波数成分の解析・表示を行う　022
■信号発生器　025
出力信号の周波数とレベルを変える，さらに変調を加える　025
■パワー・メータ　026

1-3 コネクタ ── 027
N型コネクタ　028
APC-7　029
SMA型コネクタ　029
3.5mmコネクタ　029
Kコネクタ　030
2.4mmコネクタ　030
コネクタを勘合するときの注意点　030

1-4 ケーブル ── 032
市販の安価なケーブル　032
セミリジッド・ケーブル　032
セミフレキシブル・ケーブル　032
高周波用ケーブル　033
ネットワーク・アナライザ用ケーブル　033

ケーブル使用上の注意 034
1-5 測定用小物 ─── 035
終端器（Termination） 035
変換アダプタ 036
固定アッテネータ 036
可変アッテネータ 037
ステップ・アッテネータ 038
方向性結合器（Directional Coupler） 038
パワー・スプリッタ 040
電力分配器/合成器（Power Divider/Combiner） 040
検波器 041
バイアス・ティー 041
サーキュレータ 041
アイソレータ 043
DCブロック 043
アンプ 044
ミキサ 044
インピーダンス変換パッド 045
同軸ライン・ストレッチャ 046
スライディング・ショート 047
T分岐 047
ショート・コネクタ 048

第2章 電力の測定 ─── 049

2-1 パワー・メータによる測定 ─── 049
校正と測定の基本手順 050
測定の注意点 052
小さな信号電力の測定 052
大きな信号電力の測定 053

2-2 スペクトラム・アナライザによる測定 ─── 053
測定の基本手順 053
測定の注意点 054
小さな信号電力の測定 055
大きな信号電力の測定 056
実測例 056

2-3 検波器による測定 —— 058
測定の基本手順　058
測定の注意点　059
小さな信号電力の測定　060
大きな信号電力の測定　060

第3章 インピーダンスの測定 —— 061

3-1 回路の入口／出口における測定 —— 062
校正と測定の基本手順　063
測定の注意点　065

3-2 部品挿入位置における測定 —— 065
Port Extension補正とElectrical Delay補正　065
測定の基本手順　066
応用　068
実測例　069

3-3 特性インピーダンスの測定 —— 072
TDR測定の基本　072
測定の基本手順　075
特性インピーダンスの算出例　076

第4章 反射特性の測定 —— 077

4-1 反射の基礎 —— 079
反射係数　079
反射のいろいろな表し方　079

4-2 ベクトル・ネットワーク・アナライザによる測定 —— 080
測定の注意点　081
二つ以上端子がある場合には　081
実測例　081

4-3 スカラ・ネットワーク・アナライザによる測定 —— 083
測定手順　084
スカラ・ネットワーク・アナライザを使うメリットとデメリット　084

4-4 VSWRブリッジを使った測定 —— 085
VSWRブリッジの原理　085
実用的なブリッジ　086
検波器を内蔵したブリッジによる反射特性の測定　087

	反射を高周波信号として取り出すブリッジによる反射特性の測定　088
	測定の注意点　089
4-5	**方向性結合器を使った測定** ──── 089
	反射特性の測定の基本　090
	電力測定系が1系統しかないときの測定方法　090
	電力測定系が2系統あるときの測定方法　092
	測定の注意点　093
	方向性結合器の方向性がDUTのリターン・ロスよりも 　　　　　　　十分に大きくないと測定誤差を生じる　093
4-6	**サーキュレータを使った測定** ──── 094
	測定手順　094
	測定の注意点　095
	サーキュレータの性能が測定結果に影響を与える　095
4-7	**反射特性を簡易的に確認する**　095

第5章　通過特性の測定　────────────────── 097

5-1	**ベクトル・ネットワーク・アナライザによる測定** ──── 099
	測定手順　099
	測定の注意点　100
	50Ω系で75Ω系の測定を行う　102
	実測例　104
5-2	**ベクトル・ネットワーク・アナライザによる簡易測定** ──── 105
	測定手順　105
	実測例　107
5-3	**スカラ・ネットワーク・アナライザによる測定** ──── 107
	測定手順　107
	この測定系での問題点…信号発生器出力レベルの経時変動が測定誤差になる　108
	経時変動の影響を改善する方法　108
	通過特性と反射特性の同時測定　109
	測定の注意点　109
5-4	**安価な測定器とモジュールで測定** ──── 109
	確度によっては安価な構成でも十分　109
	基本測定手順　110
	測定の注意点　110
	反射の影響を低減して測定の確度を上げる方法　110

経時変動の影響を少なくする方法　111
検波器で測定する場合に確度を上げる方法　111
電力レベルの測定ができない場合の測定方法　113

5-5 方向性結合器を使った測定 ── 114
通過特性の測定方法　114
測定の注意点　115
通過特性と反射特性の同時測定　115

5-6 通過特性を簡易的に確認する方法 ── 115

第6章　アイソレーション特性の測定　117

6-1 ベクトル・ネットワーク・アナライザによる測定 ── 118
測定手順　119
測定の注意点　120

6-2 スペクトラム・アナライザを使った測定 ── 120
測定手順　120
測定範囲を広げる方法1　122
測定範囲を広げる方法2　122
測定範囲を広げる方法3　124
実測例　124

第7章　周波数の測定　125

7-1 周波数カウンタによる測定 ── 125
基本測定手順　126
さまざまな周波数成分が含まれている場合の測定方法　127
周波数カウンタの測定レベル範囲を外れた信号の測定方法　127
周波数カウンタの測定可能周波数範囲を超えた信号の測定方法　128

7-2 スペクトラム・アナライザによる測定 ── 130
周波数カウンタ機能付きスペクトラム・アナライザの場合の測定手順　130
周波数カウンタ機能のないスペクトラム・アナライザの場合の測定手順　131
スペクトラム・アナライザの測定できる周波数範囲を超えた信号の測定方法　132

7-3 ミキサとオシロスコープを使った測定 ── 133
測定手順　133
注意点など　135
実測例　135

第8章 高調波の測定 — 137

8-1 アンプやスイッチなどの高調波の測定 — 138
測定系の確認　138
測定手順　139
実測例　142

8-2 発振回路の高調波の測定 — 144
測定手順　144

第9章 P1dBの測定 — 145

9-1 P1dBの基礎 — 145

9-2 基本的なP1dB測定 — 147
測定方法1…信号発生器の出力レベルの可変範囲が広く設定精度も高いとき　147
測定方法2…信号発生器の出力レベルの可変範囲が狭い，もしくは設定精度が低いとき　148
測定の注意点　149
非常に高いP1dBを持つ回路の測定　149
実測例　150

9-3 ミキサのP1dB測定 — 152
測定方法1…信号発生器の出力レベルの可変範囲が数十dB以上あり設定精度も高いとき　152
測定方法2…信号発生器の出力レベルの可変範囲が狭い，もしくは設定精度が低いとき　153
測定の注意点　154

第10章 IM，IP3の測定 — 155

10-1 相互変調ひずみ — 155

10-2 IMの測定 — 157
測定系の確認　157
測定手順　159

10-3 IP3の基本測定方法　159
測定系の準備・確認　160
測定方法1…信号発生器の可変範囲「大」，レベル設定精度「高」の場合　161
測定方法2…信号発生器の可変範囲「小」，レベル設定精度「低」の場合　162
非常に高いIP3を持つ回路の測定　163

	実測例　164	
10-4	IP3の簡易測定方法 ── 166	
	測定系の準備・確認　166	
	測定方法　167	
	実測例　168	
10-5	ミキサのIP3測定 ── 168	
	測定方法　168	

第11章　NFの測定 ── 171

11-1	NFの基礎 ── 171
	縦続接続された回路の雑音指数　173
11-2	雑音指数アナライザやNFメータによる測定 ── 174
	測定手順　174
	ENR（Excess Noise Ratio）　176
	実測例　177
11-3	周波数変換による測定周波数範囲の拡大 ── 179
11-4	Yファクタ法による測定 ── 181
	Yファクタ　181
	Yファクタ法の原理　182
	測定手順　183
11-5	NF測定の注意点 ── 184
	DUT入力での反射の影響　184
	周囲ノイズの影響　184
	周囲温度の影響　186

第12章　スイッチング・スピードの測定 ── 187

12-1	ピーク・パワー・メータによる測定 ── 188
	測定手順　188
12-2	検波器を使った測定 ── 189
	測定手順　189
	広帯域検波器を自作　190
	実測例　190

第13章　フィルタに関係する測定 ── 193

13-1	カットオフ周波数（Cutoff Frequency，遮断周波数）の測定 ── 193

LPFの場合　193
HPFの場合　193
BPFの場合　193
BEFの場合　195

13-2 帯域幅と中心周波数の測定 ──── 196
13-3 群遅延特性の測定 ──── 197
群遅延特性　197
測定方法　197
LPFの実測例　197
BPFの実測例　199

第14章 アンプに関係する測定 ──── 201

14-1 効率の測定 ──── 201
アンプの効率の定義　201
測定手順　203

14-2 ロード・プル，ソース・プルの測定 ──── 203
ロード・プルとソース・プル　204
測定準備　205
測定手順（ロード・プル）　207
測定手順（ソース・プル）　209
測定手順（ロード・プル＋ソース・プル）　210
実測例（ロード・プル）　211

第15章 ミキサに関係する測定 ──── 215

15-1 ミキサの役割 ──── 216
15-2 変換ゲイン，変換損失の測定 ──── 216
測定手順1…信号入力：RF，変換出力：IF　217
測定手順2…信号入力：IF，変換出力：RF　218
実測例　219

15-3 アイソレーションの測定 ──── 220
LO-RFアイソレーション特性の測定手順　221
LO-IFアイソレーション特性の測定手順　221

第16章 発振回路特有の測定 ──── 223

16-1 位相雑音特性の測定 ──── 223

位相雑音特性 223
測定方法 224
そのほか測定方法 225
実測例 225

16-2 Pushing特性の測定 —— 227
測定方法 227
実測例 227

16-3 Pulling特性の測定 —— 228
測定方法 228

16-4 立ち上がり時間の測定 —— 229
測定手順 230

16-5 出力インピーダンスの測定 —— 231
測定方法1…スライディング・ショートと方向性結合器を使った方法 231
測定方法2…ライン・ストレッチャと方向性結合器を使った方法 234
測定方法3…ライン・ストレッチャとT分岐を使った方法 236

第17章 検波回路の測定 —— 239

17-1 検波回路の役割 —— 239

17-2 変換特性の測定 —— 240
測定手順 241
実測例 242

17-3 TSSの測定 —— 242
測定手順 243

第18章 基板特性の簡易測定 —— 245

18-1 実効誘電率と誘電正接の概要 —— 247

18-2 測定に利用する共振器 —— 248
リング共振器 248
1/2波長共振器 249

18-3 基板の実効誘電率と誘電正接の測定 —— 249
測定方法 249
実測例 251

第19章 受動部品の寄生成分の測定 —— 253

19-1 受動部品の寄生成分の概要 —— 253

インダクタ　253
コンデンサ　254
抵抗　255

19-2　インピーダンス測定で寄生成分を求める方法 ── 255
測定治具　256
測定方法　256
実測例　259

19-3　通過特性測定で寄生成分を求める方法 ── 260
測定方法　261
実測例　263

第20章　伝送線路の損失測定 ── 267

20-1　損失要因と誤差要因 ── 268
誘電体部分での損失　268
導体部分での損失　268
コネクタの損失　268

20-2　伝送線路の損失測定 ── 269
測定準備　269
測定原理　269
測定方法　270
実測例　270

第21章　伝送線路の不整合個所を特定する方法 ── 273

21-1　TDR測定用オシロスコープによる測定 ── 273
測定手順　273

21-2　ベクトル・ネットワーク・アナライザによる測定（タイム・ドメイン測定） ── 274
測定手順　275
実測例　276

第22章　アンテナ特性の簡易測定 ── 281

22-1　アンテナの基礎 ── 281
指向性　281
ゲイン　281
偏波　284

22-2　入力インピーダンス（反射）の測定 ── 285

測定準備　286
　　　測定方法　287
　　　実測例　287
22-3 **ゲインと指向性の測定** ―― 290
　　　水平偏波の測定　290
　　　垂直偏波の測定　291

第23章 受信機に関する測定 ―― 293

23-1 **受信感度の測定（アナログ変調）** ―― 293
　　　測定手順　295
23-2 **受信感度の測定（ディジタル変調）** ―― 295
　　　測定手順　295
23-3 **受信帯域の測定** ―― 296
　　　オーディオ・アナライザを使った受信帯域の測定手順　296
　　　ビット・エラー・テスタを使った受信帯域の測定手順　297
23-4 **2信号特性の測定** ―― 297
　　　オーディオ・アナライザを使った2信号特性の測定手順　298
　　　ビット・エラー・テスタを使った2信号特性の測定手順　299
23-5 **局部発振周波数と局部発振信号漏れレベルの測定** ―― 300
　　　測定手順　300

第24章 送信機に関する特性の測定 ―― 301

24-1 **送信周波数の測定（FSK変調以外）** ―― 302
　　　測定方法1…アンテナの取り外しが可能な場合　302
　　　測定方法2…アンテナの取り外しが不可能な場合　302
24-2 **送信周波数の測定（FSK変調）** ―― 303
　　　測定方法1…アンテナの取り外しが可能な場合　303
　　　測定方法2…アンテナの取り外しが不可能な場合　303
24-3 **送信出力の測定** ―― 304
　　　測定方法1…無変調　304
　　　測定方法2…変調，スペクトラム・アナライザで測定　305
　　　測定方法3…変調，パワー・メータで測定　305
24-4 **スプリアスの測定** ―― 305
　　　測定手順　305
24-5 **放射特性の測定** ―― 305

測定Ⅰ…水平偏波の測定　306
測定Ⅱ…垂直偏波の測定　306
測定結果のまとめ　307

24-6　出力インピーダンスの測定　307
測定手順　307

第25章　EMI問題個所の測定　309

25-1　EMIはスペクトラム・アナライザがあれば簡易測定できる　309
25-2　手作り簡易アンテナによる測定　309
測定準備　310
測定方法　311

第26章　高周波測定の注意点　313

測定器の電源は測定の30分前に入れる　313
入出力端子の最大定格を確認する　313
測定用ケーブルにも損失がある　314
変換コネクタにも損失がある　314
固定アッテネータの減衰量は表示通りでない　314
コネクタの接続　314

第27章　測定器選択のコツ　317

27-1　スカラ・ネットワーク・アナライザ　317
信号発生器　318
検波器　318
VSWRブリッジ　318

27-2　ベクトル・ネットワーク・アナライザ　318
周波数範囲　318
ダイナミック・レンジ　318
掃引スピード　318
信号レベル可変範囲(内蔵アッテネータ)　318
バイアス・ティー　319
校正キット　319

27-3　スペクトラム・アナライザ　319
周波数範囲　319
周波数基準(内蔵基準発振器)　319

振幅確度　319
表示平均ノイズ・レベル　319
分解能帯域幅（RBW）　319
オプション機能　320

27-4　信号発生器 ── 320
周波数範囲　321
周波数基準（内蔵基準発振器）　321
周波数分解能　321
SSB位相雑音　322
出力パワー　322
出力レベル分解能　322
出力レベル確度　322
変調機能　322

27-5　パワー・メータとパワー・センサ ── 323
パワー・メータ　323
パワー・センサ　323

第28章　測定に必要なコネクタやケーブルの選び方とメーカ一覧 ── 325

索引　330
著者略歴　335

はじめての高周波測定

第1章

高周波回路測定に利用する測定器と測定用小物
〜知っておきたい，知らないと困る，高周波の測定に必要なツール一式〜

高周波では，いろいろな種類のコネクタやケーブルが使われており，高周波の測定をより面倒にしています．

そこで本章では，よく使われる測定器，コネクタ，ケーブル，測定用小物など，高周波測定の際に必要となる機材について解説します．

1-1　高周波測定と低周波測定の違い

● 低周波では電圧を測定

低周波回路で特性測定と言うと，信号の電圧による測定が中心で，その測定は図1-1に示すようにオシロスコープが主に使われます．

それでは高周波回路の場合にも，同じようにオシロスコープで回路上の電圧を測定して，さまざまな特性評価を行えば良いのでしょうか．

● 高周波では電力を測定

高周波回路では，低周波のように電圧や電流を測定することが非常に難しくなり

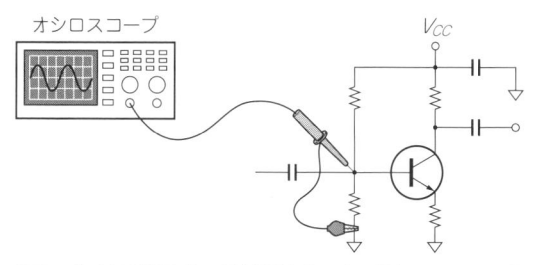

[図1-1] 低周波回路で特性測定といえば電圧による測定が中心

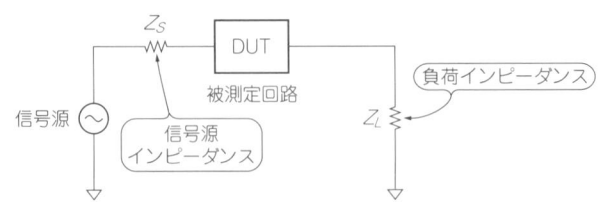

[図1-2] 電力でアンプのゲインなどを測定する際は信号源インピーダンスと負荷インピーダンスが重要になる

ます．例えば信号の電圧測定のために，プローブなどを測定したいパターンや部品に接触させると，そのプローブの影響によって回路の特性が変化してしまいます．そのため電圧や電流に代わる別な量での測定が必要になります．

そこで高周波回路では，高周波でも安定して正確に測定可能な電力が使われます．例えばアンプの場合には，アンプに入力する電力とアンプから出力される電力の比で，そのアンプのゲインを表します．

電力で測定する場合には，回路に信号を送り込む信号源のインピーダンス Z_S と，回路の出力に接続される負荷のインピーダンス Z_L が重要になります（**図1-2**）．

そのため高周波回路では，基準となる回路のインピーダンスが決まっています．一般には50Ωが基準ですが，テレビやラジオなどの放送機器では75Ωが使われています．

1-2　測定器

高周波では測定評価項目に応じて，さまざまな測定器が単独または組み合わされて使われます．測定器には，いろいろな測定で使われる基本的な汎用測定器と，ある特定の評価だけに使われる専用測定器があります．ここでは使用頻度の高い汎用測定器について，基本を確認しておきましょう．

■ ネットワーク・アナライザ

一般に，「ネットアナ」などと呼ばれています．ネットワーク・アナライザ（Network Analyzer）は名前の示す通り，ネットワーク（回路網）の解析を行うための測定器です．

回路網の解析と言っても，ディジタル回路や低周波回路のように，回路のさまざまな部分の特性を測って回路網の解析を行うのではありません．回路に入力した信号の電力と，回路から出てきた信号の電力を測定して，入出力間の伝達特性（通過

特性）や反射特性を求めています．高周波測定で最も使用頻度の高い測定器で，さまざまな回路の特性評価に使われます．

● 回路に入出力される信号の大きさを測るスカラ・ネットワーク・アナライザ

　スカラ（Scalar）・ネットワーク・アナライザは，スカラ（数量）という名前からも分かるように，回路に入出力される電力の大きさだけを測定しています．そして測定量（電力）の比から，通過特性（ゲイン，減衰量）や反射特性（$VSWR$，リターン・ロス）を算出しています．

　写真1-1にスカラ・ネットワーク・アナライザ8757Dの外観を示します．スカラ・ネットワーク・アナライザでの測定には，本体のほかに専用の検波器85025B（**写真1-2**），専用の方向性ブリッジ85027B（**写真1-3**），信号発生器（SG）などが必要です．

　スカラ・ネットワーク・アナライザ本体の主な機能は，
- 組み合わせて使用する検波器，方向性ブリッジからの信号処理
- さまざまなフォーマットでの結果表示
- 信号発生器のコントロール

です．従って，測定可能な周波数帯と確度は，組み合わせて使用する検波器，方向性ブリッジ，信号発生器の対応周波数帯，性能によって決まります．

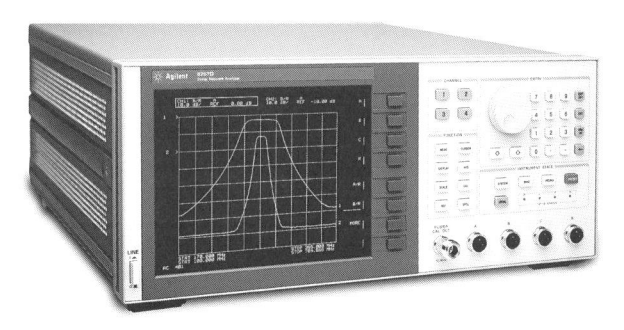

［写真1-1］スカラ・ネットワーク・アナライザ8757D（アジレント・テクノロジー）の外観

［写真1-2］8757D専用の検波器85025B（アジレント・テクノロジー）の外観

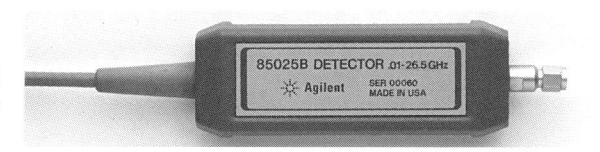

1-2 測定器 | **019**

[写真1-3] 8757D専用の方向性ブリッジ 85027B（アジレント・テクノロジー）

● 回路に入出力される信号の振幅と位相を測るベクトル・ネットワーク・アナライザ

　スカラ・ネットワーク・アナライザが電力の大きさだけを測定するのに対し，ベクトル（Vector）・ネットワーク・アナライザは，ベクトルという名前が示すように，回路に入出力される信号の振幅と位相を測定します．従って，測定結果からは高周波回路の特性表現に最適なSパラメータ（Scatteringパラメータ，回路網に入出力する電力に関係するパラメータ）が得られます．

　測定値をベクトル量で取り扱うので，スカラ・ネットワーク・アナライザに比べて，測定できる特性が格段に増えます．例えば通過特性では，ゲインや減衰量のほかに，位相特性，群遅延特性なども測定できます．また反射特性では，$VSWR$やリターン・ロスのほかに，回路のインピーダンスの測定も可能になります．

　写真1-4にベクトル・ネットワーク・アナライザの外観を示します．**写真(a)**はE5071C，**写真(b)**はE8363Cです．両者の違いは測定周波数範囲，ダイナミック・レンジ，測定速度，測定機能とそのカスタマイズの可否などです．E5071CはRF帯向けの製品で，オプションで最大20GHzまで測定可能です．そしてE8363Cはマイクロ波帯向けの製品で，40GHzまで測定できます．

　最近の機種は信号源，Sパラメータ・テスト・セットなど，測定に必要なものがすべて本体に組み込まれているので，テスト・ポート（測定用端子）に接続するケーブルと校正キット（**写真1-5**，**写真1-6**），あるいは電子校正モジュール（**写真1-7**）を用意すれば測定できます．

　二つの測定端子を持つ2ポート構成が基本ですが，差動回路の測定にも対応した

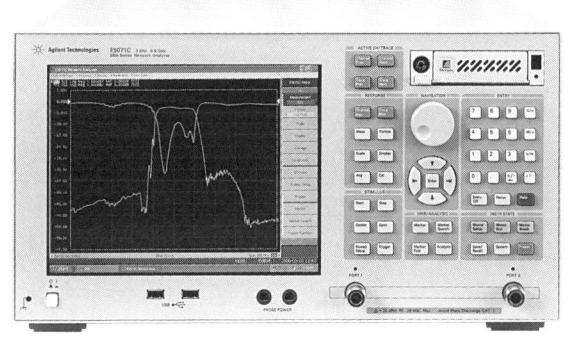

(a)E5071C

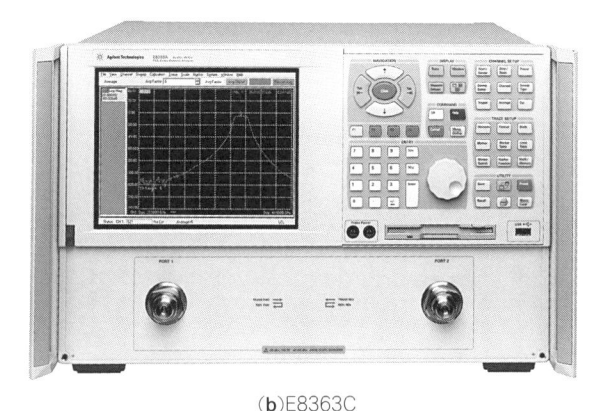

(b)E8363C

[写真1-4] ベクトル・ネットワーク・アナライザ(いずれもアジレント・テクノロジー)の外観

4ポート構成などの製品もあります．RF帯からマイクロ波帯，ミリ波帯まで，さまざまな周波数帯に対応した製品があります．

● 校正キットと電子校正モジュール

　写真1-5は，3.5mmコネクタ用のエコノミ・メカニカル校正キット 85052Dの外観とそのキット内容です．

　写真1-6は，2.4mmコネクタ用のメカニカル校正キット 85056Aの外観とそのキット内容です．

　写真1-7は，2ポート用のマイクロ波電子校正モジュール N4691Bです．メカニ

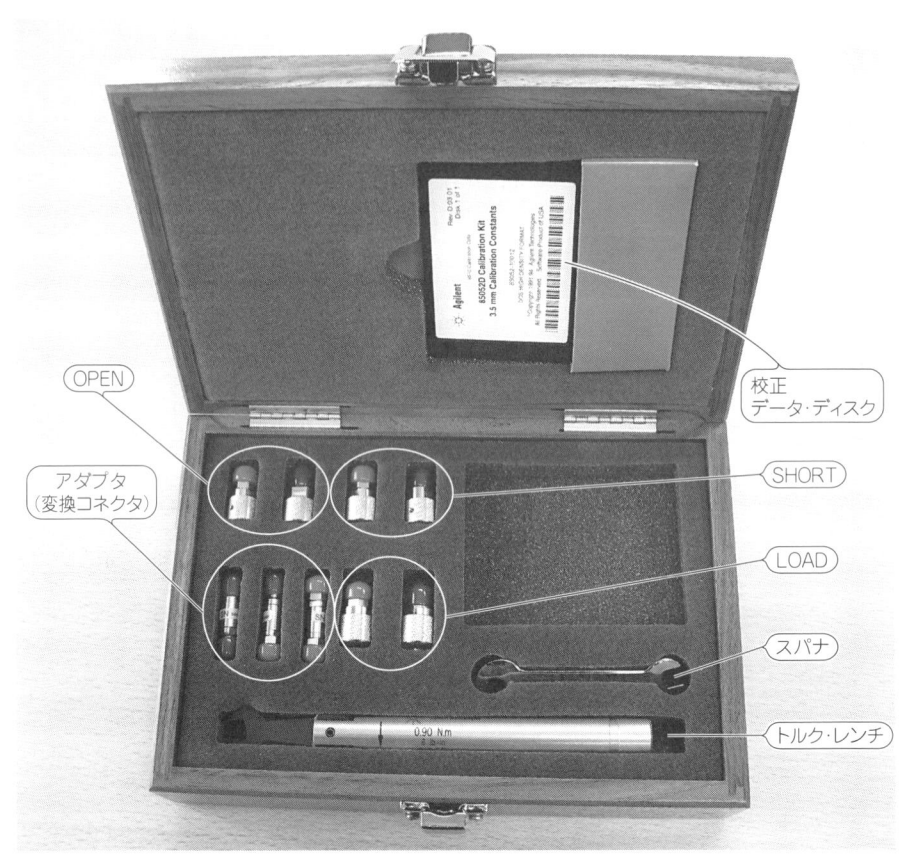

[写真1-5] 3.5mmコネクタ用のエコノミ・メカニカル校正キット 85052D（アジレント・テクノロジー）の外観

カル校正キットの場合には，校正用基準器の付け外しを何回も行う必要があり，校正に時間がかかります．一方，電子校正モジュールの場合には，ネットワーク・アナライザに接続し，校正を実行するだけで短時間に自動で校正が完了します．

■ スペクトラム・アナライザ

● 周波数成分の解析・表示を行う

スペクトラム・アナライザ(Spectrum Analyzer)は，名前の示す通り信号のスペクトル（周波数成分）の解析・表示を行うための測定器で，信号のレベル測定などでも頻繁に使われます．一般に「スペアナ」などと呼ばれています．オプション機能

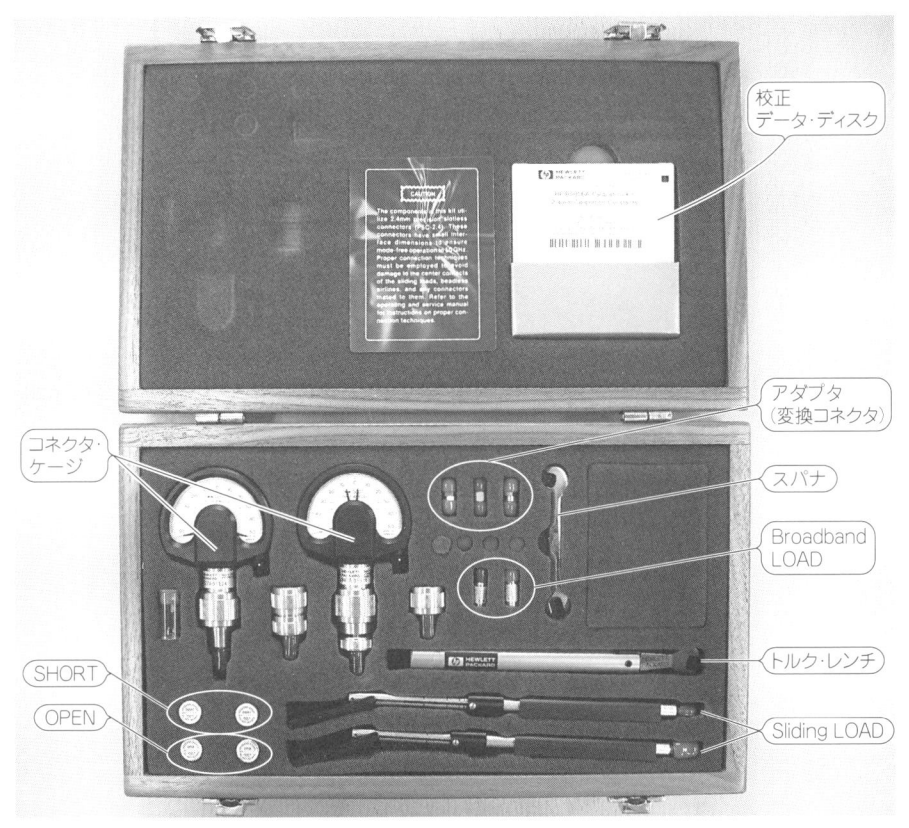

[写真1-6] 2.4mmコネクタ用のメカニカル校正キット 85056A（アジレント・テクノロジー）の外観

[写真1-7] 2ポート用のマイクロ波電子校正モジュール N4691B（アジレント・テクノロジー）の外観

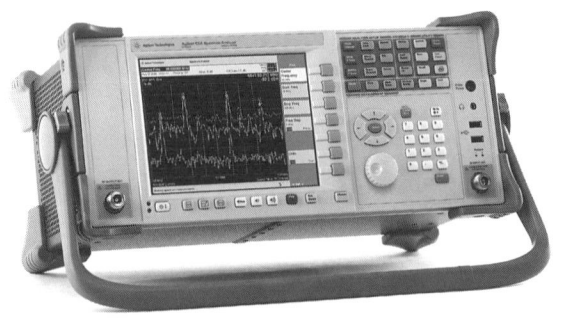

(a)N1996A

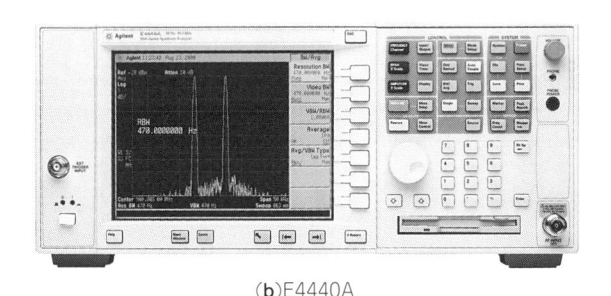

(b)E4440A

[**写真1-8**] **スペクトラム・アナライザ**(いずれもアジレント・テクノロジー)**の外観**

を組み込むことにより，さまざまな解析に対応できます．通常，画面表示の横軸方向が周波数，縦軸方向が信号のレベル(電力)を表します．

写真1-8にスペクトラム・アナライザの外観を示します．(a)がN1996A，(b)がE4440Aです．両者の違いは測定周波数範囲，ダイナミック・レンジ，振幅確度，位相雑音，測定機能とそのカスタマイズの可否などです．

N1996AはRF帯向けの汎用のスペクトラム・アナライザで，100kHz～最大6GHzまで測定可能です．

E4440Aは高性能なスペクトラム・アナライザで，3Hz～26.5GHzまで測定可能です．またE4440Aは，変調解析，NF測定，位相雑音測定などの機能を，オプションで組み込むこともできます．

スペクトラム・アナライザは，RF帯からマイクロ波帯，ミリ波帯までさまざまな周波数帯に対応した製品があります．さらに同じ周波数帯を測定するものでも，測定性能によって汎用から高性能まで，さまざまなラインアップがあります．

また，スペクトラム・アナライザには通常の機種のほかに，瞬間的な変化も捉ら

えることが可能なリアルタイム・スペクトラム・アナライザと呼ばれる機種もあります．

■ 信号発生器

● 出力信号の周波数とレベルを変える，さらに変調を加える

信号発生器(Signal Generator)は，名前が示す通り信号を発生させる測定器で，出力する信号の周波数とレベルを変えられます．標準，あるいはオプションの変調機能を使うことにより，出力する高周波信号にさまざまな変調(AM，FM，パルスなど)をかけることもできます．

写真1-9に信号発生器の外観を示します．(a)がN5181A，(b)がE8267Dです．両者の違いは周波数範囲と変調機能です．

N5181AはRF帯向けのアナログ信号発生器で，100kHz～最高6GHzまでの信号を出力できます．

E8267Dは高性能なベクトル信号発生器で，250kHz～最高44GHzまでの信号を出力できます．N5181AがAM，FM，PM，パルスの各変調しかできないのに対し，E8267DはCDMA，OFDM，GSMなどいろいろな変調方式に対応可能です．

さまざまなディジタル変調が可能な信号発生器のことをベクトル信号発生器，アナログ変調だけ可能な信号発生器のことをアナログ信号発生器と分けて呼ぶことも

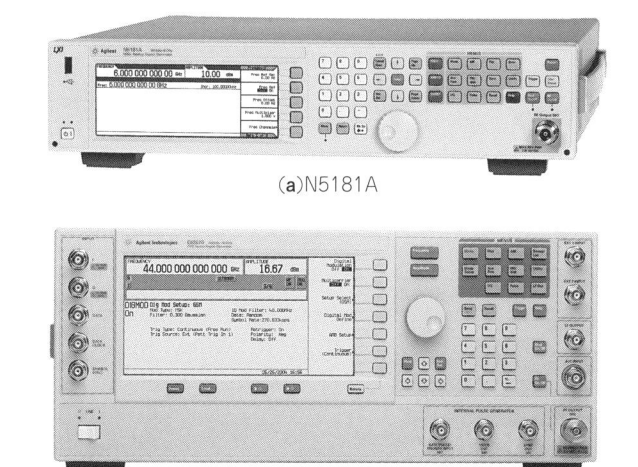

(a)N5181A

(b)E8267D

[写真1-9] 信号発生器(いずれもアジレント・テクノロジー)の外観

あります．RF帯からマイクロ波帯，ミリ波帯まで，さまざまな周波数帯に対応した製品があります．

また，出力周波数を掃引(start周波数からstop周波数へ，周波数を繰り返し変化させる)可能な信号発生器のことを，掃引信号発生器(Swept Signal Generator)，またはスイーパ(Sweeper)と呼びます．

■ パワー・メータ

パワー・メータ(Power Meter)は，名前が示す通りパワー（電力）を測定するための測定器です．写真1-10にパワー・メータ E4418Bの外観を示します．パワー・メータを使用する測定には，本体のほかに専用のパワー・センサが必要です．写真1-11に示すパワー・センサE4412Aは，10MHz～18GHz，−70dBm～+20dBmのパワー測定に使用できます．パワー・メータ本体の主な機能は，

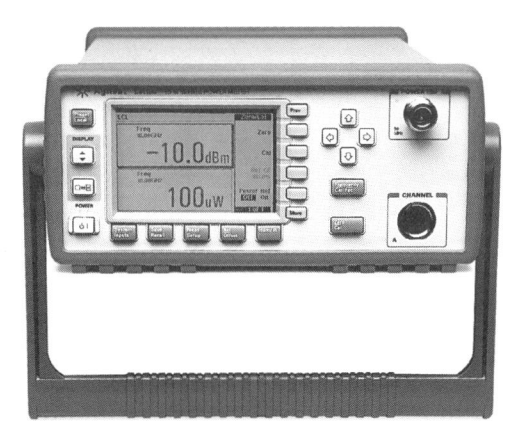

[写真1-10] パワー・メータ E4418B（アジレント・テクノロジー）の外観

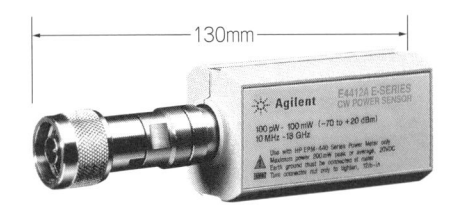

[写真1-11] E4418B専用のパワー・センサ E4412A

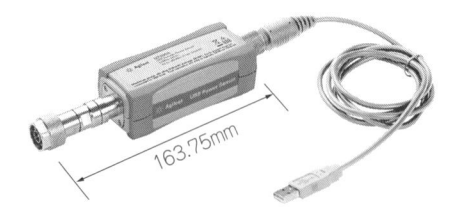

[写真1-12] USBパワー・センサ U2000A（アジレント・テクノロジー）の外観

- 組み合わせて使用するパワー・センサからの信号処理
- さまざまなフォーマットでの結果表示
- 測定値の補正

です．従って測定可能な周波数帯と電力範囲は，組み合わせて使用するパワー・センサの対応周波数帯，性能によって決まります．パワー・センサは，入力された信号の電力を，それに比例した電圧信号などに変換出力します．パワー・センサには，従来から用いられているサーミスタや熱電対を用いたセンサ，ダイオードを用いたセンサなど，さまざまな品種があります．またCW（Continuous Wave）だけ測定可能なもの，平均電力も測定可能なもの，ピーク・パワーの測定も可能なものなど，品種によって測定可能な信号が異なります．RF帯からマイクロ波帯，ミリ波帯までさまざまな周波数帯に対応した品種があります．

　パワー・センサにはパワー・メータ本体が不要な機種もあります．USBパワー・センサと呼ばれるもので，USBインターフェースを使って，パソコンなどに接続して使用する機種です．**写真1-12**にU2000Aの外観を示します．簡単に持ち運びできるので，さまざまな場面で手軽にパワーの測定を行えます．

　パワー・メータには，瞬間的なパワーの変化を測定するための，ピーク・パワー・メータと呼ばれる機種もあります．

1-3　コネクタ

　高周波回路では，使用する周波数帯などに応じて，いろいろな同軸コネクタが使われています．**表1-1**にさまざまなコネクタの上限周波数の目安を示します．この中で身の回りの高周波機器，回路などでよく使用されるのは，N型コネクタや

[表1-1] さまざまなコネクタの上限周波数の目安

品　種	使用可能上限周波数
N型コネクタ	18GHz[注]
APC-7	18GHz
SMA型コネクタ	26.5GHz
3.5mmコネクタ	34GHz
Kコネクタ	40GHz
2.4mmコネクタ	50GHz
Vコネクタ	67GHz
1.0mmコネクタ	110GHz
Wコネクタ	110GHz

注：precisionタイプの場合

SMA型コネクタなどです．使用する(出会う)機会の多いコネクタの概要を以下に示します．

● N型コネクタ

写真1-13にN型コネクタの外観を示します．**写真(a)**，**(b)**ともに左側がメス(Female)のコネクタで，右側がオス(Male)のコネクタです．N型のNは，Navyの略です．測定器の入出力端子などで多く見かけます．大きな形状で，機械的強度の高いコネクタです．

N型コネクタには特性インピーダンス50Ωのものと75Ωのものがあります．中心コンタクトの太さが違い，75Ω系の方が細くなっているので，50Ω系のものと間違えないよう注意が必要です．

汎用のN型コネクタの使用上限周波数は一般に4GHzですが，Precisionタイプでは18GHzまで使える品種もあります．

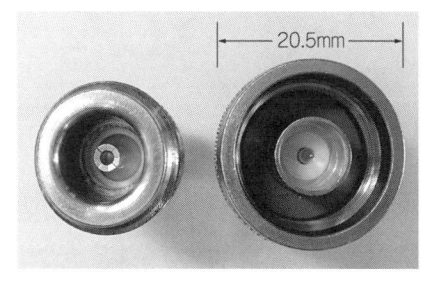

(a)正面から　　　　　　　　　　　　(b)横から
[写真1-13] N型コネクタ(SUHNER)の外観

(a)正面から　　　　　　　　　　　　(b)横から
[写真1-14] APC-7コネクタ(アジレント・テクノロジー)の外観

● APC-7

　写真1-14にAPC-7コネクタの外観を示します．APC-7はAmphenol Precision Connector – 7mmの略で，APCは米国アンフェノール社の名称です．写真を見て分かるように，このコネクタにはオス，メスの区別がありません．このコネクタも機械的強度が高く，安定した接続が可能です．

● SMA型コネクタ

　写真1-15にSMA型コネクタの外観を示します．**写真(a)，(b)ともに左側がメ**スのコネクタで，右側がオスのコネクタです．SMAはSubminiature Type Aの略です．さまざまな高周波機器，モジュール，回路の入出力コネクタとして最も一般的に使われているコネクタです．

　SMA型コネクタは，脱着を繰り返す部分での使用には向いていません．SMA型コネクタの脱着を繰り返すと，コネクタ特性が悪化することがあるので注意が必要です．また，非常に安価で機械的な精度が低く，特性の良くないものも出回っています．機械的精度の低いものを用いた場合，勘合(接続)相手のコネクタを傷つけてしまうこともあります．

● 3.5mmコネクタ

　写真1-16に3.5mmコネクタの外観を示します．**写真(a)，(b)ともに左側がメスの**コネクタで，右側がオスのコネクタです．コネクタの外部導体径が3.5mmなので3.5mmコネクタと呼ばれています．また，3.5mmコネクタはAPC-3.5コネクタとも呼ばれます．SMAコネクタとの勘合(接続)が可能です．脱着を繰り返しても特性の変化

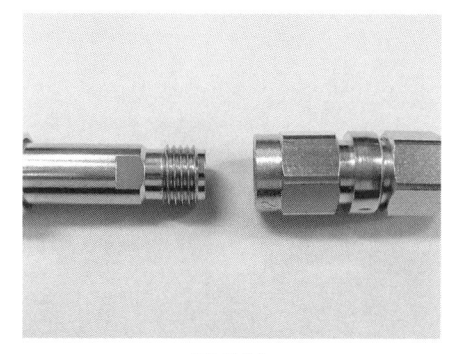

(a)正面から　　　　　　　　　　　　　　　(b)横から

[写真1-15] **SMA型コネクタ(メス側：SUHNER，オス側：ヒロセ電機)の外観**

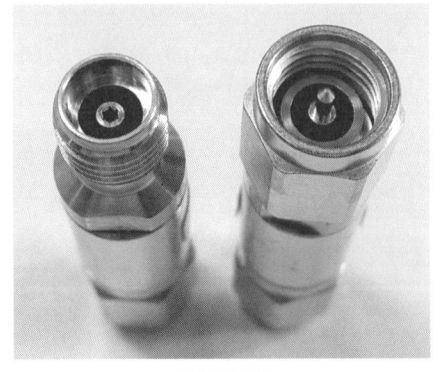

(a) 正面から 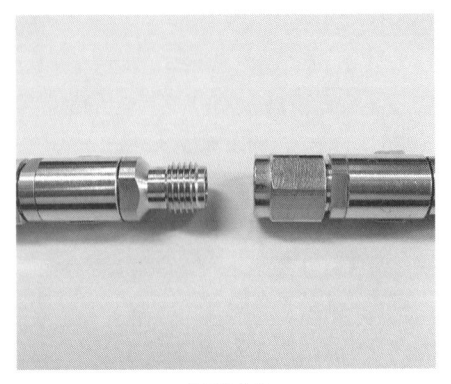　　　　　　　　　　　　　　　　(b) 横から

[写真1-16] 3.5mmコネクタ（アジレント・テクノロジー）の外観

が少なく，SMAコネクタよりも再現性の高い接続が可能です．測定器や測定器用の各種アクセサリなどに使われています．

● Kコネクタ

写真1-17にKコネクタの外観を示します．写真(a)，(b)ともに左側がメスのコネクタで，右側がオスのコネクタです．Kコネクタは外部導体径が2.92mmなので，2.92mmコネクタとも呼ばれます．SMAコネクタや3.5mmコネクタとの勘合が可能です．KコネクタのKは，K帯（40GHz）まで使えるコネクタというところからきており，高い周波数帯まで使えます．

● 2.4mmコネクタ

写真1-18に2.4mmコネクタの外観を示します．写真(a)，(b)ともに，左側がメスのコネクタで，右側がオスのコネクタです．コネクタの外部導体径が2.4mmなので2.4mmコネクタと呼ばれています．また，2.4mmコネクタはAPC-2.4コネクタとも呼ばれます．Kコネクタよりもさらに高い周波数帯まで使えます．

● コネクタを勘合するときの注意点

① APC-7以外のコネクタの，オスとメスを勘合させるときには，メスのコネクタ側は回さないでください．必ずオスの外側のナットの部分を回して締め付けるようにしてください．メス側を回すと，オスの中心導体のピンが削られて性能が劣化し，コネクタの寿命が短くなります．

(a)正面から　　　　　　　　　　　(b)横から
[写真1-17] Kコネクタ(SUHNER)の外観

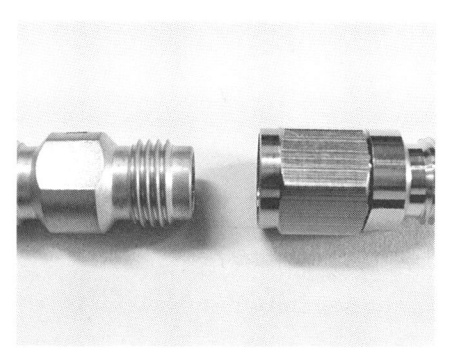

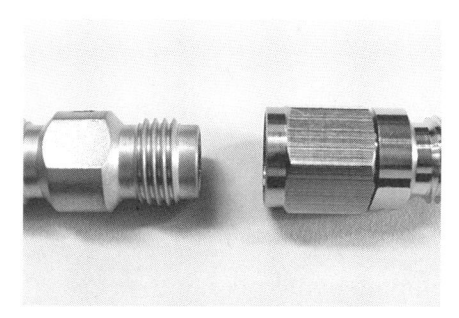

(a)正面から　　　　　　　　　　　(b)横から
[写真1-18] 2.4mmコネクタ(アジレント・テクノロジー)の外観

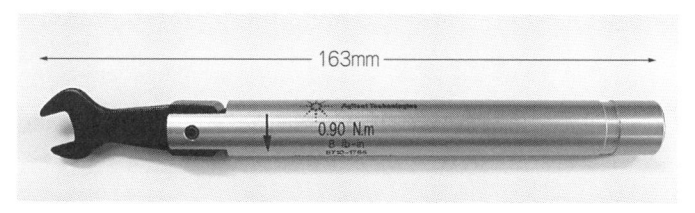

[写真1-19] トルク・レンチ(アジレント・テクノロジー, 8710-1765)

② APC-7, N型以外のコネクタを勘合させるときには, いつも同じトルクで締め付けるようにしてください. できれば**写真1-19**に示すようなトルク・レンチを使ってください. トルク・レンチは, ネットワーク・アナライザ用の校正キットに付属しています.

なお, オスのコネクタをプラグ, メスのコネクタをジャックと呼ぶこともあります.

| 1-4 | ケーブル |

　高周波の測定では，測定を行う回路と測定器の接続，測定器同士の接続に，同軸ケーブルが使われます．正確で再現性の高い測定を行うためには，接続ケーブルの選択にも気を使います．
　測定に使用する同軸ケーブルには，高品質品から低品質品まで，いろいろなものがあるので，種類と違いを知っておきましょう．

● 市販の安価なケーブル

　通信販売などで手軽に購入できる1本数百円から数千円程度の安価なケーブルは，どんな高周波特性を持っているのか全く不明です．数百MHz程度であれば普通に使うこともできますが，さらに高い周波数帯で使用する場合には十分な注意が必要です．ケーブルの曲げ方一つで，特性が変化してしまう品種もあります．

● セミリジッド・ケーブル

　写真1-20に示すセミリジッド・ケーブル(メーカ不明)は，外部導体には被覆がなく，銅のパイプがむき出しになっています．曲げるのに力が要り，一度曲げると元のまっすぐな状態には戻せないので，何度も曲げ伸ばしをするような用途には向いていません．
　従って高周波機器内の配線，測定器やモジュール間の固定の配線など，動かす必要のない部分の接続に使われます．安定した配線に向いています．SMAコネクタ付きのもので，1本数千円程度で購入できます．
　セミリジッド・ケーブルとコネクタを購入すれば，必要な長さのコネクタ付きケーブルを自分で簡単に製作できます．その場合の使える周波数帯は，ケーブルとコネクタの仕様，そしてはんだ付けで決まります．

● セミフレキシブル・ケーブル

　写真1-21に示すセミフレキシブル・ケーブル(メーカ不明)は，一般に外部導体には被覆がなく，外部導体は金属を編み込んだもので出来ています．柔軟性に富み，簡単に曲げられるので，セミリジッド・ケーブルよりも使いやすいケーブルです．簡単に曲げ伸ばしできますが，何度も繰り返すと外部導体や内部導体が断線することがあります．このケーブルも高周波機器内の配線，測定器やモジュール間の固定

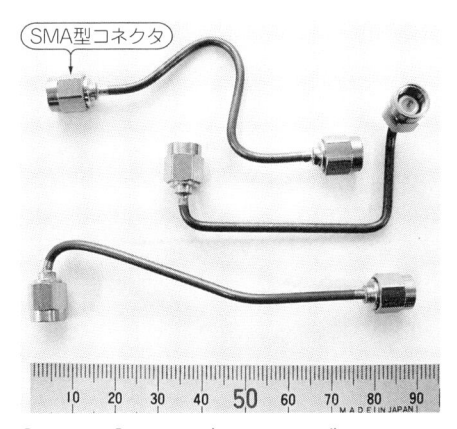

[写真1-20] セミリジッド・ケーブル
外部導体には被覆がなく，銅のパイプがむき出しになっている．曲げるのに力がいり，一度曲げると元のまっすぐな状態には戻せない

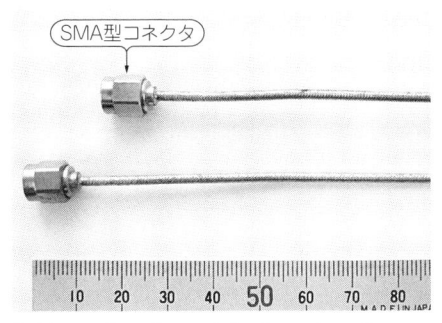

[写真1-21] セミフレキシブル・ケーブル
一般に外部導体には被覆がなく，外部導体は金属を編み込んだもの．柔軟性に富み，簡単に曲げられるためセミリジッド・ケーブルよりも使いやすい

の配線などに使われます．

セミリジッド・ケーブルと同じように，ケーブルとコネクタを購入すれば，自作可能です．

● 高周波用ケーブル

写真1-22(a)に示すのは，SUHNER社製の高周波ケーブルSUCOFLEX 104です．1本数万円しますが，高い周波数まで安定した特性を持っています．損失が小さく，ケーブルの曲げによる特性の変化も少ないので，各種測定に安心して使えます．

このクラスのケーブルになると，1本1本に写真1-22(b)に示すようなデータが添付されているので，使用する周波数においての損失などが簡単に分かります．

写真1-23に示すのは，同じくSUHNER社製の高周波ケーブルSUCOTESTです．個別データの添付はありませんが，価格が安く十分な特性を持っています．

● ネットワーク・アナライザ用ケーブル

写真1-24に示すのはHP8510用のケーブル（上側：85133-60016，下側：85133-60017）で，外形は非常に太いのですが，簡単にくねくねと曲げることができます．ケーブルの曲げによる特性の変化が少なく，非常に安定した性能を持っていますが，1本数十万円はします．

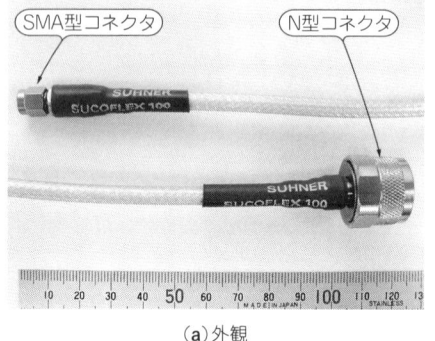

(a) 外観

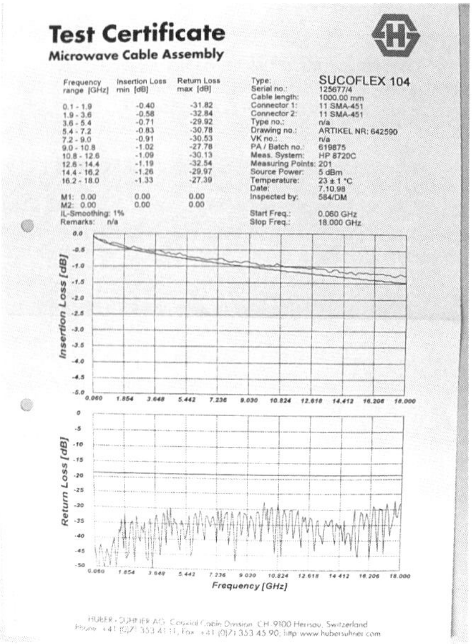

(b) 特性データ

[写真1-22] 高周波ケーブルSUCOFLEX 104（SUHNER）

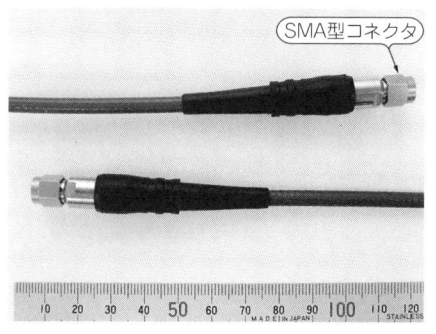

[写真1-23] 高周波ケーブルSUCOTEST（SUHNER）

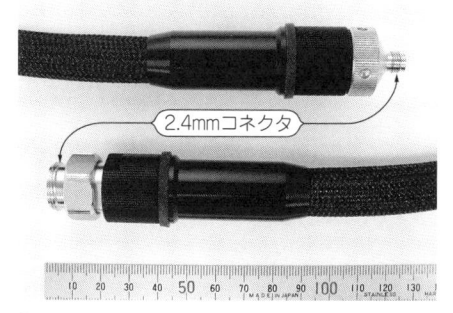

[写真1-24] ネットワーク・アナライザHP8510（アジレント・テクノロジー）用ケーブル（上側：85133-60016，下側：85133-60017，アジレント・テクノロジー）

● ケーブル使用上の注意
① ケーブルには損失がありますから，その損失を考慮して使う必要があります．周波数が高くなるに従って損失も増えます．

② 特性が不明なケーブルを使う場合には，ネットワーク・アナライザで，ケーブルの通過特性と反射特性を評価しておく必要があります
③ ケーブルには上限周波数があります．それを越えての使用は避けてください

1-5　　測定用小物

　高周波の測定では，測定器に加えて，さまざまな測定用小物が必要になります．各種測定でよく使われる測定用小物の機能や特性を知っておきましょう．

● 終端器（Termination）
　写真1-25に示すのはSMAの終端器（上側の四つ：65 SMA-50-0-1/111 NE，一番下：HRM-601S）です．50 Ωの場合，さまざまな接続方法の品種が入手できます．75 Ωの場合にはN型，BNC型が入手できます．
　測定の際に，測定器に接続されない空き端子（高周波信号の入出力端子）がある場合，空き端子すべてに終端器を取り付けます．終端器に入力された電力は熱に変わります．終端器によって耐電力が違うので，大電力を扱う回路の場合は注意が必要です．

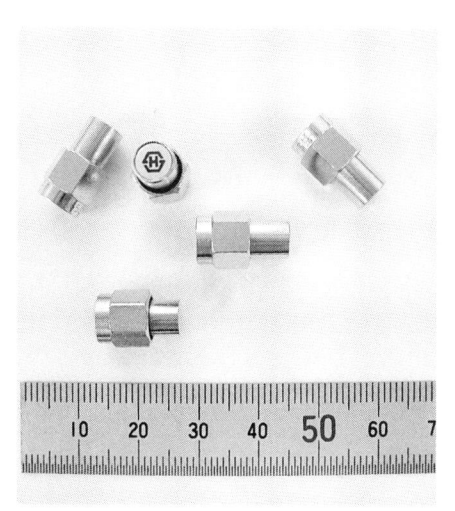

[写真1-25] SMAの終端器（上側の四つ：SUHNER，65 SMA-50-0-1/111 NE，一番下：ヒロセ電機，HRM-601S）

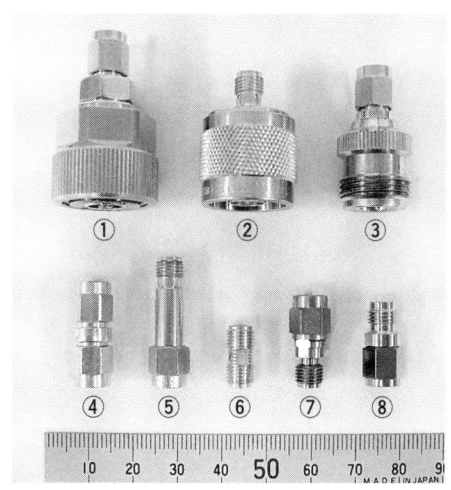

[写真1-26] さまざまなコネクタ間の変換アダプタ

1-5 測定用小物　035

● 変換アダプタ

　写真1-26にさまざまなコネクタ間の変換アダプタ（Adapter）を示します．上段左から順に，
① APC-7⇔SMA(M)（アジレント・テクノロジー）
② N(M)⇔SMA(F)（SUHNER，33 N-SMA-50-1/113 UE）
③ N(F)⇔SMA(M)（SUHNER，33 SMA-N-50-1/1− UE）
です．下段左から順に，
④ SMA(M)⇔SMA(M)（ヒロセ電機，HRM-502）
⑤ SMA(M)⇔SMA(F)（SUHNER，33 SMA-50-0-1/111 NE）
⑥ SMA(F)⇔SMA(F)（SUHNER，31 SMA-50-0-1/111 NE）
⑦ K(F)⇔2.4mm(M)（SUHNER，33 PC24-SK-50-2/199 ME）
⑧ 2.4mm(M)⇔2.4mm(F)（アジレント・テクノロジー，11900C）
の変換アダプタです．（ ）内のM，Fは，Male（オス），Female（メス）の略です．N⇔SMA，SMA⇔SMAの変換コネクタは使用頻度が高いので，Male，Femaleのすべての組み合わせを常備しておくことをお勧めします．品種の異なるコネクタ間で変換アダプタを使用する際には，使用周波数帯に十分気をつけてください．

● 固定アッテネータ

　写真1-27にさまざまな固定アッテネータ（Fixed Attenuator）を示します．左から順に，
① APC-7（SUHNER，682.028.A）
② N型（ヒロセ電機，AT-410）
③ SMA型（ヒロセ電機，AT-103）
の固定アッテネータです．1dB，2dB，3dB，…，10dB，20dB，30dBなど，さまざまな固定減衰量を持つアッテネータが入手可能です．

　固定アッテネータは信号のレベル調整，広帯域にわたる反射の改善などに使われます．アッテネータで減衰した分の電力は熱に変わります．アッテネータによって耐電力が異なるので，大電力の減衰を行う場合には注意が必要です．

　写真1-28に大電力用（30W）の固定アッテネータ（8498A）の外観を示します．放熱のためのフィンが取り付けられています．なお，アッテネータはパッドとも呼ばれます．

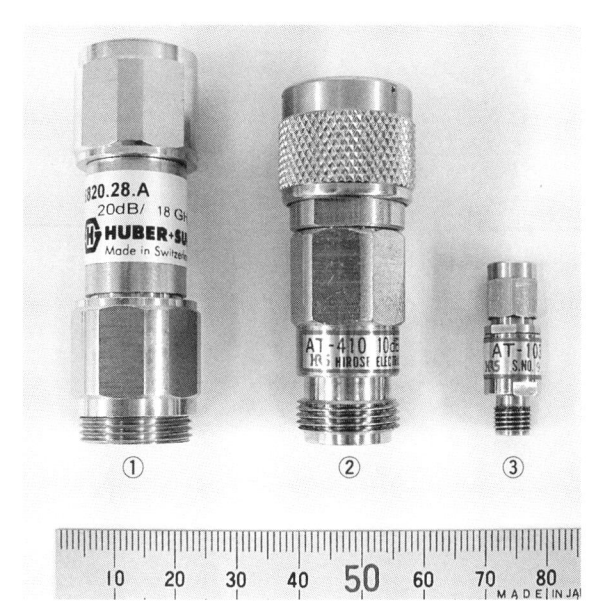

[写真1-27] さまざまな固定アッテネータ

[写真1-28] 大電力用(30W)の固定アッテネータ（アジレント・テクノロジー，8498A）

[写真1-29] 機械式可変アッテネータ CVA-2000-15（多摩川電子）の外観

● 可変アッテネータ

　写真1-29は減衰量を連続的に変更できるアッテネータ(Variable Attenuator)で，減衰量の微調整ができます．可変アッテネータには機械式のものと電子式のものがあります．一般に電子式のものは加える電圧で減衰量の制御を行います．

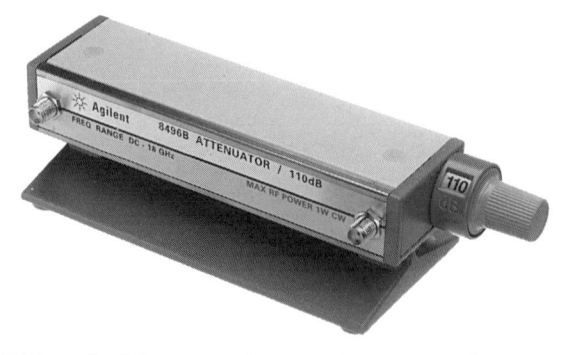

[写真1-30] 手動のステップ・アッテネータ 8496B（アジレント・テクノロジー）の外観

● ステップ・アッテネータ

　写真1-30に手動のステップ・アッテネータ（Step Attenuator）8496Bの外観を示します．ステップ・アッテネータには，1dBステップで0〜11dBまで調整できるもの，10dBステップで0〜110dBまで調整できるものなど，いろいろな製品があります．また，手動ではなく電子的に切り替え可能な，プログラマブル・ステップ・アッテネータ（Programmable Step Attenuator）と呼ばれるものもあります．ステップ・アッテネータは，信号レベルの制御や各種測定で使われます．

● 方向性結合器（Directional Coupler）

　写真1-31，写真1-32に方向性結合器の外観を示します．写真1-31は0.1〜2GHzで使える双方向性結合器（Dual Directional Coupler）778Dで，写真1-32は0.1〜2000MHzで使える方向性結合器 ZFDC-20-5です．

　図1-3に方向性結合器の基本構成を示します．図に示すようにポート1に信号を入力した場合，方向性結合器の特性は次の4項目で表されます．

① 挿入損失

　ポート2はポート1と伝送線路でつながっているので，ポート1に信号を入力すると，ポート2にはわずかに減衰した信号が出力されます．

② 結合度

　ポート4はポート1と直接つながっていませんが，2本の伝送線路は電磁的に結合しています．そのためポート1に信号を入力すると，入力された信号の一部が結合出力としてポート4に出力されます．

③ アイソレーション

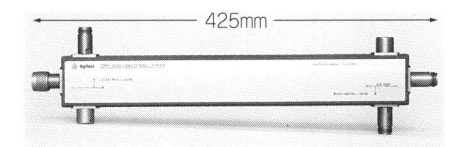

[写真1-31] 0.1～2GHzで使える双方向性結合器 778D（アジレント・テクノロジー）

[写真1-32] 0.1～2000MHzで使える方向性結合器 ZFDC-20-5（ミニサーキット）

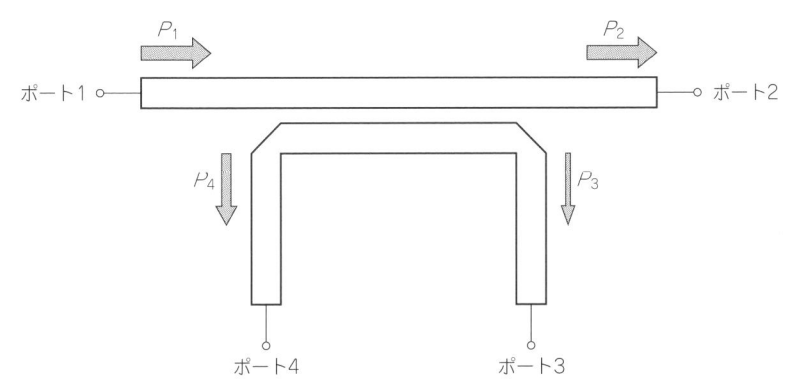

[図1-3] 方向性結合器の基本構成

　ポート3はポート4と伝送線路でつながっているので，ポート1に信号を入力すると，ポート4と同じように結合出力が出力されるように見えますが，方向性結合器ではポート3にはほとんど出力は現れません（理想的な方向性結合器では出力が全く現れない）．ポート3はポート1に対してアイソレーション・ポートになります．
④ 方向性
　方向性結合器は対称な構成を持った回路なので，上記とは反対にポート2に信号を入力しても問題ありません．その場合の各ポートの関係は，ポート3が結合出力になり，ポート4がアイソレーション・ポートになります．
　方向性結合器は，信号レベルのモニタリング，反射特性の測定，伝送特性の測定など，さまざまな場面で使われます．方向性結合器の特性で重要なのは，方向性（directivity）です．方向性はアイソレーションと結合度の差で定義され値が大きければ大きいほど，良い方向性結合器になります．各種測定で使うためには30dB以

[写真1-33] DC～26.5GHzで使えるパワー・スプリッタ 11667B（アジレント・テクノロジー）

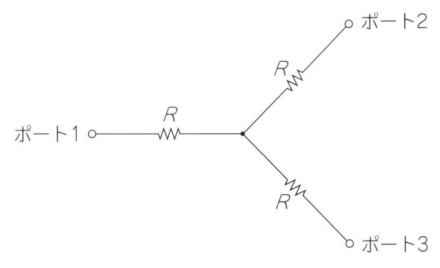

[図1-4] パワー・スプリッタの基本構成

上は欲しいです．いろいろな周波数帯域に対応したさまざまな製品があります．

● パワー・スプリッタ

写真1-33に示すのはDC～26.5GHzで使えるパワー・スプリッタ（Power Splitter）11667Bです．パワー・スプリッタを使うと，入力した信号を等しく（レベル，位相ともに）二つに分けることができます．信号を等しく2分配するさまざまな場面で使われます．

内部は図1-4に示すように三つの抵抗で構成された点対称な回路です．抵抗で構成されているので，広帯域な特性を持っていますが，抵抗での電力損失があるため分配出力は入力信号レベルの約1/4（－6dB）になります．

● 電力分配器/合成器（Power Divider/Combiner）

写真1-34に示すのは，2～10GHzで使える電力分配器 ZFSC-2-10Gです．写真に示す電力分配器の場合，入力した信号の電力を－3dBずつ，ほぼ二つに分けることができますが，分配出力のバランスはパワー・スプリッタよりも劣ります．電力分配器の基本は2分配ですが，そのほかに3分配，4分配などさまざまな製品があります．

電力分配器は反対に使うと電力合成器になります．信号の分配，合成など，さまざまな場面で使われます．ただし，信号の合成を行う際には以下の注意が必要です．

- 全く等しい信号（周波数，振幅，位相ともに）を合成する場合だけ，合成による損失が発生しない
- 周波数，振幅，位相のどれか一つでも異なる場合には，合成による損失が発生する（最大3dB）

● 検波器

　写真1-35に示すのは同軸検波器と呼ばれる検波器（Detector）8472Bです．検波器は，入力された高周波の電力を，それに比例する電圧に変換する素子です．電力測定や，信号レベルのモニタリング，スイッチング・スピードの測定など，さまざまなところで使われます．

● バイアス・ティー

　写真1-36に示すのは，10M～6GHzで使えるバイアス・ティー（Bias Tee）ZFBT-6G-FTです．内部は図1-5に示すような構成になっており，高周波の信号ラインに直流を乗せるための素子です．信号ラインを通して能動素子などに直流バイアスを加える場合に使われます．

● サーキュレータ

　写真1-37に示すのは，6.15GHz帯のサーキュレータ（Circulator）CU13Mです．

［写真1-34］2～10GHzで使える電力分配器 ZFSC-2-10G（ミニサーキット）

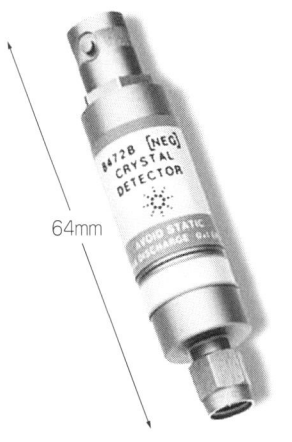

［写真1-35］検波器8472B（アジレント・テクノロジー）

1-5 測定用小物　041

[写真1-36] 10M～6GHzで使えるバイアス・ティー ZFBT-6G-FT（ミニサーキット）

[図1-5] バイアス・ティーの基本構成

[写真1-37] 6.15GHz帯のサーキュレータ CU13M（TDK）

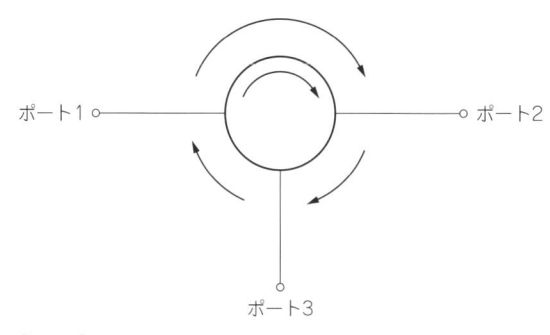

[図1-6] サーキュレータにおける信号の伝わり方

図1-6に示すように三つのポートを持ち，決まった回転方向にだけ信号を伝えることができます．図1-6では，ポート1に入力された信号は，ポート3には伝わらずに，ポート2にすべて伝わります．ポート2に入力された信号は，ポート1には伝わらずに，ポート3にすべて伝わります．そしてポート3に入力された信号は，ポート2には伝わらずに，ポート1にすべて伝わります．進行波と反射波の分離などで使われます．

● アイソレータ

写真1-38に示すのは2.1GHz帯のアイソレータ（Isolator）H2530です．図1-7に示すように二つのポートを持ち，一方向にだけ信号を通し，反対方向の信号は内部の終端器ですべて吸収します．サーキュレータの端子の一つに終端器を取り付けたものがアイソレータです．反射波の影響の除去やアンプの出力保護などに使われます．

● DCブロック

写真1-39にDCブロック（DC Block）N9398Cの外観を示します．内部は図1-8に

[写真1-38] 2.1GHz帯のアイソレータ H2530
（東京マイクロウェーブテクニカ）

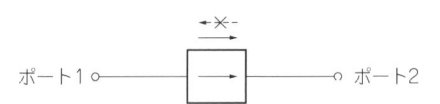

[図1-7] アイソレータは一方向にしか信号が伝わらない

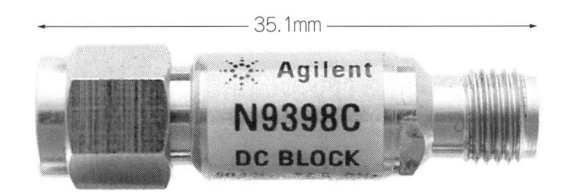

[図1-8] DCブロックは直流電力を通さない

[写真1-39] DCブロック N9398C（アジレント・テクノロジー）

示すような構成になっており，信号ラインに重畳された直流をブロックします．測定器(特にスペクトラム・アナライザ)の入力を直流(DC)から保護する際に使われます．

● アンプ

　写真1-40に示すのは20M～7GHzで使える広帯域の汎用アンプ(Amplifier) ZJL-7Gです．ゲイン：10dB，P1dB：＋8～＋9dBm，入出力$VSWR$：1.5の特性を持っています．

　アンプには，汎用アンプのほかに，NF特性の良い低ノイズ増幅器(Low Noise Amplifier, LNA)，大きな出力電力が得られる電力増幅器(Power Amplifier, PA)があります．

　非常に低いレベルの信号の増幅を行う場合には，低ノイズ増幅器が使われます．また信号源の出力レベルが足りない場合には電力増幅器が使われます．

● ミキサ

　写真1-41に示すのはダブルバランスド・ミキサ(Double Balanced Mixer, DBM)と呼ばれるミキサ ZMX-7GRです．ミキサにはダイオードを使った受動ミキサと，トランジスタやFETを使った能動ミキサがあり，それぞれにいろいろな品種があります．その中で一般にさまざまな測定で使われるのは，写真1-41に示すような受動ミキサのダブルバランスド・ミキサです．

　写真1-41でも分かるように，ミキサにはRF，LO，IFの三つの端子があります．このうちの二つの端子に別の周波数の信号(f_1, f_2)を入力すると，残りのもう一つ

[写真1-40] 20M～7GHzで使える広帯域の汎用アンプ ZJL-7G(ミニサーキット)

[写真1-41] ダブルバランスド・ミキサ ZMX-7GR(ミニサーキット)

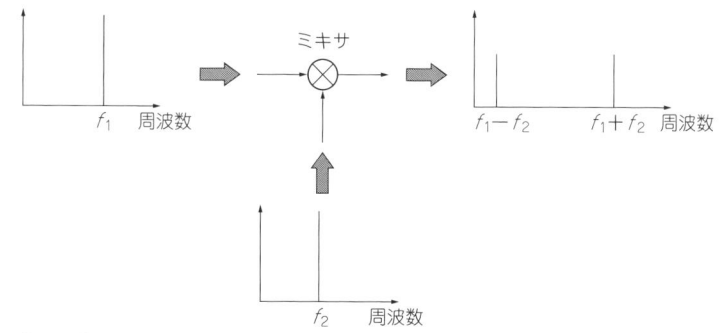

[図1-9] ミキサの入力周波数と出力周波数の関係

ミキサにはRF，LO，IFの三つの端子がある．このうちの二つの端子に別の周波数の信号(f_1, f_2)を入力すると，残りのもう一つの端子から二つの周波数の和(f_1+f_2)と差(f_1-f_2, $f_1>f_2$)の信号を取り出せる

の端子から二つの周波数の和(f_1+f_2)と差(f_1-f_2, $f_1>f_2$)の信号を取り出せます(**図1-9**)．

　新しく発生した周波数成分は，f_1，f_2の持つ情報(振幅，位相，周波数などの変化，変調情報)を引き継いでいます．つまりミキサを使うと周波数変換を行えます．

　測定したい信号の周波数が，使用する測定器の測定可能周波数範囲を超えてしまう場合などに，測定可能な周波数に変換するために使われます．

　写真1-41のミキサの場合，RFとLOの周波数帯域は3700M〜7000MHz，IFの周波数帯域はDC〜1000MHzと，非常に広帯域な特性を持っています．

　ミキサで入力信号を高い周波数の信号に変換することをアップ・コンバージョン(Up-conversion)と呼びます．その逆に低い周波数の信号に変換することを，ダウン・コンバージョン(Down-conversion)と呼びます．

● インピーダンス変換パッド

　写真1-42にインピーダンス変換パッド(Minimum Loss Pad) 11852 Bの外観を示します．50Ωと75Ωの変換パッドが市販されています．インピーダンス変換パッドは，50Ω系の測定器で75Ω系の製品の特性を評価する場合，または75Ω系の測定器で50Ω系の製品の特性を評価する場合に使われます．

　インピーダンス変換パッドは，最小損失パッドとも呼ばれ，入力インピーダンスと出力インピーダンスの異なったアッテネータ回路なので損失があります．理想的なインピーダンス変換パッドの場合，5.72dBの損失があります．なお，インピーダンス変換パッドにはトランスを用いた低損失品もあります．

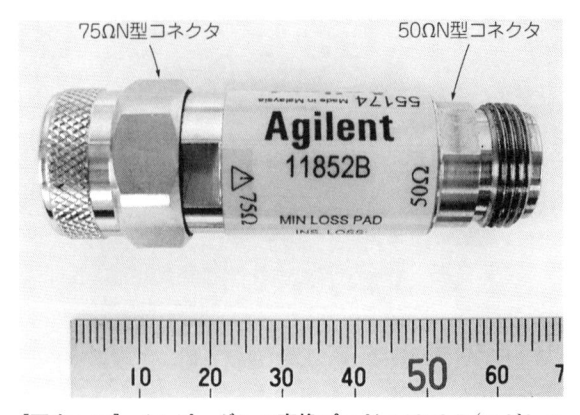

[写真1-42] インピーダンス変換パッド 11852 B（アジレント・テクノロジー）

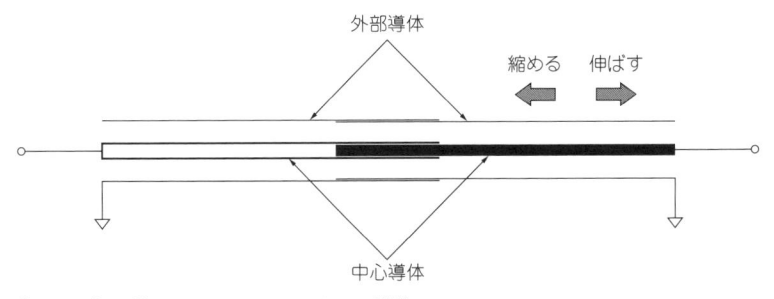

[図1-10] 同軸ライン・ストレッチャの構造
長さを変えられる同軸線路の両端にコネクタが取り付けられたもの

[写真1-43] 同軸ライン・ストレッチャ　HLSJJ1(40)（ヒロセ電機）の外観

● 同軸ライン・ストレッチャ

　図1-10に同軸ライン・ストレッチャ（Coaxial Line Stretcher）の構造を，写真1-43に外観を示します．長さを変えられる同軸線路の両端にコネクタが取り付けられたものです．50Ωの特性インピーダンスを保ったまま同軸線路の長さが変えられるので，位相の調整やインピーダンス整合などに使われます．単にライン・ストレッチャとも呼ばれます．

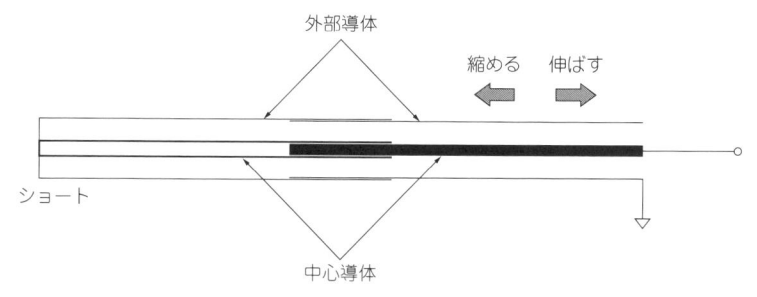

[図1-11] スライディング・ショートの構造
先端がショートになっており，入力のコネクタと先端のショートとは，長さが変えられる同軸線路で接続されている

[写真1-44] BNCコネクタのT分岐

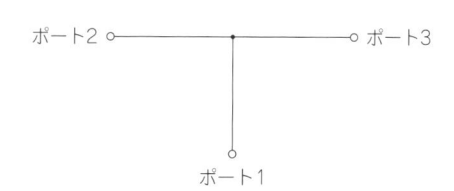

[図1-12] T分岐
単純に三つの端子を接続しただけの構成

● スライディング・ショート

　図1-11にスライディング・ショート(Sliding Short)の構造を示します．先端がショートになっており，入力のコネクタと先端のショートとは，長さが変えられる同軸線路で接続されています．入力のコネクタから反射特性を見ると常に全反射の回路ですが，同軸線路を伸び縮みさせることにより反射位相を自由に変えられます．

　スライディング・ショートと固定アッテネータを組み合わせることで，さまざまなインピーダンスを実現できます．

　ライン・ストレッチャの片端をショート・コネクタで短絡しても代用できます．

● T分岐

　写真1-44にBNCコネクタのT分岐(Tee)を示します．SMAコネクタなどほか

のコネクタのものも入手できます．等価回路は**図1-12**に示すように，単純に三つの端子を接続しただけの構成です．従って各端子は50Ωに整合がとれていないので，不整合や端子間のアイソレーションが問題とならないようなところで使われます．

● ショート・コネクタ

　ショート・コネクタ(Fixed Short)は，機器の入出力端子やコネクタ付きのケーブル端をショートするためのコネクタです．後述の各種測定で，ショート(全反射)状態を実現するために使われます．

はじめての高周波測定

第2章

電力の測定
～高周波測定の基礎中の基礎，あらゆる機器の評価に必須～

> 高周波回路は電力で信号を伝えます．従って電力の測定が高周波測定の基本です．本章では精度，コスト，ダイナミック・レンジが全く違う，三つの測定方法を紹介します．

各測定方法の比較を表2-1に示します．また，電力測定のフローチャートを図2-1に示します．本章で説明する電力の測定は，以下の評価で必要になります．
- 信号レベルの測定（第4章，第5章，第6章参照）
- 発振回路の評価
- 送信機の評価
- 信号発生器の出力信号レベルの確認

2-1　パワー・メータによる測定

パワー・メータによる測定の場合，測定可能な周波数範囲とレベル範囲は，パワー・メータ本体と組み合わせて使用するパワー・センサの仕様によって決まります．従って，測定対象の周波数とレベルをカバーするパワー・センサを用意する必要があります．パワー・メータの基本的な測定系の構成を図2-2に示します．

[表2-1] 本章で紹介する三つの測定方法の比較

使用測定器	測定精度	ダイナミック・レンジ	およその価格
パワー・メータ＋パワー・センサ	高	60～90dB	数十万円～
スペクトラム・アナライザ	中～高	100dB超	50万円～[注]
検波器＋電圧計	低～中	50～60dB	数万円～

注：測定周波数帯によって大きく違う

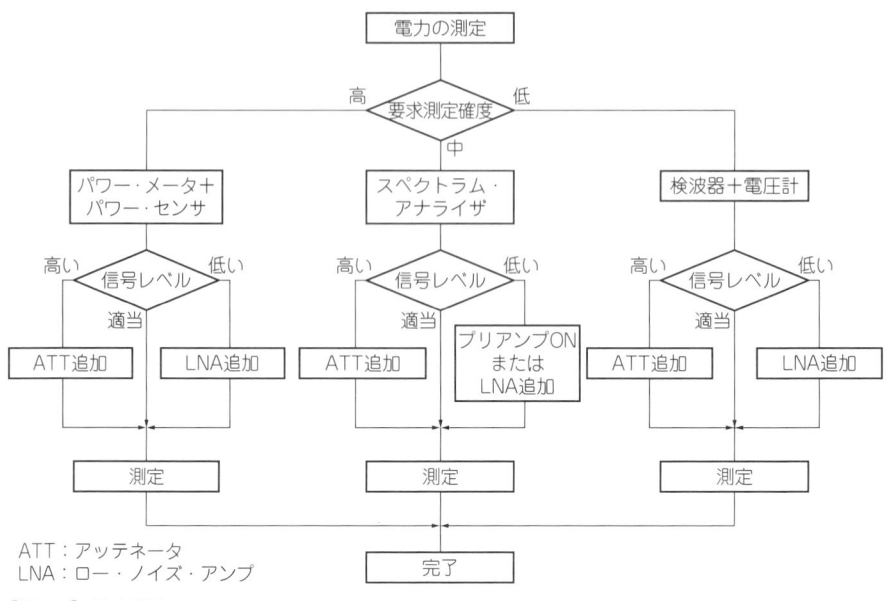

[図 2-1] 電力測定のフローチャート

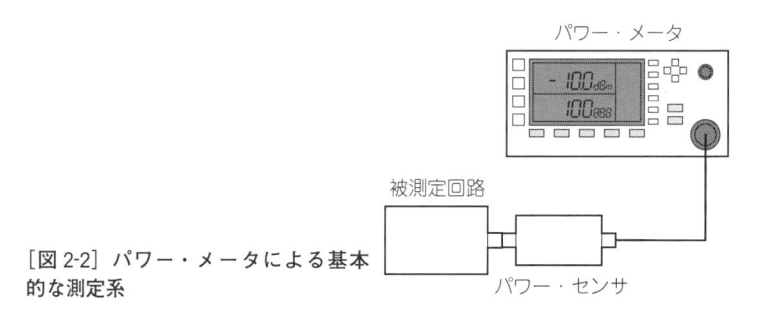

ATT：アッテネータ
LNA：ロー・ノイズ・アンプ

[図 2-2] パワー・メータによる基本的な測定系

● 校正と測定の基本手順

　パワー・メータで測定を行う際には，パワー・メータの校正が必要です．パワー・メータの電源を投入後，少なくとも30分程度のウォームアップを行ってから校正を行います．
① パワー・センサに何も入力しない状態で，パワー・メータの「ゼロ調整」を行う．アジレント・テクノロジーの4418Bの場合，**写真2-1**下側のボタンでメニューを呼び出す
② 使用するパワー・センサの基準校正係数 Ref CF（**写真2-2**）を，パワー・メータに設定する．なお，パワー・センサ内のEEPROMに校正係数を格納し，自動

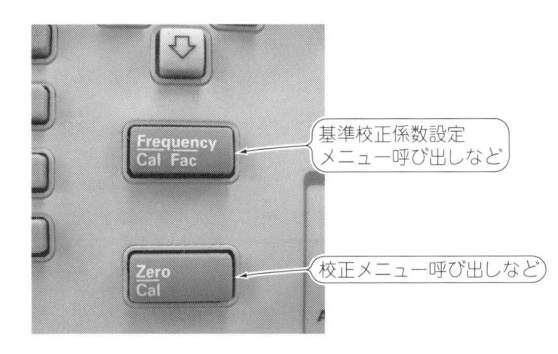

[写真 2-1] パワー・メータのメニュー呼び出しボタン
アジレント・テクノロジーの 4418B の場合

基準校正係数設定メニュー呼び出しなど

校正メニュー呼び出しなど

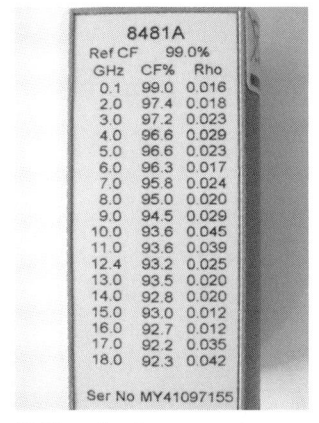

[写真 2-2] パワー・センサ 8481A の基準校正係数 Ref CF

[写真 2-3] パワー・メータの電力基準出力端子
アジレント・テクノロジーの 4418B の場合

でダウンロードする機種においては設定不要
③ パワー・センサをパワー・メータの電力基準出力端子(写真 2-3)に接続する
④ 校正を行う．アジレント・テクノロジーの 4418B の場合，写真 2-1 下側のボタンでメニューを呼び出す
⑤ パワー測定を行う信号の周波数をパワー・メータに設定する．アジレント・テクノロジーの 4418B の場合，写真 2-1 上側のボタンでメニューを呼び出す
⑥ 使用するパワー・センサの測定周波数における校正係数(写真 2-2 の CF%)を，パワー・メータに設定する．なお，パワー・センサ内の EEPROM に校正係数を格納し，自動でダウンロードする機種においては設定不要
⑦ 測定する信号をパワー・センサに入力する
⑧ 表示されたパワーを読み取る

● 測定の注意点

　パワー・メータは，パワー・センサに入力されたすべての信号の合計電力を測定しています．従って，電力測定対象の信号と，あまりレベル差がない，あるいは測定対象よりも大きなレベルの信号が同時に入力されると，正確な電力の測定が不可能になります．

　このような場合には，**図2-3**に示すように測定対象の信号だけを通過させるBPF（バンド・パス・フィルタ，帯域通過フィルタ）などを挿入して測定を行います．この場合，使用するBPFなどの通過損失の補正が必要になります．

● 小さな信号電力の測定

　パワー・センサで測定できるレベルよりも小さな信号電力を測定する場合には，**図2-4**に示すようにLNA（Low Noise Amplifier，低雑音増幅器）で信号レベルを増幅して測定を行います．この場合，使用するLNAのゲイン分の補正が必要になります．

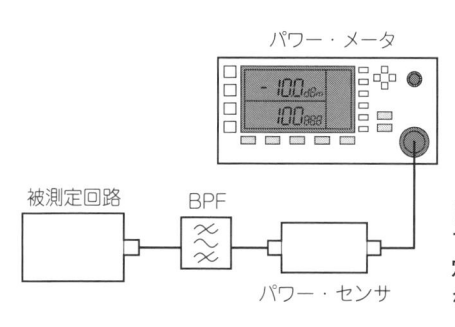

［図2-3］パワー・メータを利用した測定系において測定対象の信号とレベル差がない，あるいは測定対象よりも大きなレベルの信号が同時に入力されるときはBPFを利用する

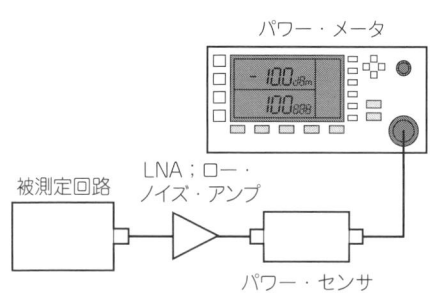

［図2-4］パワー・センサの測定可能レベルよりも小さな信号電力を測定する際はLNAを追加する

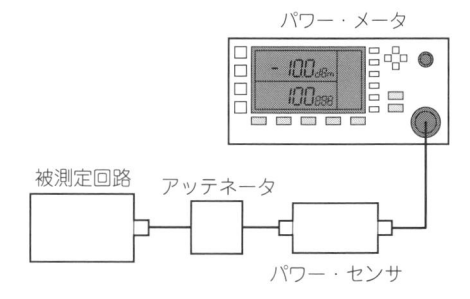

［図2-5］パワー・センサの最大入力レベルよりも大きな信号電力を測定する際はアッテネータを追加する

● 大きな信号電力の測定

パワー・センサの最大入力レベルよりも大きな信号電力を測定する場合には，**図2-5**に示すようにアッテネータ（Attenuator，減衰器）で信号レベルを減衰させて測定を行います．この場合，使用するアッテネータの減衰量分の補正が必要になります．

2-2　スペクトラム・アナライザによる測定

スペクトラム・アナライザは，信号のレベル測定を行うさまざまな場面で使われていますが，電力の測定確度ではパワー・メータに負けてしまいます．しかし，その測定レベル範囲（ダイナミック・レンジ）は圧倒的に広く，1台のスペクトラム・アナライザで，−100dBm以下の非常に低い信号レベルから＋30dBm程度まで測定可能です．スペクトラム・アナライザの基本的な測定系を**図2-6**に示します．

● 測定の基本手順

スペクトラム・アナライザの電源を投入し，少なくとも30分程度のウォームアップを行ってから測定を行います．
① スペクトラム・アナライザの中心周波数を，測定する信号の周波数に設定する
② 信号の周波数のずれが予想される場合にはSPAN（表示周波数範囲）を広めに設定しておく
③ 基準レベル（Ref Level）を，予想される信号レベルよりも高く設定する
④ RBW（Resolution Band Width），VBW（Video Band Width），Sweep，Attenuatorの設定はAutoにしておく（**写真2-4**はアンリツのMS2602A）

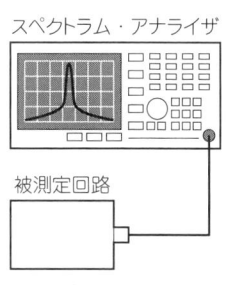

[図2-6] スペクトラム・アナライザによる基本的な測定系

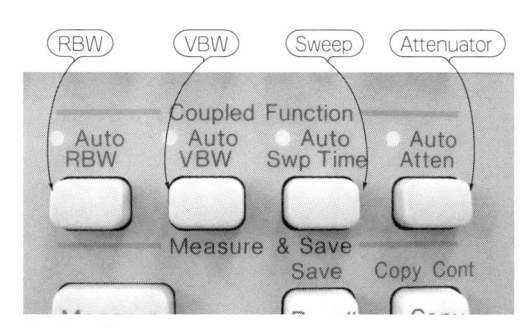

[写真2-4] RBW，VBW，Sweep，Attenuatorの設定はAutoにする
写真はアンリツのMS2602A

⑤ 測定する信号をスペクトラム・アナライザの入力に接続する
⑥ SPANを適当に調整する
⑦ **写真2-5**に示すように，被測定信号のピークが，画面上で最上部の1目盛りに入るように基準レベルを設定する
⑧ ピーク・サーチ機能を使ってパワーを読み取る（**写真2-6**）

● 測定の注意点

通常，スペクトラム・アナライザの入力端子は，直流の印加が禁止されています．従って，高周波信号に直流が重畳されている場合には，直流をカットし，高周波信

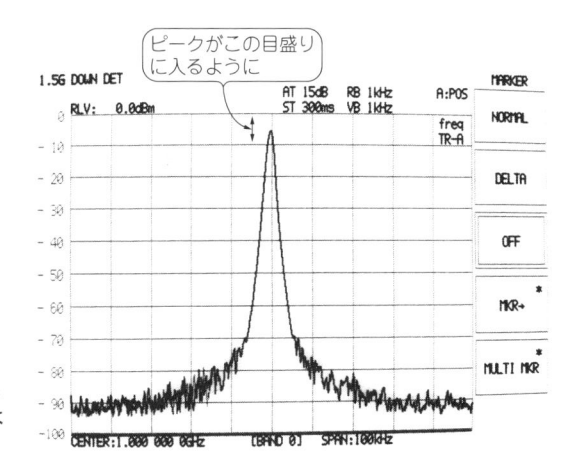

[写真2-5] 被測定信号のピークが，画面上で最上部の1目盛りに入るように基準レベルを設定する

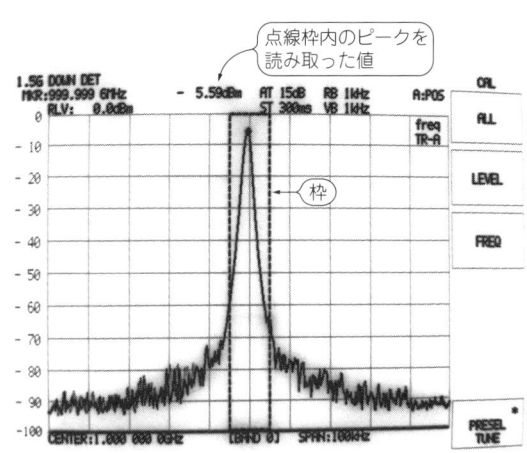

[写真2-6] ピーク・サーチ機能を使ってパワーを読み取る

号だけをスペクトラム・アナライザに入力する必要があります．一般にはDCブロック（第1章参照）を使って直流をカットします．もしDCブロックが手元になく，バイアス・ティー（第1章参照）がある場合には，**図2-7**に示すようにバイアス・ティーを使って直流をカットします．

● 小さな信号電力の測定

−80dBmを下回るような非常に小さい信号電力を測定する場合には，SPAN，RBW，VBWを狭くし，できるだけノイズ・フロアを下げて測定を行います．さらに，スペクトラム・アナライザにプリアンプが内蔵されている場合には，プリアンプで増幅して測定を行います．

プリアンプが内蔵されていない場合には，**図2-8**に示すようにLNAで信号レベルを増幅して測定を行います．この場合，使用するLNAのゲイン分の補正が必要になります．

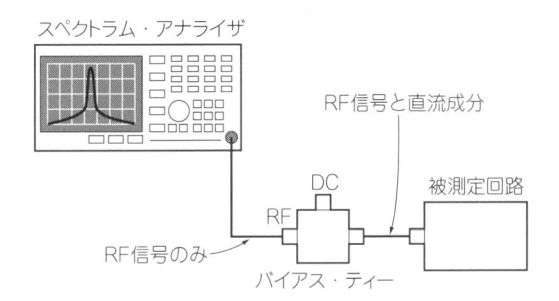

［図2-7］RF信号に直流成分が乗っている場合，バイアス・ティーを使って直流をカットする

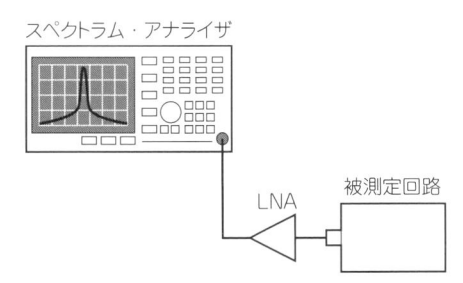

［図2-8］−80dBmを下回るような非常に小さい信号電力を測定する際にはLNAを追加する

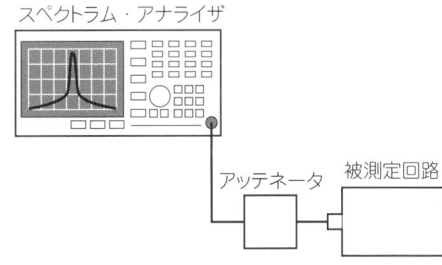

［図2-9］スペクトラム・アナライザの最大入力レベルよりも大きな信号電力を測定する際にはアッテネータを追加する

● 大きな信号電力の測定

　スペクトラム・アナライザの最大入力レベルよりも大きな信号電力を測定する場合には，図2-9に示すように，外付けのアッテネータで信号レベルを減衰させて測定を行います．この場合，使用するアッテネータの減衰量分の補正が必要になります．

● 実測例

　写真2-7に示すように，信号発生器(SG)の出力電力を，パワー・メータとスペクトラム・アナライザで測り，比べてみます．SGの出力は1GHz，0dBmとします．SGの出力に接続された約90cmの同軸ケーブルの1GHzにおける損失は0.29dBです．従って，SGの出力が正確に0dBmであれば，電力の測定値は－0.29dBmにな

(a) パワー・メータで電力を測定

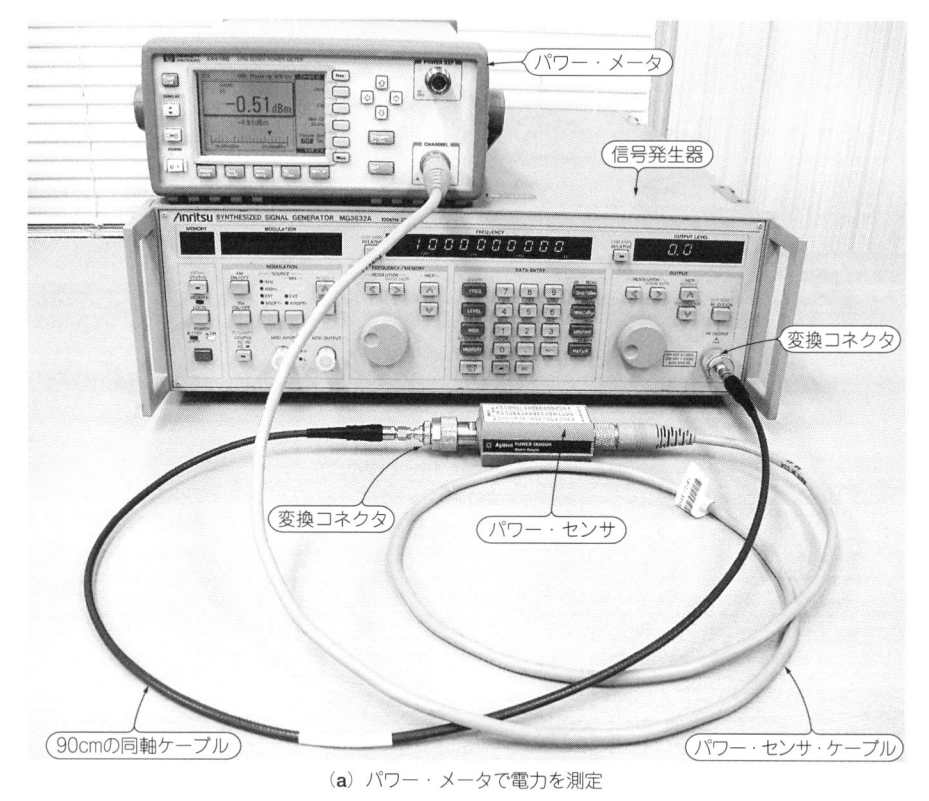

[写真2-7] 信号発生器の出力電力の実測例

るはずです．

　まず，パワー・メータで電力を測定すると，−0.51dBm(a)になりました．次に，スペクトラム・アナライザで電力を測定すると，−0.90dBm(b)になるので，パワー・メータでの測定値と0.39dBの差があります．

　確認のため**写真2-8**に示すようにSGの出力をパワー・メータで直接測定してみると，電力の測定値は−0.20dBm(c)でした．従って(a)の測定値は−0.49dBmになるはずですが，それよりも0.02dB低い値になっています．これはSGの出力とパワー・センサの入力に接続したSMA⇔Nの変換コネクタの損失と考えられます．つまり1GHzにおいて変換コネクタ1個当たり約0.01dBの損失があると考えられます．

　スペクトラム・アナライザの入力端子にもSMA⇔Nの変換コネクタを使っているので，その損失を考慮すると，使用したスペクトラム・アナライザの測定誤差は

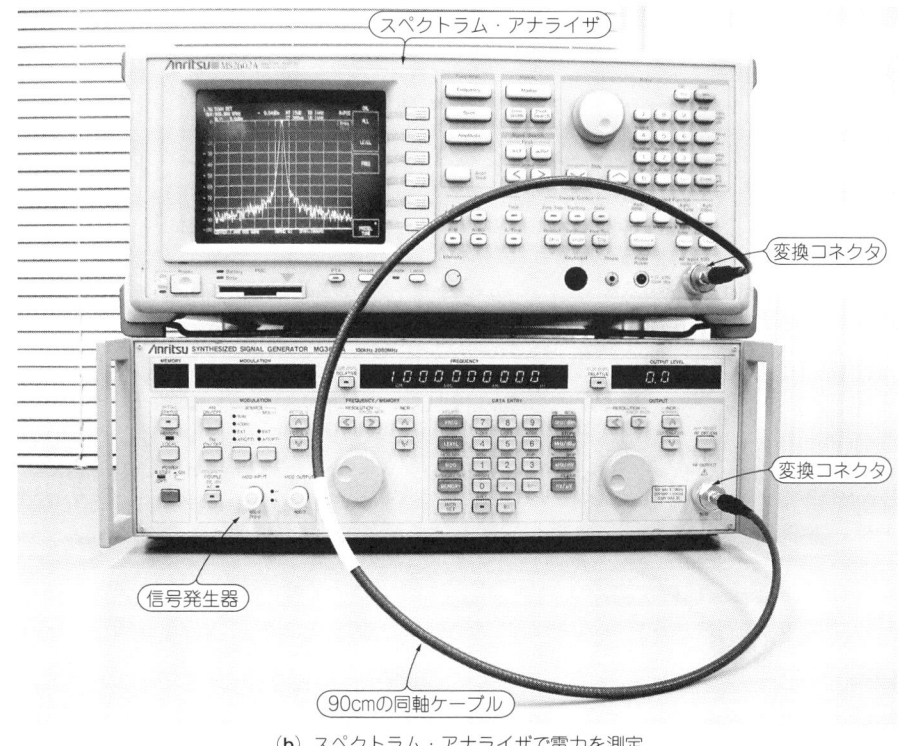

(b) スペクトラム・アナライザで電力を測定

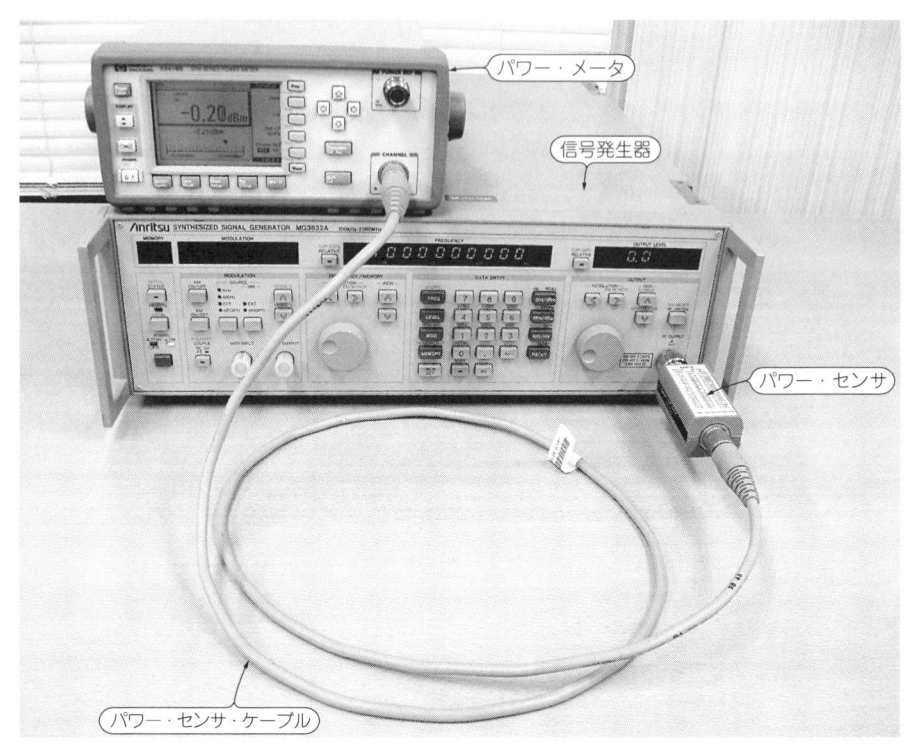

[写真 2-8] 信号発生器の出力をパワー・メータで直接測定

1GHzで0.38dBになります(パワー・メータの測定値が正しいとすると).

2-3　検波器による測定

　検波器(第1章参照)は,入力された高周波の電力を,それに比例した直流電圧に変換する機能を持っています.図2-10に示すように検波器と電圧計を組み合わせることにより,高周波信号の電力を直流電圧で測定できます.入力信号電力が下がるにつれて検波器の出力電圧も低下するので,図2-10の構成での実用的な測定レベル範囲は－30dBm～＋20dBm程度です.

● 測定の基本手順
　検波器を使って電力を測定するには,使用する検波器の入力電力-出力電圧特性(図2-11)を用意しておく必要があります.市販の検波器の場合には,購入時にデ

[図 2-10] **検波器による測定系**
実用的な測定レベル範囲は−30dBm〜+20dBm程度

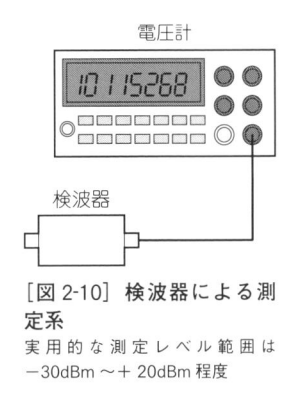

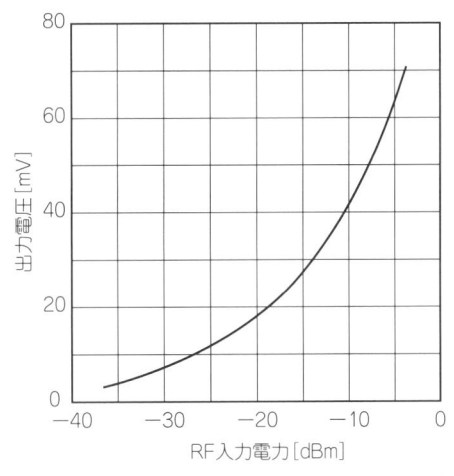

[図 2-11] 検波器の入力電力 - 出力電圧特性の例

[図 2-12] 検波器を利用した測定系において，測定対象の信号とレベル差がない，あるいは測定対象よりも大きなレベルの信号が同時に入力されるときはBPFを利用する

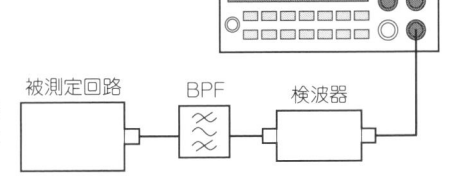

ータを添付してもらうこともできます．
① 図2-10の測定系を準備する
② 測定する信号を検波器に入力する
③ 電圧計に表示された電圧を読み取る
④ 入力電力-出力電圧特性の特性カーブから，読み取った電圧に対応する入力電力を求める

● 測定の注意点

　検波器は，入力されたすべての信号の合計電力を電圧に変換しています．従って電力測定対象の信号と，あまりレベル差がない，あるいは測定対象よりも大きなレベルの信号が同時に入力されると，正確な測定が不可能になります．
　このような場合には図2-12に示すように，測定対象の信号だけを通過させる

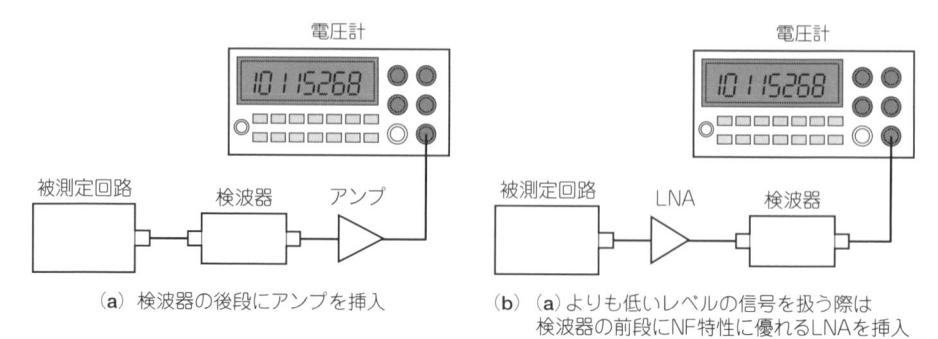

[図 2-13] 検波器の実用的な測定レベル範囲よりも小さな信号電力を測定したい場合はアンプを追加する

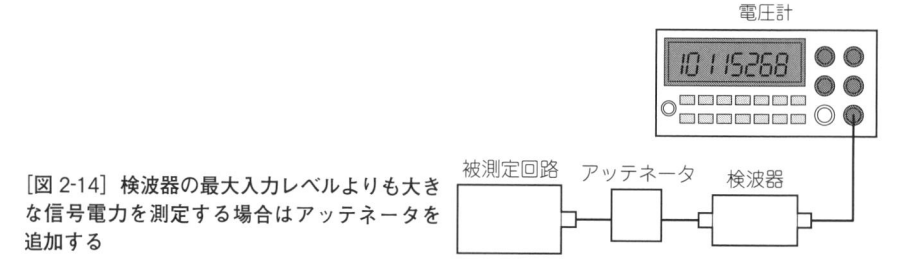

(a) 検波器の後段にアンプを挿入
(b) (a)よりも低いレベルの信号を扱う際は検波器の前段にNF特性に優れるLNAを挿入

[図 2-14] 検波器の最大入力レベルよりも大きな信号電力を測定する場合はアッテネータを追加する

BPFなどを挿入して測定します．この場合，使用するBPFなどの通過損失の補正が必要になります．

● 小さな信号電力の測定

検波器の実用的な測定レベル範囲よりも小さな信号電力を測定したい場合には，二つの方法で測定します．
① 図2-13(a)に示すように，検波器の出力にアンプを挿入し，出力電圧を増幅して測定を行う．この場合，使用するアンプのゲイン分の補正が必要
② 図2-13(b)に示すように，LNAで入力信号レベルを増幅して検波器に入力して測定を行う．この場合，使用するLNAのゲイン分の補正が必要

● 大きな信号電力の測定

検波器の最大入力レベルよりも大きな信号電力を測定する場合には，図2-14に示すように，アッテネータで信号レベルを減衰させて測定を行います．この場合，使用するアッテネータの減衰量分の補正が必要になります．

はじめての高周波測定

第3章

インピーダンスの測定
~インピーダンスが判らないと回路どうしを上手くつなげられない~

　高周波回路では，回路のインピーダンスや回路間のインピーダンス整合，伝送線路の特性インピーダンスなど，インピーダンスにかかわる特性が非常に重要になります．インピーダンス測定は高周波回路の調整，評価において常に必要です．
　一般に高周波におけるインピーダンス測定には，ベクトル・ネットワーク・アナライザが使われます．そして伝送線路などの特性インピーダンスの測定には，オシロスコープを使ったTDR（Time Domain Reflectometry）という方法が使われます．

　図3-1にインピーダンス測定のフローチャートを示します．
　本章で説明する測定は，以下の評価などで必要になります．

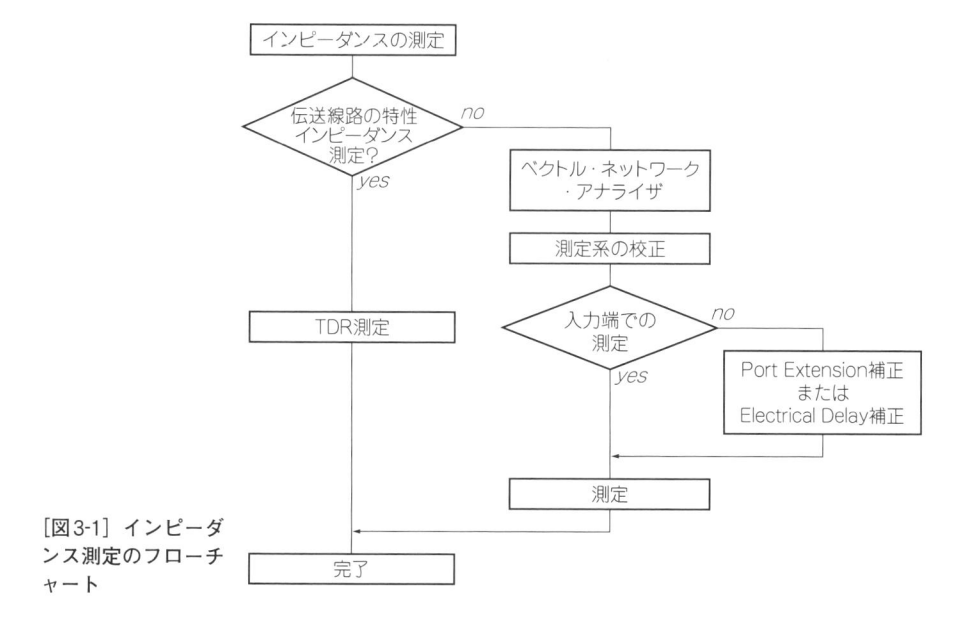

[図3-1] インピーダンス測定のフローチャート

061

- さまざまな回路の入力，出力端子のインピーダンス評価
- 回路内の任意の点から見たインピーダンスの評価
- インピーダンス整合
- 測定系のインピーダンス確認（第14章 14-2節，第16章 16-5節など）
- 特性インピーダンスの測定
- 伝送線路（プリント基板パターン）の評価
- 同軸ケーブルの評価
- 同軸コネクタの評価

3-1　回路の入口/出口における測定

　ベクトル・ネットワーク・アナライザを使用すれば，高周波における回路や部品のインピーダンスを簡単に測定できます．

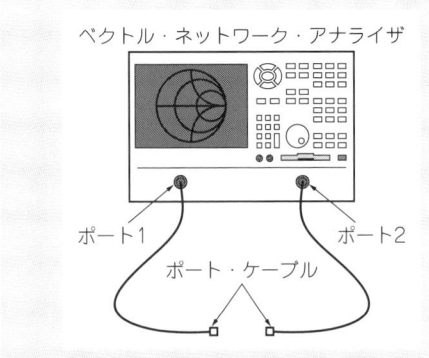

[図3-2] ベクトル・ネットワーク・アナライザは二つの測定ポートによる測定が基本
片方から信号を送り出し，もう片方でその戻りを受ける

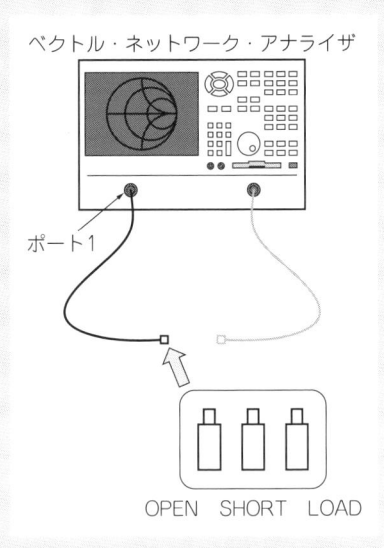

[図3-3] ポート1の校正…OPEN, SHORT, LOADをそれぞれ接続し，それぞれの状態で校正を行っておく

> Ⓐ ほかの章から繰り返し参照するため
> わかりやすいようにⒶとした

● **校正と測定の基本手順**

　ベクトル・ネットワーク・アナライザで測定を行う際には，ベクトル・ネットワーク・アナライザを含めた測定系の校正が必要です．ベクトル・ネットワーク・アナライザの電源を投入し，少なくとも30分程度のウォームアップを行ってから校正します．

　ベクトル・ネットワーク・アナライザは，**図3-2**に示すような二つの測定ポートによる構成が基本になります．インピーダンス測定は，どちらのポートを使ってもできます．

① 測定周波数範囲を設定する
② ポート・パワー（測定用ポートから出力される測定用高周波信号のレベル）を設定する．一般にPreset状態で0dBmに設定されている．被測定回路がひずまないレベルに設定する
③ 測定ポイント数（①の周波数範囲内の測定ポイント数）を設定する．一般にPreset状態で201ポイントに設定されている．細かく測定したい場合にはポイント数を増やす．201ポイント→401ポイント→801ポイント…．粗い測定でも問題なければ，測定ポイント数を減らしても構わない．201ポイント→101ポイント→51ポイント…
④ 測定に使用するポートを決める
⑤ 校正メニューから1ポート校正を選択し校正を行う（**図3-3**）
　　●ケーブル端にOPEN（**写真3-1**）を接続し（**写真3-2**），OPEN校正を行う

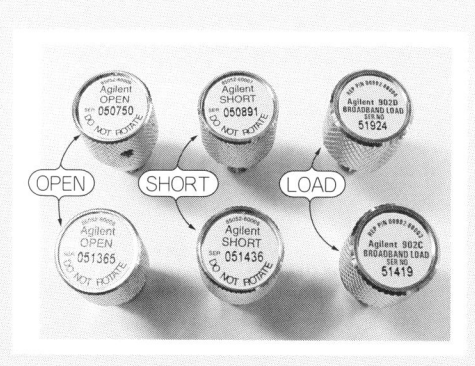

（a）正面　　　　　　　　　　　　　　　（b）横

[写真3-1] OPEN, SHORT, LOAD
アジレント・テクノロジーの85052D (3.5mm Economy Calibration Kit)に含まれている

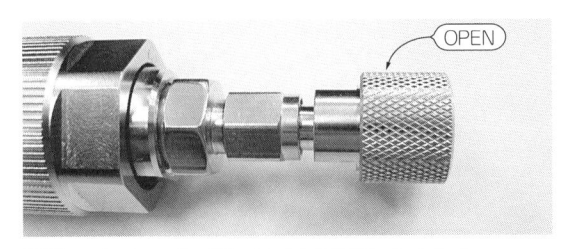

[写真3-2] ケーブル端にOPENを接続したようす

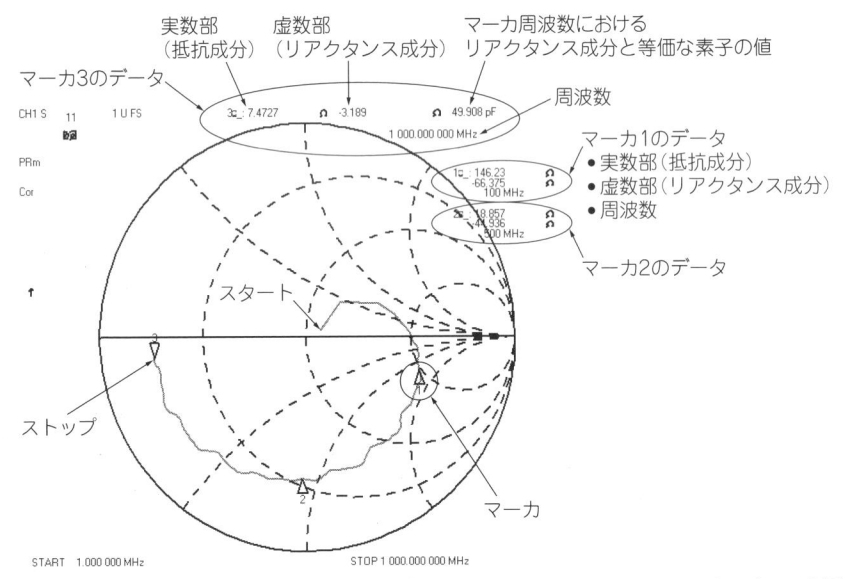

[図3-4] 表示フォーマットをスミス・チャートにし，マーカを使ってインピーダンスを測定する

- ケーブル端にSHORT（**写真3-1**）を接続し，SHORT校正を行う
- ケーブル端にLOAD（終端，**写真3-1**）を接続し，LOAD校正を行う

⑥ 校正が完了したケーブル端に，インピーダンス測定を行う回路などを接続する
⑦ 表示フォーマットをスミス・チャートにし，マーカを使ってインピーダンスを測定する（**図3-4**）．

なお，**写真3-1**のOPEN，SHORT，LOADはアジレント・テクノロジーの85052D

(3.5mm Economy Calibration Kit)に含まれているものです．

● 測定の注意点

　校正が完了した後で，校正を行ったポート・ケーブルと被測定回路との間に，変換コネクタを挿入しないでください．後から変換コネクタを挿入してしまうと，変換コネクタの損失や電気長の影響が加わってしまいます．変換コネクタが必要な場合にはポート・ケーブルに変換コネクタを取り付け，変換コネクタの先端で校正を行います．

3-2	部品挿入位置における測定

● Port Extension補正とElectrical Delay補正

　3-1節で説明したインピーダンス測定は，回路やモジュールの入出力コネクタから見たインピーダンスを測定する場合の方法です．一般に回路の特性調整を行う場合には，**図3-5**に示すように，特性調整用の部品を挿入する位置から見たインピーダンスの測定が必要になります．

　幸いなことにベクトル・ネットワーク・アナライザには，この難題に対処するための補正機能が付いています．それがPort Extension補正とElectrical Delay補正です．Electrical Delay補正は電気長補正とも呼ばれています．

　アジレント・テクノロジー製のネットワーク・アナライザの場合，Port Extension補正機能はCalibration（校正）メニューに含まれ，Electrical Delay補正機能はScaleメニューに含まれています．

　Port Extension補正は，校正の基準面（位置）を移動させる方法です．測定系の校正が終わった時点で，**図3-5**における測定の基準面はA点です．Port Extension補正は，A-B間の伝送線路が理想的なものと考えて，校正の基準面をAからBへ移動させます．移動させると言っても物理的に動かすわけではなく，ネットワーク・アナライザの内部で補正の計算を行っているだけです．Port Extension補正を行うことでB点から先を見たインピーダンス測定が可能になります．

　Electrical Delay補正は，校正の基準面は変えずに，A-B間の伝送線路の電気的な長さによるインピーダンス変化分を測定値から取り除く方法です．Port Extension補正と同じように，ネットワーク・アナライザの内部で補正計算は行われます．Electrical Delay補正を行うことでもB点から先を見たインピーダンス測定が可能になります．どちらの補正を使っても，ほとんど同じ結果が得られます．

ベクトル・ネットワーク・アナライザ

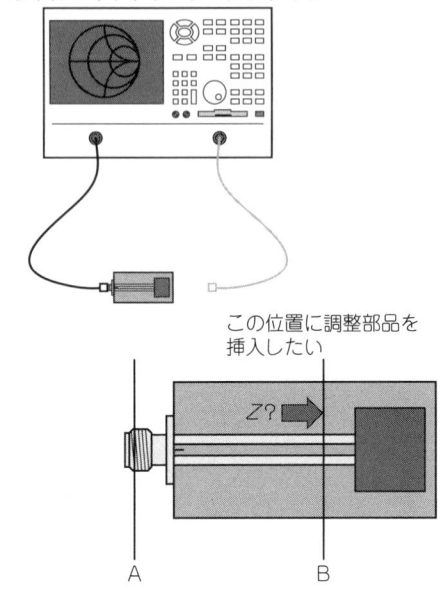

[図3-5] Port Extension 補正は測定の基準面を移動させる

回路の特性調整を行う場合には，特性調整用の部品を挿入する位置から見たインピーダンスの測定が必要になる

● 測定の基本手順

　ベクトル・ネットワーク・アナライザの電源を投入し，少なくとも30分程度のウォームアップを行ってから測定します．

▶ Port Extension 補正手順

① ベクトル・ネットワーク・アナライザの校正を行う（第3章 3-1節参照）
② 画面表示フォーマットをスミス・チャートにする．チャート上には**図3-6(a)**のような周波数特性が表示される
③ 基準面を移動させる位置 B点で伝送線路のパターンをカットする（**図3-7**）
④ パターンをカットした測定対象をベクトル・ネットワーク・アナライザに接続する．A-B間の伝送線路の電気長の影響により，**図3-6(b)**に示すように周波数特性はスミス・チャートの外周付近を時計回りに延びる
⑤ Port Extension 補正機能をONにして補正を行うポートを選ぶ
⑥ **図3-6(c)**に示すように，周波数特性がチャート上のOPEN付近で1点に集まる

(a) ポート1のケーブル端には何も接続していない

(b) パターン・カットした測定対象を接続

(c) Port Extension補正後

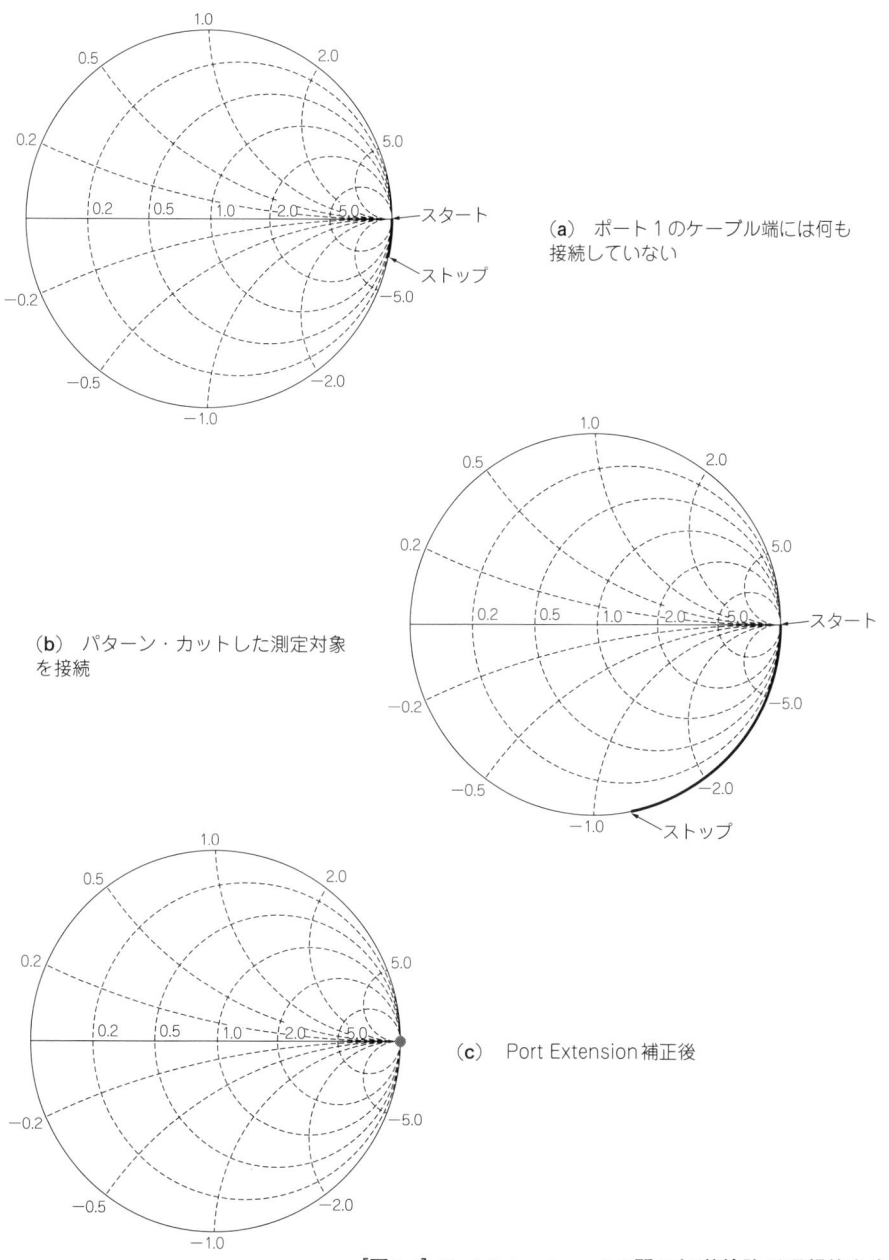

[図3-6] Port Extension…A-B間の伝送線路が理想的なものと考えて，測定の基準面をAからBへ移動する

3-2 部品挿入位置における測定

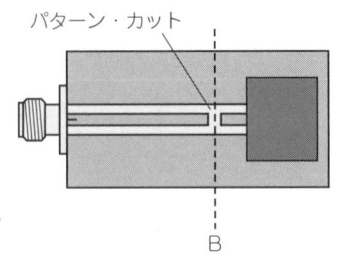

[図3-7] パターン・カットによって測定の基準面を移動させた

ように補正を行う
⑦ パターン・カットした部分をはんだなどで接続する
⑧ インピーダンスを測定する
▶ Electrical Delay補正手順
① ベクトル・ネットワーク・アナライザの校正を行う(第3章 3-1節参照)
② 画面表示フォーマットをスミス・チャートにする．チャート上には図3-6(a)のような周波数特性が表示される
③ 基準面を移動させる位置B点で伝送線路のパターンをカットする(図3-7)
④ パターンをカットした測定対象をベクトル・ネットワーク・アナライザに接続する．A-B間の伝送線路の電気長の影響により，図3-6(b)に示すように，周波数特性はスミス・チャートの外周付近を時計回りに延びる
⑤ Electrical Delay補正機能をONにし，図3-6(c)に示すように，周波数特性がチャート上のOPEN付近で1点に集まるように補正を行う
⑥ パターン・カットした部分をはんだなどで接続する
⑦ インピーダンスを測定する

● 応用

回路の特性調整を行う際に，入出力用のコネクタなどが付いていない，回路の途中から見たインピーダンス測定が必要になることがよくあります．その場合には**写真3-3**に示すような片側にコネクタの付いたセミリジッド・ケーブル[注]を用意します．

注：コネクタ・メーカなどに依頼すれば製作してもらえるが，セミリジッド・ケーブルとコネクタを購入すれば自作も可能．また，両端にコネクタの付いたセミリジッド・ケーブルを用意して半分に切断しても簡単に製作できる．両端にコネクタが付いたセミリジッド・ケーブルは，商品販売店(RSコンポーネンツなど)でも購入できる．

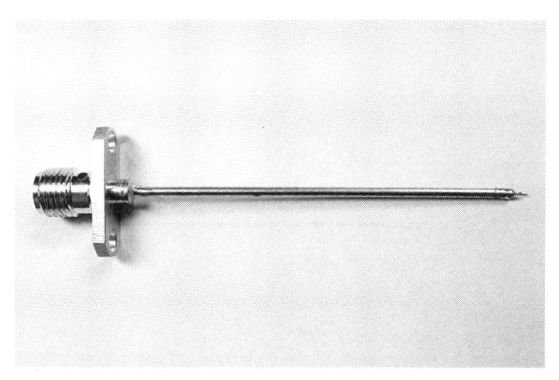

[写真3-3] 片側にコネクタの付いたセミリジッド・ケーブル

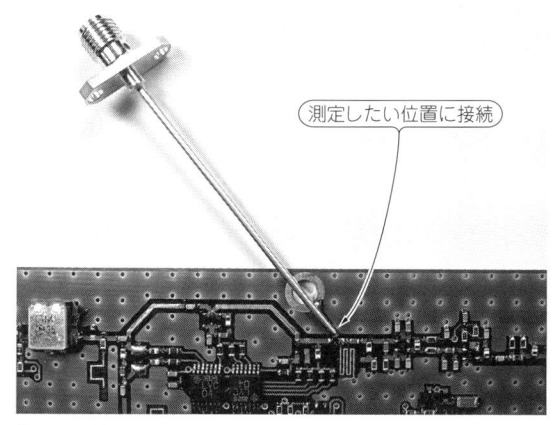

[写真3-4] コネクタ付きセミリジッド・ケーブルを基板上の測定したい個所に接続したようす

　校正が完了したベクトル・ネットワーク・アナライザに本ケーブルを接続し，Port Extension補正またはElectrical Delay補正を行います．その後，回路の測定したい個所に本ケーブルを接続し(**写真3-4**)，ケーブル端から見たインピーダンスを測定します．

● 実測例
　写真3-5に示すように，伝送線路(マイクロストリップ・ライン)の先端とグラウンド間に実装された部品のインピーダンスを測定してみましょう(30k～2000MHz)．単純に伝送線路の片側に接続されたSMAコネクタからインピーダン

3-2 部品挿入位置における測定 | 069

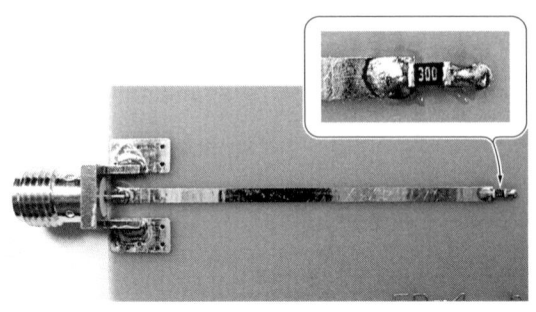

[写真3-5] 伝送線路（マイクロストリップ・ライン）の先端とグラウンド間に実装された部品のインピーダンスを測定する

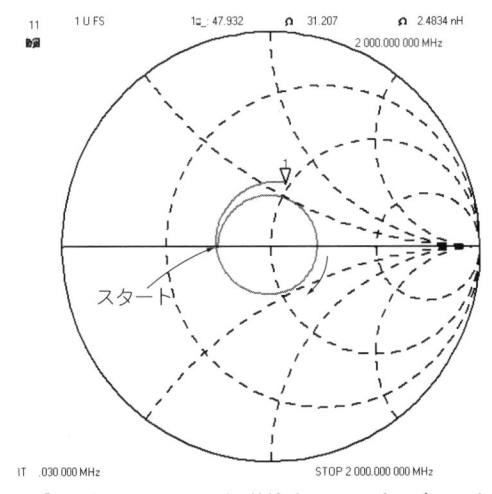

[図3-8] 写真3-5に示した伝送線路のインピーダンスをSMAコネクタ側から測定したときの特性
チャート上でインピーダンスがくるくると回っている

スを測定すると，SMAコネクタ＋伝送線路＋部品のインピーダンスを測定することになります．

そこで，この節で解説したElectrical Delay補正を使い，伝送線路端から見たインピーダンスを測定してみます．正しく測定ができているか判断しやすいように，部品としては30Ωのチップ抵抗を実装してみます．

まず，単純にSMAコネクタからインピーダンスを測定すると，図3-8に示す特性になります．SMAコネクタと伝送線路の電気長の影響によって，スミス・チャ

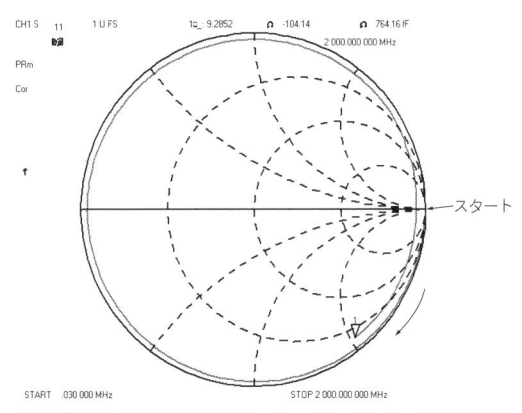

(a) 伝送線路の先端がOPENになっているため，ほぼOPENの位置からスタートし，周波数が高くなるに従ってスミス・チャートの外周付近を時計回りに延びている

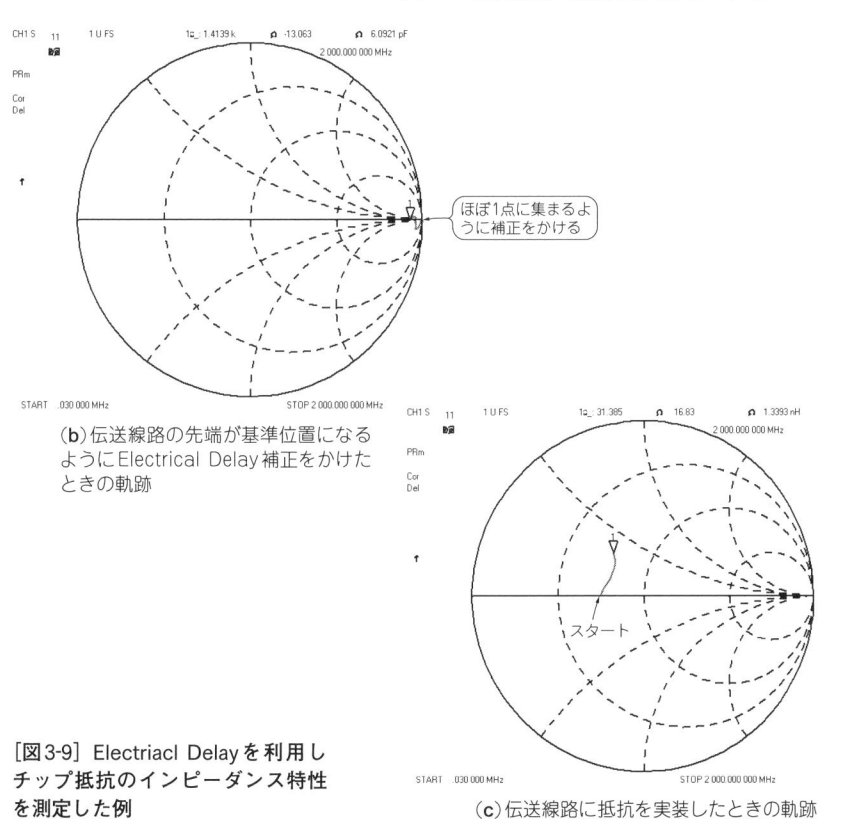

ほぼ1点に集まるように補正をかける

(b) 伝送線路の先端が基準位置になるようにElectrical Delay補正をかけたときの軌跡

[図3-9] Electriacl Delayを利用しチップ抵抗のインピーダンス特性を測定した例

(c) 伝送線路に抵抗を実装したときの軌跡

3-2 部品挿入位置における測定 | 071

ート上でインピーダンスがくるくると回っています.

次に部品を取り外し，部品が実装されていない状態でインピーダンスを測定すると，図3-9(a)に示す特性になります(SMAコネクタ＋伝送線路)．伝送線路の先端がOPENになっているので，インピーダンスの軌跡はほぼOPENの位置からスタートし，周波数が高くなるに従ってスミス・チャートの外周付近を時計回りに延びていきます．

ここで伝送線路の先端が基準位置になるようにElectrical Delay補正を行うと，図3-9(b)に示す特性になります．伝送線路の損失などの影響により，完全に1点には集まっていませんが良好です．

Electrical Delay補正をONした状態で，もう一度伝送線路端に抵抗を実装してインピーダンスの測定を行うと，図3-9(c)に示す特性になります．SMAコネクタと伝送線路の電気長の影響が取り除かれ，チップ抵抗のインピーダンス特性が得られています．マーカを使って2GHzにおけるインピーダンスを読み取ると，抵抗成分が約31.4Ωと測定できます．また，チップ抵抗の寄生リアクタンス成分も約1.3nHと測定できます．

3-3　特性インピーダンスの測定

伝送線路などの特性インピーダンス$Z_0[\Omega]$は，単位長さ当たりに分布している抵抗成分$R[\Omega]$，インダクタンス成分$L[\mathrm{H}]$，キャパシタンス成分$C[\mathrm{F}]$，コンダクタンス成分$G[\mho]$（モー）を使い，次式で表されます．

$$Z_0 = \sqrt{\frac{R+j\omega L}{G+j\omega C}} \quad \cdots\cdots\cdots\cdots\cdots\cdots\cdots\cdots\cdots\cdots\cdots\cdots\cdots\cdots\cdots\cdots\cdots\cdots\cdots\cdots\cdots\cdots\cdots\cdots\cdots \text{(3-1)}$$

しかし，単位長さ当たりに分布している各成分の値を簡単に測ることはできませんので，一般に伝送線路などの特性インピーダンス測定には，TDR (Time Domain Reflectometry)という方法が使われています．

TDRの測定は，急しゅんな立ち上がりのステップ信号を発生させるステップ・ジェネレータとオシロスコープの組み合わせで行われます．一般にはステップ・ジェネレータを内蔵したTDR測定用のオシロスコープが使われます．

● TDR測定の基本

図3-10の測定系において，ステップ・ジェネレータでステップ信号を発生させると，その信号は伝送線路を伝わり，負荷Z_Lに到達します．伝送線路の特性イン

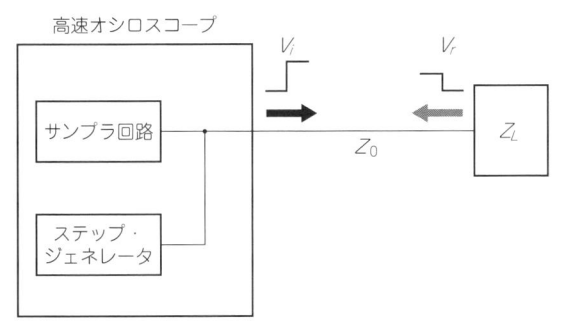

[図3-10] TDR測定用オシロスコープは内部にステップ・ジェネレータとサンプラ回路を備える

ピーダンスZ_0と負荷のインピーダンスZ_Lとが異なると，負荷で信号の反射が起こり，負荷からオシロスコープへと反射信号が伝わってきます．そのためオシロスコープ上に表示される電圧波形は，時間とともに以下のように変化します．

$t < 2t_p$ …入射電圧V_iの波形が表示される

$2t_p < t$ …入射電圧V_iと反射電圧V_rが足し合わされた波形が表示される

t_pは伝送線路における伝播時間です．TDR測定は入射波と反射波の観測なので，高周波回路で重要な反射係数Γと密接な関係があります．反射係数Γは入射波，反射波，伝送線路の特性インピーダンス，負荷のインピーダンスを使い，次式で表されます．

$$\Gamma = \frac{V_r}{V_i} = \frac{Z_L - Z_0}{Z_L + Z_0} \quad\quad\quad\quad\quad\quad\quad\quad\quad\quad\quad\quad\quad\quad\quad (3\text{-}2)$$

負荷のインピーダンスZ_Lによって，反射係数Γと反射波V_rがどのように変わり，TDR測定波形がどのようになるのか調べてみましょう．

▶ $Z_L = Z_0$

$$\Gamma = \frac{V_r}{V_i} = \frac{Z_L - Z_0}{Z_L + Z_0} = \frac{0}{2Z_0} = 0$$

反射係数が0で反射波も0になり，反射が全くないので，TDR観測波形は**図3-11(a)**に示すように入射波の時間変化が表示されます．

▶ $Z_L = 0$ (Short)

$$\Gamma = \frac{V_r}{V_i} = \frac{Z_L - Z_0}{Z_L + Z_0} = \frac{-Z_0}{Z_0} = -1$$

反射係数が−1になり，反射波は入射波と振幅が等しく極性が逆になります．従

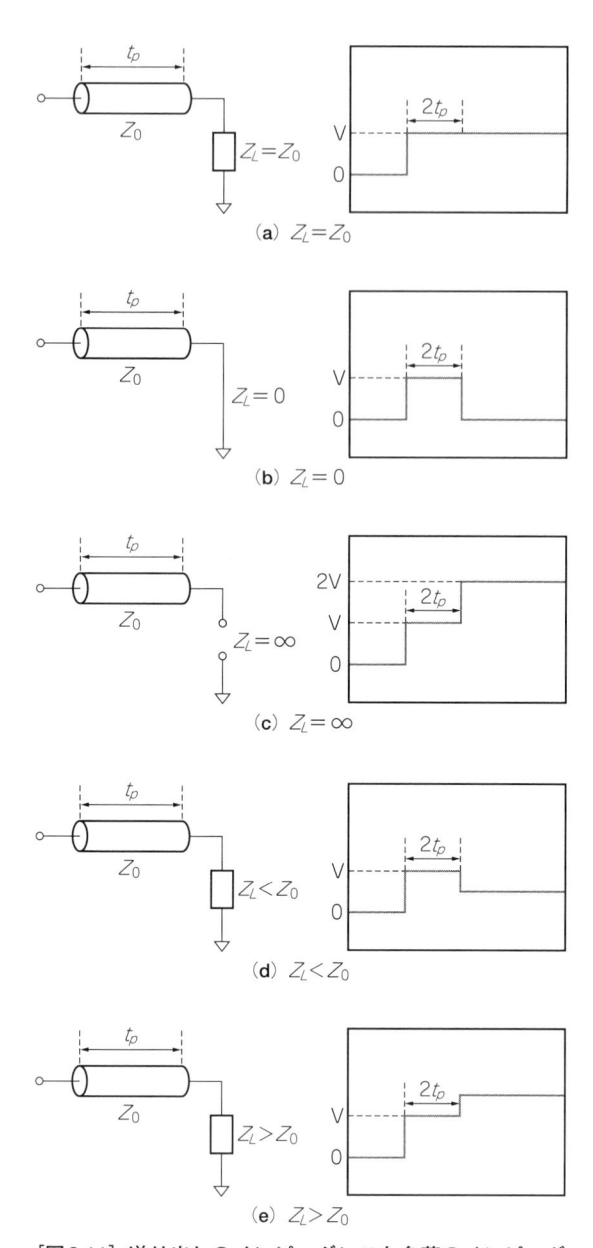

[図3-11] 送り出しのインピーダンスと負荷のインピーダンスの状態で反射の波形は変わる

ってTDR観測波形は図3-11(b)に示すように，$t = 2t_p$までは入射波が表示され，それ以降は反射波によって入射波が打ち消されてしまうため，表示が0になります．

▶ $Z_L = \infty$ (Open)

$$\Gamma = \frac{V_r}{V_i} = \frac{Z_L - Z_0}{Z_L + Z_0} = \frac{\infty - Z_0}{\infty + Z_0} = 1$$

反射係数が＋1になり，反射波は入射波と振幅が等しく，極性も等しくなります．従ってTDR観測波形は図3-11(c)に示すように，$t = 2t_p$までは入射波が表示され，それ以降は反射波が入射波に足し合わされ，2倍の振幅になります．

▶ $Z_L < Z_0$

$$\Gamma = \frac{V_r}{V_i} = \frac{Z_L - Z_0}{Z_L + Z_0} < 0, \quad \text{ただし } 0 < |\Gamma| < 1$$

反射係数がマイナスになり，反射波は入射波と極性が逆になります．従ってTDR観測波形は図3-11(d)に示すように，$t = 2t_p$までは入射波が表示され，それ以降は反射波によって入射波の一部が打ち消されてしまうため，表示される波形の振幅が低くなります．

▶ $Z_L > Z_0$

$$\Gamma = \frac{V_r}{V_i} = \frac{Z_L - Z_0}{Z_L + Z_0} > 0, \quad \text{ただし } 0 < |\Gamma| < 1$$

反射係数がプラスになり，反射波は入射波と極性が等しくなります．従ってTDR観測波形は図3-11(e)に示すように，$t = 2t_p$までは入射波が表示され，それ以降は反射波が入射波に足し合わされるため，表示される波形の振幅が高くなります．

TDR観測波形から反射係数が求められ，さらに式(3-2)からZ_0, Z_Lを求められます．

$$Z_0 = \frac{1 - \Gamma}{1 + \Gamma} \cdot Z_L \quad \cdots\cdots\cdots\cdots\cdots\cdots\cdots\cdots\cdots\cdots\cdots\cdots\cdots\cdots \text{(3-3)}$$

$$Z_L = \frac{1 + \Gamma}{1 - \Gamma} \cdot Z_0 \quad \cdots\cdots\cdots\cdots\cdots\cdots\cdots\cdots\cdots\cdots\cdots\cdots\cdots\cdots \text{(3-4)}$$

● 測定の基本手順
① TDR測定用のオシロスコープに伝送線路を接続する
② ステップ・ジェネレータからステップ信号を送り込み，オシロスコープで電圧波形をモニタする

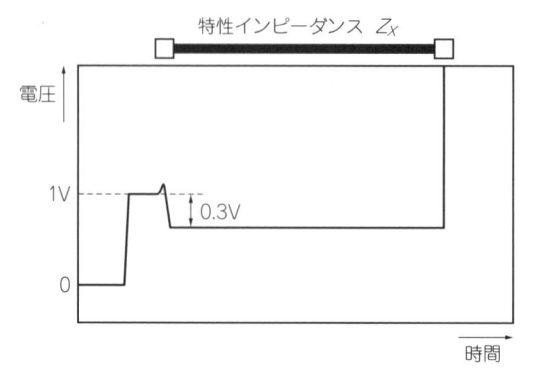

[図3-12] TDR測定したときの波形

③ 観測波形から反射係数を求め，特性インピーダンスを算出する

● **特性インピーダンスの算出例**

　特性インピーダンスの不明なケーブルをTDR測定したときに，**図3-12**に示す波形が測定された場合について，特性インピーダンスを求めてみます．

　0.3Vの電圧低下は−0.3Vの反射波によって生じているので，式(3-2)を使って反射係数Γを求めると，

$$\Gamma = \frac{V_r}{V_i} = \frac{-0.3}{1} = -0.3$$

この反射係数と式(3-4)を使ってケーブルの特性インピーダンスZ_xを求めると，

$$Z_x = \frac{1+\Gamma}{1-\Gamma} Z_0 = \frac{1+(-0.3)}{1-(-0.3)} \cdot 50 = \frac{0.7}{1.3} \cdot 50 = 26.9\,[\Omega]$$

と求まります．

第4章

反射特性の測定
～高周波回路では反射を減らして電力を伝えることが大事～

高周波回路では電力の伝達が重要になります．つなぎ合わせる回路間でインピーダンスが合っていないと信号の反射が起こってしまい，伝達される信号電力が減るばかりでなく周波数特性の乱れなども生じ，さまざまな部分に悪影響を及ぼします．

高周波回路では，この反射をできる限り少なくする作業(インピーダンス・マッチング)が必要になります．そのためには反射を正確に測る必要があります．

本章では確度の全く違う反射特性のさまざまな測定方法を紹介します．

本章で紹介する各測定方法の比較を表4-1に示します．さらに，図4-1に反射特性測定のフローチャートを示します．

また，本章で説明する反射特性の測定は，以下の評価で必要になります．

- スイッチの特性評価(ONになっている端子の反射特性)
- フィルタの特性評価

[表4-1] **本章で紹介する各測定方法と測定精度**

使用測定器または測定素子			測定精度	測定対象
ベクトル・ネットワーク・アナライザ		(信号発生器)	高	反射係数，インピーダンス，リターン・ロス，VSWRなど
スカラ・ネットワーク・アナライザ		信号発生器	中～高	リターン・ロス，VSWR
VSWRブリッジ	パワー・メータ		中	リターン・ロス
	スペクトラム・アナライザ		中	
	検波器＋電圧計		低	
方向性結合器	パワー・メータ		中	リターン・ロス
	スペクトラム・アナライザ		中	
	検波器＋電圧計		低	
サーキュレータ	パワー・メータ		中	リターン・ロス
	スペクトラム・アナライザ		中	
	検波器＋電圧計		低	

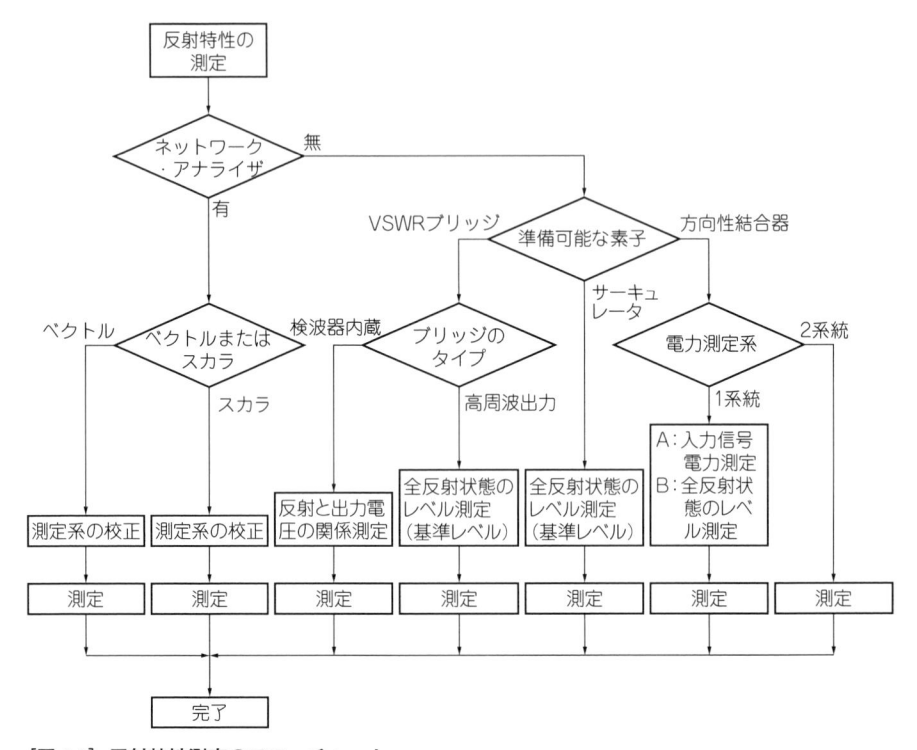

[図4-1] 反射特性測定のフローチャート

- アンプの特性評価
- 伝送線路の評価
- ケーブルの評価
- そのほか各種回路の特性評価
- マッチングの調整

　スイッチ，フィルタなどの受動回路，伝送線路，ケーブルなどの場合，反射特性としてVSWRが1.2以下またはリターン・ロスが20dB以上であることが一般的に求められます（電力の反射がおよそ1/100以下）．

　アンプの場合，その用途や種類によって要求される反射特性が異なります．例えばLNA（Low Noise Amplifier；低雑音増幅器）の場合には，入力の反射特性の規格は$VSWR \leq 3$程度です．

4-1　反射の基礎

　信号の反射は，インピーダンスの異なる回路や伝送線路を接続したときに，その接続点で起こります．ある回路（または伝送線路）Aから別の回路（または伝送線路）Bに信号が伝達されるとき，回路Aから回路Bへ入っていこうとする入射波があります．回路Aと回路Bのインピーダンスが異なると，接続点で反射が起こり入射波とは逆の方向へ進む反射波を生じます（図4-2）．この反射波が回路特性に悪い影響を及ぼします．

● 反射係数

　反射の大きさを表す量として，反射係数Γがあります．反射係数の大きさは入射波の振幅（V_i）と反射波の振幅（V_r）の比で定義されます．また，入射波と反射波の位相差が反射係数の位相角になります．

　ある回路の入力インピーダンスをZ_{in}，その入力に接続される回路，伝送線路の（特性）インピーダンスをZ_0とすると，その入力での反射係数Γは次式で表されます．

$$\Gamma = \frac{Z_{in} - Z_0}{Z_{in} + Z_0} = \frac{Z_{in}/Z_0 - 1}{Z_{in}/Z_0 + 1} = |\Gamma| \angle \theta \quad \cdots\cdots (4\text{-}1)$$

$|\Gamma| = 0$は反射が全くない状態を，$|\Gamma| = 1$は全反射の状態を表しています．Z_{in}をZ_0で正規化してスミス・チャート上にプロットすると，**図4-3**に示すように中心からの距離が反射係数の大きさを表し，抵抗軸との角度が反射係数の位相角を表します．

● 反射のいろいろな表し方

　反射の大きさの表し方には，反射係数Γのほかに，電圧定在波比VSWR（Voltage Standing Wave Ratio），リターン・ロス RL（Return Loss）があります．VSWR，

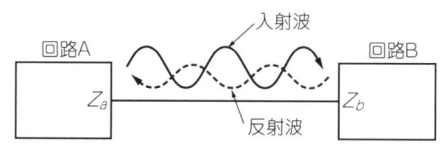

[図4-2] 回路Aと回路Bのインピーダンスが異なると，接続点で反射が起こり入射波とは逆の方向へ進む反射波が生じる

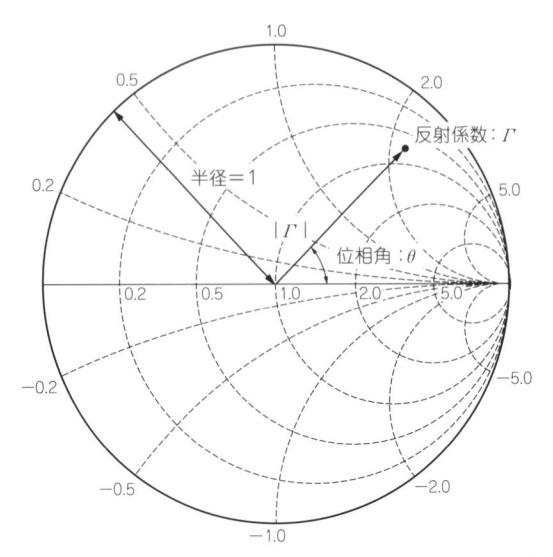

[図4-3] Z_{in} を Z_0 で正規化してスミス・チャート上にプロットすると，中心からの距離が反射係数の大きさを表し，抵抗軸との角度が反射係数の位相角を表す

リターン・ロス RL は次式で表されます．

$$VSWR = \frac{1 + |\Gamma|}{1 - |\Gamma|} \quad \cdots\cdots\cdots\cdots\cdots\cdots\cdots\cdots\cdots\cdots\cdots\cdots\cdots\cdots\cdots\cdots (4\text{-}2)$$

$$RL = -20\log|\Gamma| \quad \cdots\cdots\cdots\cdots\cdots\cdots\cdots\cdots\cdots\cdots\cdots\cdots\cdots\cdots\cdots\cdots (4\text{-}3)$$

製品の仕様書などでは，VSWR，リターン・ロスのどちらも使われます．VSWR，リターン・ロスから反射係数 Γ への変換は次式のようになります．

$$|\Gamma| = \frac{VSWR - 1}{VSWR + 1} = 10^{-\frac{RL}{20}} \quad \cdots\cdots\cdots\cdots\cdots\cdots\cdots\cdots\cdots\cdots\cdots\cdots (4\text{-}4)$$

4-2　ベクトル・ネットワーク・アナライザによる測定

第3章63ページⒶ部の①～⑤を実行する．

⑥ 校正が完了したポート・ケーブル端に，反射特性の測定を行う回路などを接続する

⑦ 表示フォーマットをSWR(定在波比，図4-4)やLOGMAG(リターン・ロス，図4-5)にする．

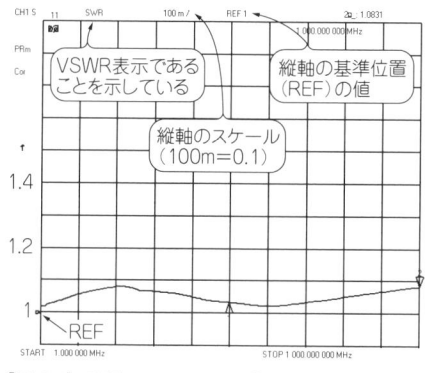

[図4-4] 表示フォーマットをSWRにする 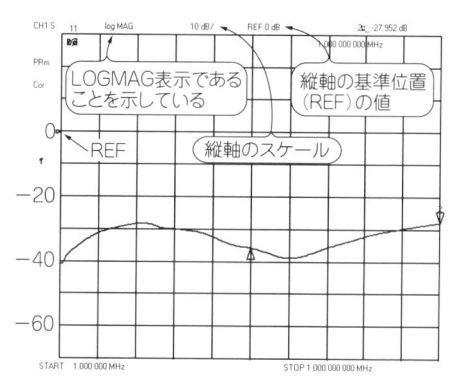　　[図4-5] 表示フォーマットをLOGMAGにする

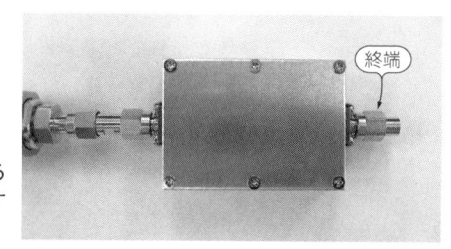

[写真4-1] DUTの入出力端子が二つ以上ある場合には被測定端子以外の端子を必ず終端する

● 測定の注意点

　校正が完了した後で，校正を行ったポート・ケーブルと被測定回路（DUT）との間に変換コネクタを挿入しないでください．

　DUTの入出力端子が二つ以上ある場合には，被測定端子以外の端子を必ず終端してください（**写真4-1**）．

● 二つ以上端子がある場合には

　反射特性の測定を行う必要がある入出力端子が二つ以上ある場合には，第5章の通過特性の測定で解説している2ポートの校正を行うことにより，二つの端子の反射特性を一度に測定できます．

● 実測例

　ミニサーキット製の広帯域アンプZJL-7G（20M～7000MHz，ゲイン10dB，入力 $VSWR$ 1.5，出力 $VSWR$ 1.5）の，入出力の反射特性を測定してみます．使用するベクトル・ネットワーク・アナライザの都合で6000MHzまでとします．

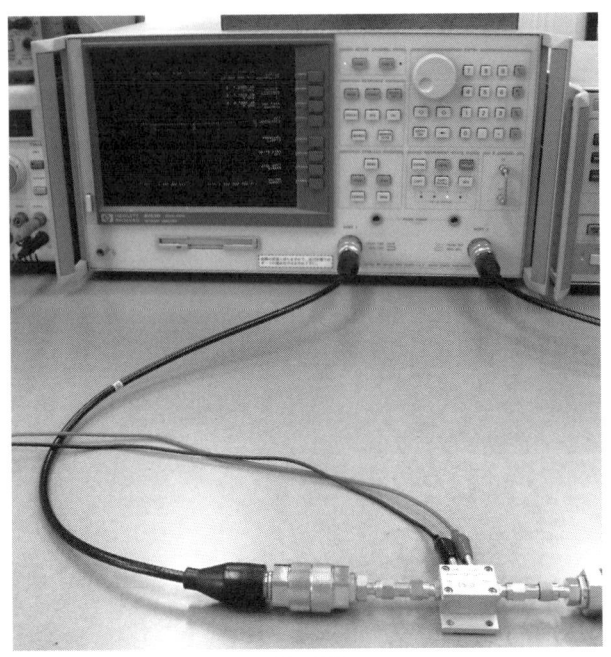

(a) 全景

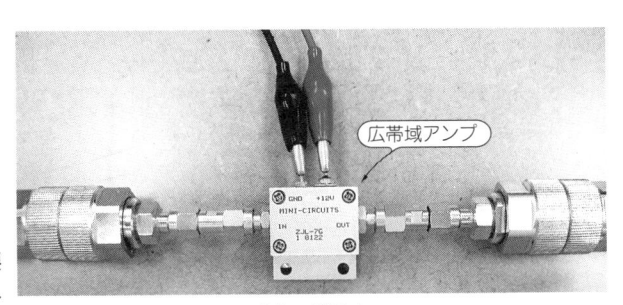

[写真4-2] ミニサーキット製の広帯域アンプ ZJL-7Gの入出力の反射特性を測定

(b) 一部拡大

2ポートの校正を行い入出力の反射特性を一度に測定します(第5章参照)．**写真4-2**に測定のようすを示します．アンプが飽和しないようにポート・パワーを－15 dBmに設定してみます．

入力の反射特性と出力の反射特性を**図4-6**，**図4-7**にそれぞれ示します．入出力ともに20MHz以上においてVSWRは1.5前後になっており，仕様通りであることが分かります．

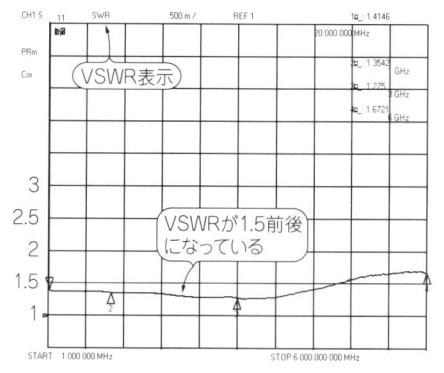

[図4-6] 広帯域アンプ ZJL-7Gの入力の反射特性

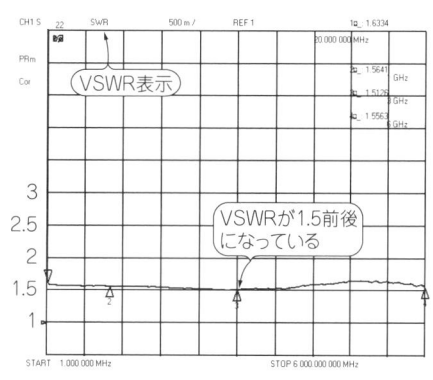

[図4-7] 広帯域アンプ ZJL-7Gの出力の反射特性

4-3　スカラ・ネットワーク・アナライザによる測定

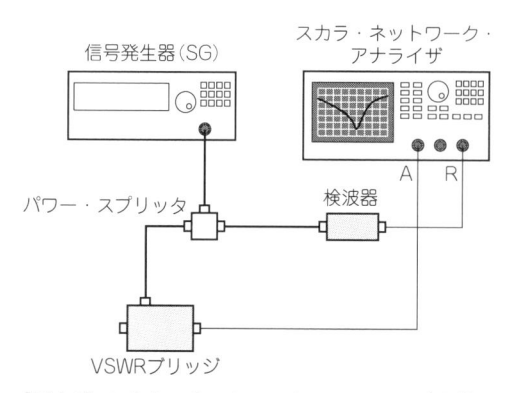

　図4-8にスカラ・ネットワーク・アナライザを使用した反射特性の基本測定系を示します．スカラ・ネットワーク・アナライザ本体のほかに，信号発生器(SG)，VSWRブリッジ，検波器，そしてパワー・スプリッタが必要です．VSWRブリッジと検波器には，スカラ・ネットワーク・アナライザ専用のものを使用します(第1章参照)．

　スカラ・ネットワーク・アナライザからの制御信号によって信号発生器がコントロールされ，反射(リターン・ロス，VSWR)の周波数特性を画面上で容易に確認で

[図4-8] スカラ・ネットワーク・アナライザを使用した反射特性の基本測定系

4-3 スカラ・ネットワーク・アナライザによる測定 | **083**

[写真4-3] スカラ・ネットワーク・アナライザ専用VSWRブリッジに付属するOpen/Short基準器

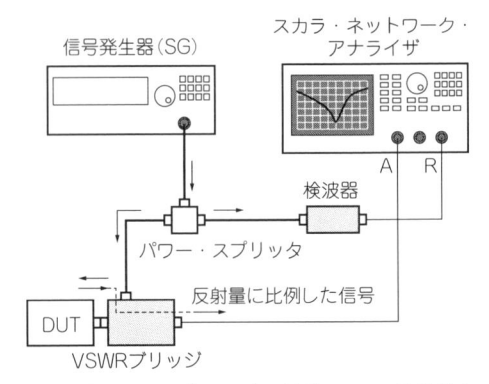

[図4-9] DUTをブリッジに接続して反射特性を測定

きるようになっています.

● 測定手順
① 図4-8のように測定系を接続する
② 測定周波数,パワー・レベルを設定する
③ 専用VSWRブリッジに付属するOpen/Short基準器(**写真4-3**)をブリッジの測定端子に接続し校正を行う
④ 図4-9のように被測定回路(DUT)をブリッジに接続して反射特性を測定する

　この測定系では基準となる入力パワーを検波器で測定し,VSWRブリッジで反射パワーを測定しています.その比を求めることによって反射特性が得られます.なお,DUTの入出力端子が二つ以上ある場合には,被測定端子以外の端子を必ず終端してください(**写真4-1**).

● スカラ・ネットワーク・アナライザを使うメリットとデメリット
　スカラ・ネットワーク・アナライザによる測定には,次のようなメリットとデメリットがあります.
▶メリット
　信号発生器,VSWRブリッジ,検波器などを換えることによって,さまざまな周波数領域の測定に対応できます.さらに測定系を低コストで構成できます.
▶デメリット
　測定結果に位相情報が含まれないため,反射特性の表示はリターン・ロス,

VSWRといった反射の大きさだけになってしまいます．従って，反射特性を改善するための作業(インピーダンス・マッチング調整)で威力を発揮する，スミス・チャートを使うことができません．

4-4　VSWRブリッジを使った測定

　VSWRブリッジは，リターン・ロス・ブリッジ，VSWRオート・テスタ，または方向性ブリッジとも呼ばれます．図4-10にVSWRブリッジの基本構成を示します．

● VSWRブリッジの原理

　図4-10に示すVSWRブリッジは，基本的にホイートストン・ブリッジ(Wheatstone Bridge)と同じ回路構成です．高周波回路ではシステムのインピーダンスは50Ωなので，ブリッジを構成する抵抗も50Ωになっています．75Ω系で使用するブリッジの場合には75Ωの抵抗が使われます．

　このブリッジのバランスがとれる条件は，$R_i Z_x = R_1 R_2$です．ブリッジを構成する四つのアームの抵抗がすべて等しいとき(被測定回路端子に50Ωが接続された場合)，ブリッジはバランスのとれた状態になり，R_rの両端で観測される電圧はゼロになります．

　DUTのインピーダンスが50Ω以外の場合，ブリッジはバランスが崩れた状態になり，R_rの両端に電圧が発生します．DUTがオープンまたはショートのときにその電圧は最大になります．つまり，DUTの50Ωに対する不整合に比例した電圧が観測されることになります．言い換えるとDUTのVSWR，リターン・ロスに比例した電圧が得られます．

　VSWRブリッジで振幅と位相の両方を測定すると，DUTの複素インピーダンスを測定できます．

　VSWRブリッジは，さまざまな周波数範囲に対応するように，あるいは非常に

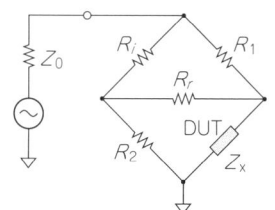

[図4-10] VSWRブリッジの基本構成

広い周波数範囲に対応するように作成できます．しかしブリッジ内に抵抗を使っているため信号の損失が発生し，DUTに入力される信号電力は小さくなります．

● 実用的なブリッジ

図4-10の構成では，R_rの両端に発生する電圧を測定しなければなりません．低周波であれば電圧の測定も可能ですが，数百M～数GHzともなると電圧の測定は不可能になります．そこで実際の測定では，以下に示すような実用的なブリッジ回路が使われます．

▶A．検波器内蔵品

図4-11に示すVSWRブリッジは，検波器を内蔵した品種です．抵抗R_rの両端に発生した高周波の電圧を検波し，高周波電圧に比例した直流電圧に変換して出力します．この構成の場合，位相情報はなくなってしまうので，反射の大きさだけが必要な場合に用います．

▶B．高周波信号出力品

図4-12に示すVSWRブリッジは，反射を高周波信号としてそのまま取り出す品種です．図4-10のR_rの両端に発生する電圧出力は平衡出力（差動出力）なので，取り扱いやすい高周波信号として取り出すためには，不平衡出力（シングルエンド出力）に変換する必要があります．図4-12ではバランを使って平衡出力を不平衡出力に変換しています．

▶C．入出力信号モニタ品

図4-13に示すVSWRブリッジは，図4-10のR_iをバランに置き換えて，ここからも高周波信号を取り出せるようにした構成です．図4-10のR_iの両端には，入力信号に比例した電圧が発生するので，この部分の信号も取り出すことによって反射

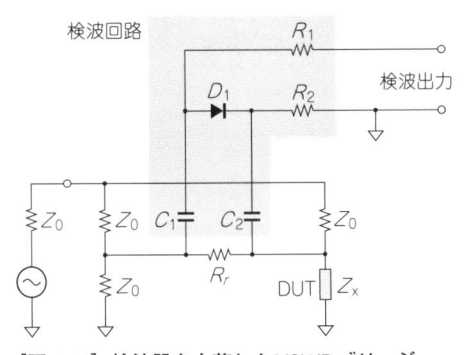

[図4-11] 検波器を内蔵したVSWRブリッジ

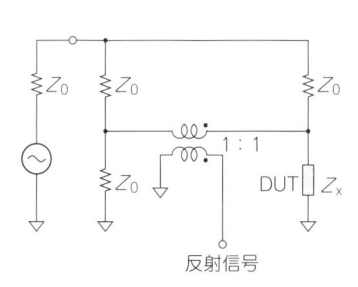

[図4-12] 反射を高周波信号として
そのまま取り出すVSWRブリッジ

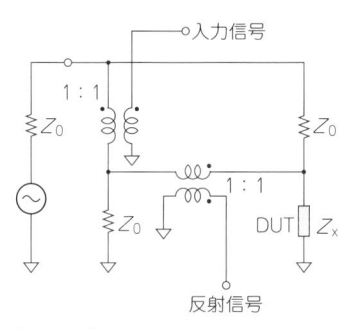

[図4-13] 図4-10のR_iをバランに
置き換えて，ここからも高周波信
号を取り出せるようにした構成

信号と同時に入力信号も測定できます．

AとCを組み合わせれば，入力信号と出力信号に比例した電圧を同時に取り出せます．

それではAとBのVSWRブリッジを用いた反射特性の測定方法を見ていきましょう．

● 検波器を内蔵したブリッジによる反射特性の測定

検波器内蔵品の場合には，内蔵する検波器の特性も重要になるので，最初に反射と出力電圧との関係を測定しておくと便利です．

▶測定系の校正作業
① 図4-14に示すように信号発生器，VSWRブリッジ，電圧計を接続する
② OPEN（測定端子開放でも可），SHORT，可変アッテネータ（または，さまざまな値の固定アッテネータ）を用意する
③ 図4-15に示すように，②で用意したものを測定端子に順番に接続し，そのときの電圧を測定する．可変アッテネータの場合には，アッテネータの値を1dB，2dB，3dB…と増やしていきながら出力電圧を測定する（アッテネータの片側の端子はOPEN）．なお，OPENとSHORTの場合は全反射になるため$RL = 0$dBのDUTに相当する．アッテネータの場合には，アッテネータ値の2倍のリターン・ロスを持つDUTに相当する（3dBのアッテネータであれば$RL = 6$dB）
④ リターン・ロスと検波出力の関係を図4-16のようにプロットする

▶測定
① 図4-17のように測定端子にDUTを接続し，出力される電圧を測定する

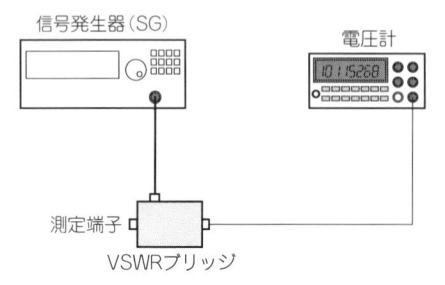

[図4-14] 反射特性の測定に用いる構成

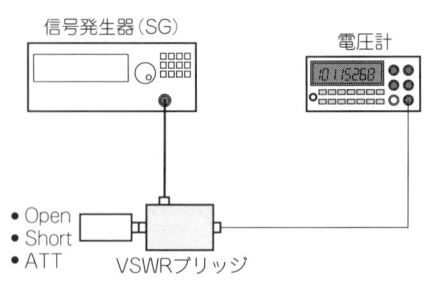

[図4-15] 測定端子に順番にOPEN, SHORT, 可変アッテネータを接続

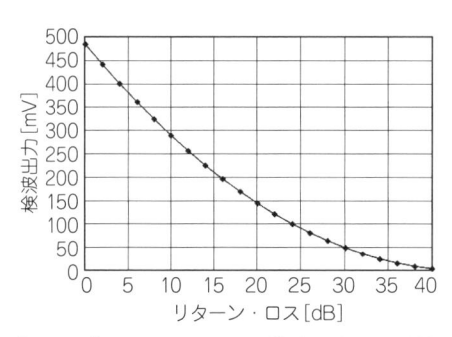

[図4-16] リターン・ロスと検波出力との関係

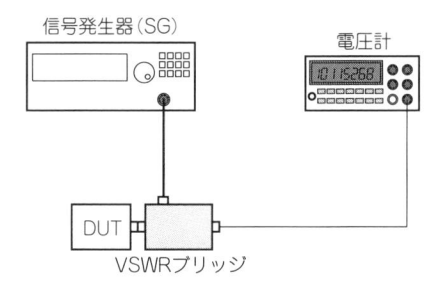

[図4-17] 測定端子に被測定物を接続し, 出力される電圧を測定

② 先に求めたリターン・ロス-検波出力のカーブからリターン・ロスを読み取る

● 反射を高周波信号として取り出すブリッジによる反射特性の測定

図4-18に示すように信号発生器, VSWRブリッジ, パワー・メータ(またはスペクトラム・アナライザ)で測定する場合の測定手順を以下に示します.

① 図4-19に示すように測定端子にOPENまたはSHORTを接続し, 出力信号のレベル(R[dBm])を測定する. OPENは測定端子開放でも可. このとき測定端子は全反射($RL = 0$dB)になるため観測される信号レベルは最大になる
② 図4-20のように測定端子にDUTを接続し, 出力信号レベル(X[dBm])を測定する
③ ①と②の測定値からリターン・ロスRLを求める

$$RL = R - X \,[\text{dB}]$$

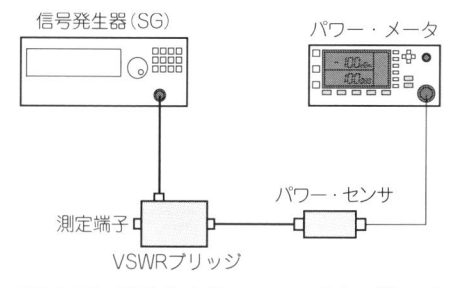

[図4-18] 信号発生器，VSWRブリッジ，パワー・メータ（またはスペクトラム・アナライザ）で反射特性を測定する場合の構成

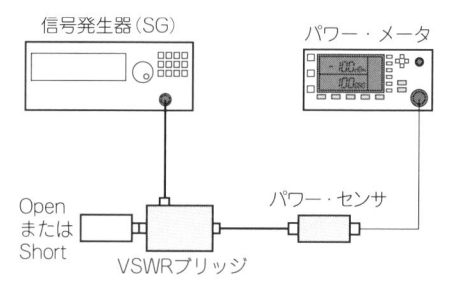

[図4-19] 測定端子にOPENまたはSHORTを接続し，出力信号のレベル（R[dBm]）を測定する．このとき測定端子は全反射（$RL = 0$dB）になるため観測される信号レベルは最大になる

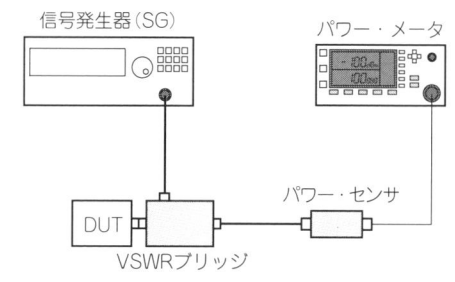

[図4-20] 図4-19の状態から測定端子にDUTを接続，信号レベルを測定する

● 測定の注意点
- DUTに合わせて信号発生器の出力レベルを設定しなければなりません．
- DUTの入出力端子が二つ以上ある場合には，被測定端子以外の端子を必ず終端してください（**写真4-1**）．

4-5　方向性結合器を使った測定

　4-4節で示したVSWRブリッジは，反射特性測定専用の素子でしたが，この節で紹介する方向性結合器は，反射特性以外の測定にも使える汎用素子です．どちらも必要な信号（反射信号）を取り出すという機能では似ていますが，VSWRブリッジと方向性結合器では回路の構造・構成が全く違います．

　また，VSWRブリッジが主にスカラ・ネットワーク・アナライザと組み合わさ

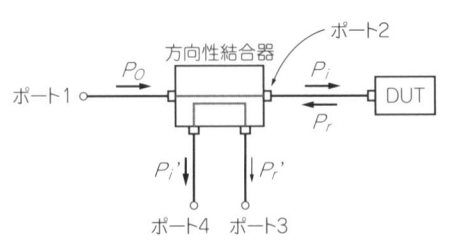

[図4-21] 方向性結合器のポート3の信号レベルを測定することで反射が求まる

れて用いられるのに対し，方向性結合器はベクトル・ネットワーク・アナライザ内に組み込まれる形で用いられています．方向性結合器の基本動作は第1章を参照してください．

● 反射特性の測定の基本

図4-21の系において，方向性結合器の方向性が非常に大きければ，入力信号に比例する量はポート4だけに現れ，ポート3には現れません．また，反射信号に比例する量はポート3だけに現れ，ポート4には現れません．

つまり，ポート4の信号のレベルを測定することによって入力信号レベルを知ることができ，それと同時にポート3の信号レベルを測定することによって反射信号レベルを知ることができます．

DUTへの入力信号レベルP_i[dBm]と反射信号レベルP_r[dBm]が分かれば，反射の大きさを求められます．リターン・ロスRL[dB]は，

$$RL = P_i - P_r \quad \text{(4-5)}$$

で表されます．式(4-2)，式(4-4)を使えば，反射係数の大きさとVSWRを求められます．

● 電力測定系が1系統しかないときの測定方法(図4-22)

パワー・メータなどの電力測定系が1系統しかない場合の測定方法です．DUTの周波数帯をカバーする信号発生器と方向性結合器，パワー・メータからなっています．方向性結合器によって反射波を取り出し，パワー・メータでそのレベルを測定します．パワー・メータの部分を「検波器＋電圧計」やスペクトラム・アナライザに置き換えてもかまいません．

▶測定手順A
① 図4-23のようにDUTを接続しない状態で方向性結合器出力の電力を測定して

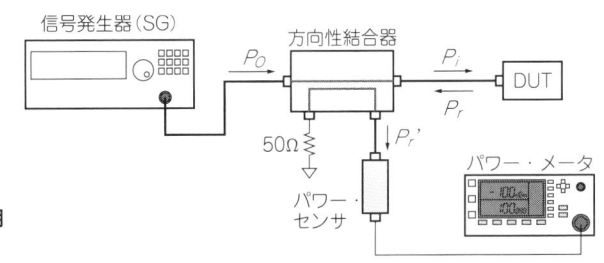

[図4-22] 方向性結合器を利用した反射レベルの測定方法

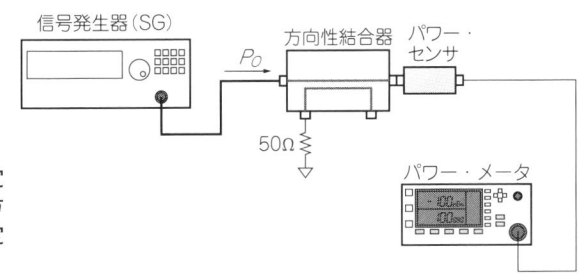

[図4-23] 入力信号電力の測定
…DUTを接続しない状態で方向性結合器出力の電力を測定しておく

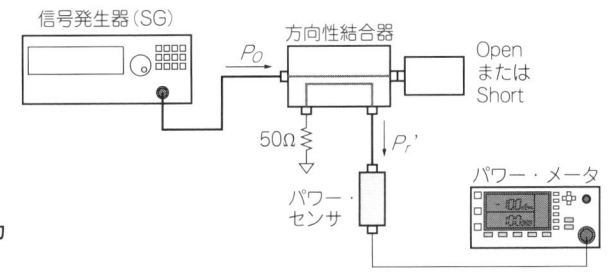

[図4-24] 反射信号の結合出力レベルを測定

　　おく．これが入力信号電力P_i[dBm]になる
② **図4-22**のようにDUTを接続して，反射信号の結合出力レベルP_r'[dBm]を測定する．方向性結合器の結合量C[dB]を加えたものが反射信号電力P_r[dBm]になる

　　$P_r = P_r' + C$[dBm]

③ ①と②で得られた結果の差が，リターン・ロスRLになる

　　$RL = P_i - P_r$[dB]

▶測定手順B

① **図4-24**のように測定端子にOPENまたはSHORTを接続し，反射信号の結合出力レベルP_r'を測定し，測定値をR[dBm]とする．このとき測定端子は全反射（RL

4-5 方向性結合器を使った測定 | 091

= 0dB)になるので，観測される信号レベルは最大になる．なお，OPENは測定端子開放でも可
② 図4-22のように測定端子にDUTを接続し，反射信号の結合出力レベルを測定し，測定値をX[dBm]とする
③ ①と②の測定値からリターン・ロスRLが求められる
$$RL = R - X \text{[dB]}$$

● 電力測定系が2系統あるときの測定方法（図4-25）

　DUTの周波数帯をカバーする信号発生器と方向性結合器，パワー・メータ2台からなっています．方向性結合器によって入力信号と反射信号を別々に取り出し，二つのパワー・メータでそれぞれのレベルを測定します．パワー・メータの部分を「検波器＋電圧計」やスペクトラム・アナライザに置き換えてもかまいません．図4-25(a)において，

① DUTを接続して入力信号の結合出力P_i'と出力信号の結合出力P_r'を測定する

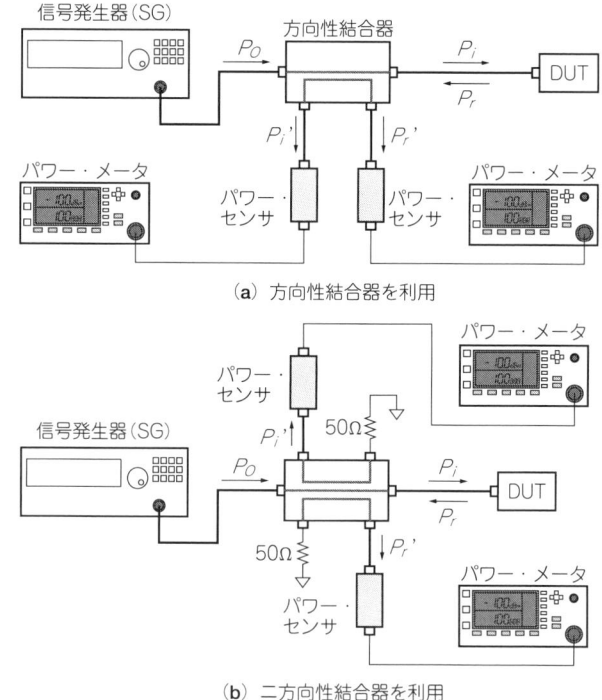

[図4-25] パワー・メータを2台使った反射測定

(a) 方向性結合器を利用

(b) 二方向性結合器を利用

② 方向性結合器の挿入損失IL，結合量Cの影響があるので，DUTへの入力電力P_i，DUTからの反射電力P_rは以下のようになる

$P_i = P_i' + C - IL\,[\text{dBm}]$

$P_r = P_r' + C\,[\text{dBm}]$

③ P_iとP_rの差が，リターン・ロスRLになる

$RL = P_i - P_r\,[\text{dB}]$

● 測定の注意点
- DUTに合わせて信号発生器の出力レベルを設定しなければなりません．
- DUTの入出力端子が二つ以上ある場合には，被測定端子以外の端子を必ず終端してください（**写真4-1**）．

● 方向性結合器の方向性がDUTのリターン・ロスよりも十分に大きくないと測定誤差を生じる

上記の測定方法においては，使用する方向性結合器の方向性が非常に大きいものとして説明しています．方向性結合器の方向性が測定値にどのような影響（誤差）を及ぼすのでしょうか．

図4-26の測定系で，方向性D：20dB，挿入損失IL：0.5dB，結合量C：20dBの方向性結合器を用いて反射特性の測定を行う場合に，DUTのリターン・ロスによって測定誤差に差があるのか調べてみます．P_o = 0dBmとします．

▶DUTのリターン・ロスが10dBの場合

$P_i = P_o - IL = 0\,[\text{dBm}] - 0.5\,[\text{dB}] = -0.5\,[\text{dBm}]$

$P_{i4} = P_o - C = 0\,[\text{dBm}] - 20\,[\text{dB}] = -20\,[\text{dBm}] = 0.01\,[\text{mW}]$

$P_{i3} = P_o - (C + D) = 0\,[\text{dBm}] - 40\,[\text{dB}] = -40\,[\text{dBm}] = 0.0001\,[\text{mW}]$

$P_r = P_i - RL = -0.5\,[\text{dBm}] - 10\,[\text{dB}] = -10.5\,[\text{dBm}]$

$P_{r4} = P_r - (C + D) = -10.5\,[\text{dBm}] - 40\,[\text{dB}] = -50.5\,[\text{dBm}] = 8.91 \times 10^{-6}\,[\text{mW}]$

[図4-26] **方向性結合器の方向性が測定値にどのような影響を及ぼすのかを測定する．DUTのリターン・ロスによって測定誤差に差があるのか調べてみる**

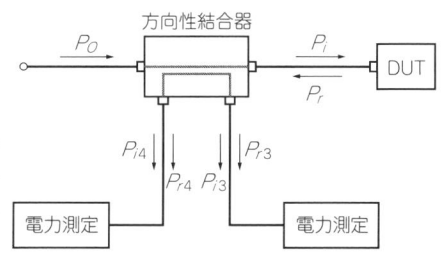

$$P_{r3} = P_r - C = -10.5[\text{dBm}] - 20[\text{dB}] = -30.5[\text{dBm}] = 8.91 \times 10^{-4}[\text{mW}]$$

ここでは単純にポート3，ポート4ではP_i成分とP_r成分の和が得られるとすると，

$$P_i' = P_{i4} + P_{r4} = 0.01[\text{mW}] + 0.00000891[\text{mW}] = -19.996[\text{dBm}]$$
$$P_r' = P_{r3} + P_{i3} = 0.000891[\text{mW}] + 0.0001[\text{mW}] = -30.039[\text{dBm}]$$

DUTに入力される電力と反射される電力を求め，DUTのリターン・ロスRLを計算すると，

$$RL = (P_i' + C - IL) - (P_r' + C) = -0.496 - (-10.039) = 9.543[\text{dB}]$$

約0.5dBの誤差を生じています．

▶ DUTのリターン・ロスが20dBの場合

上記と同じようにして計算を行うと，

$$P_i' = P_{i4} + P_{r4} = -19.9996[\text{dBm}], \quad P_r' = P_{r3} + P_{i3} = -37.233[\text{dBm}]$$
$$RL = (P_i' + C - IL) - (P_r' + C) = -0.4996 - (-17.233) = 16.7334[\text{dB}]$$

約3.3dBもの誤差を生じています．つまり，DUTのリターン・ロスよりも方向性の方が十分に大きくないと，大きな測定誤差を生じる可能性があります．

4-6　サーキュレータを使った測定

サーキュレータ（第1章参照）を使うと，サーキュレータに接続された回路からの反射信号を分離して取り出すことができるので，反射特性の測定を行えます．

● 測定手順

図4-27の測定系は，被測定回路（DUT）の周波数帯をカバーする信号発生器とサーキュレータ，パワー・メータからなっています．サーキュレータによって反射波を取り出し，パワー・メータでそのレベルを測定します．パワー・メータの部分を，検波器＋電圧計やスペクトラム・アナライザに置き換えてもかまいません．

① 図4-28のようにDUTを接続する端子にOPENまたはSHORTを接続し，反射信号の出力レベルP_r'を測定し，測定値を$R[\text{dBm}]$とする．このとき測定端子は全反射（$RL = 0\text{dB}$）になるので，観測される信号レベルは最大になる．なおOPENは測定端子開放でも可

② 図4-27のように測定端子にDUTを接続し，反射信号の出力レベルを測定し，測定値を$X[\text{dBm}]$とする

③ ①と②の測定値からリターン・ロスRLが求められる

$$RL = R - X[\text{dB}]$$

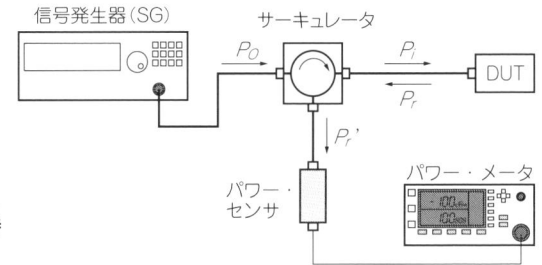

[図4-27] 信号発生器とサーキュレータ，パワー・メータで反射特性を測定する

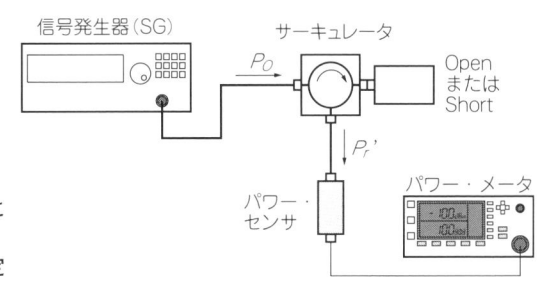

[図4-28] DUTを接続する端子にOPENまたはSHORTを接続し，反射信号の出力レベルP_r'を測定

● 測定の注意点
- DUTに合わせて信号発生器の出力レベルを設定する
- DUTの入出力端子が二つ以上ある場合には被測定端子以外の端子を必ず終端する（**写真4-1**）．

● サーキュレータの性能が測定結果に影響を与える

サーキュレータは決まった回転方向にだけ信号を伝える回路素子ですが，それとは反対の方向にも，わずかに信号が漏れてしまいます．それがサーキュレータのアイソレーションです．DUTのリターン・ロスよりもアイソレーションの方が十分に大きくないと，大きな測定誤差を生じる可能性があります．

4-7　反射特性を簡易的に確認する

製造ラインなどで，必要最小限の機器で反射の周波数特性の調整を行いたい場合があります．周波数特性を簡易的に確認・表示する方法を以下に示します．

図4-29(a)に，検波器内蔵タイプVSWRブリッジを用いた測定系を示します．また図4-29(b)に，方向性結合器を用いた測定系を示します．これらの測定系での測定手順を以下に示します．

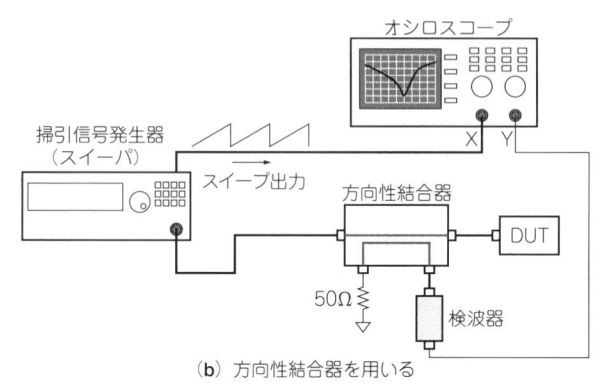

[図4-29] 反射特性を簡易的に確認，表示する方法

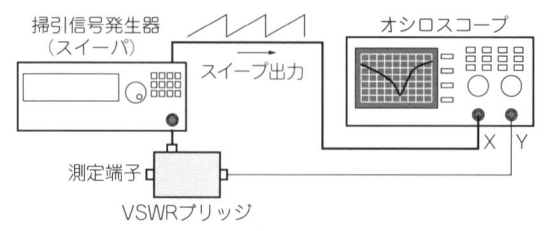

（a）検波器内蔵タイプVSWRブリッジを用いる

（b）方向性結合器を用いる

① オシロスコープの表示をXY表示にする
② 検波器の出力を，オシロスコープのY入力端子に接続する．オシロスコープの画面上で，縦軸が電力表示になる
③ スイーパのSWEEP OUTPUT信号をオシロスコープのX入力に接続する．SWEEP OUTPUT端子からは掃引周波数に比例した電圧信号が出力され（のこぎり波），オシロスコープの画面上では横軸が周波数表示になる
④ スイーパのStart周波数，Stop周波数，出力Levelを設定する
⑤ DUTを接続し，波形が画面にうまく収まるようにオシロスコープのX軸，Y軸を調整する

はじめての高周波測定

第5章

通過特性の測定
～通過ゲインや通過損失など，回路の電力の伝達を正しく評価～

高周波回路には，アンプ，フィルタ，スイッチなど，複数の信号入出力端子を持ったさまざまな回路があります．複数の端子を持った回路では，第4章の反射特性の測定と並んで，端子間の信号の通過特性（ゲイン，減衰量）の測定がとても重要になります．通過特性の測定は高周波における基本測定の一つです．
本章では，通過特性のさまざまな測定方法を紹介します．

本章で紹介する各測定方法の比較を**表5-1**に示します．また**図5-1**に通過特性測定のフローチャートを示します．

通過特性は，一つの端子から信号を入力したときに，ほかの端子に信号がどれだけ伝わるかを測定したものです．Sパラメータの$S_{ij}(i \neq j)$で表されるものが通過特性になります．

図5-2に示す二つの端子を持つ回路の場合，二つの通過特性があります．一つは

[表5-1] 本章で紹介する各測定方法と測定精度

使用測定器または測定素子		(信号発生器)	測定精度	測定結果
ベクトル・ネットワーク・アナライザ		(信号発生器)	高（2ポート校正）	ゲイン，減衰量，通過位相，群遅延など
			中（Response校正）	
スカラ・ネットワーク・アナライザ	検波器：1個	信号発生器	低～中	ゲイン，減衰量
	検波器：2個		中	
パワー・メータ			中	ゲイン，減衰量
スペクトラム・アナライザ			中	
検波器＋電圧計			低	
方向性結合器	パワー・メータ		中	ゲイン，減衰量
	スペクトラム・アナライザ		中	
	検波器＋電圧計		低	

ポート1から信号を入力したときに，ポート2へどれだけ伝わるかという通過特性(S_{21})です．もう一つはポート2へ信号を入力したときに，ポート1へどれだけ伝わるかという通過特性(S_{12})です．

フィルタやスイッチなどの受動回路(passive circuit)の場合には，S_{21}とS_{12}はほぼ等しくなります．しかしアンプなどの能動回路(active circuit)の場合には，S_{21}とS_{12}では全く違う特性になるので，測定する方向が意味を持ちます．

本章で説明する通過特性の測定は，以下の評価で必要になります．
- スイッチの特性評価(ON/OFF)
- フィルタの特性評価
- アンプの特性評価(ゲイン)

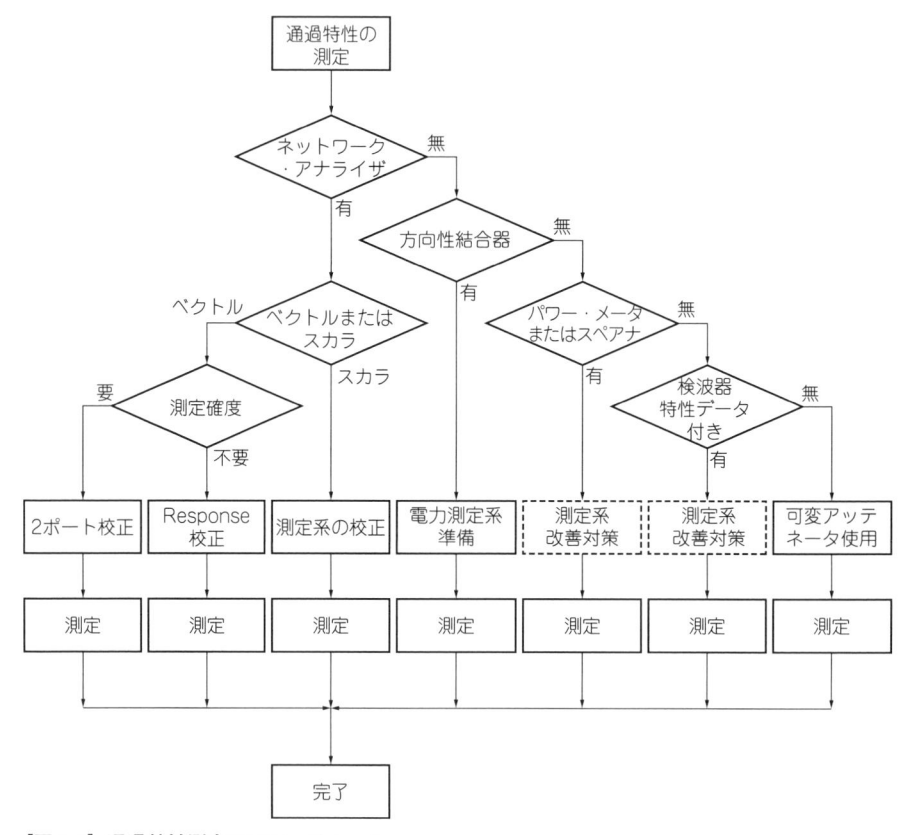

[図5-1] **通過特性測定のフローチャート**

- 伝送線路の評価
- ケーブルの評価
- アッテネータの特性評価(減衰量)
- 方向性結合器の特性評価(通過,結合,アイソレーション)
- そのほか各種回路の特性評価

5-1　ベクトル・ネットワーク・アナライザによる測定

　通過特性の場合,一般に2ポート校正(またはフル2ポート校正)と呼ばれる校正を行います.この校正を行うと,二つの端子間の通過特性と同時に,二つの端子の反射特性も測定できます.2ポート校正はReflection,Transmission,Isolationの三つの校正で構成されています.

● 測定手順
　第3章の63ページⒶ部の①〜③を実行する.
④ 校正メニューから2ポートの校正を選択する
　第3章の63ページⒶ部の⑤を実行する.
⑥ ポート1と同様にポート2のReflection校正を行う
⑦ Transmission校正を行う(図5-3).ポート1側のケーブルとポート2側のケーブルを接続し,校正を行う
⑧ Isolation校正を行う(図5-4).ポート1側ケーブル端とポート2側ケーブル端にそれぞれ終端器を接続し,校正を行う.大きな減衰量を測定する場合や大きなアイソレーションを測定する場合以外は,Isolation校正は行わなくてもよい.その場合はIsolation校正メニューにある「OMIT」を選択する

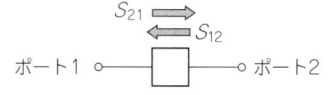

[図5-2] 二つの端子を持つ回路の場合,二つの通過特性がある

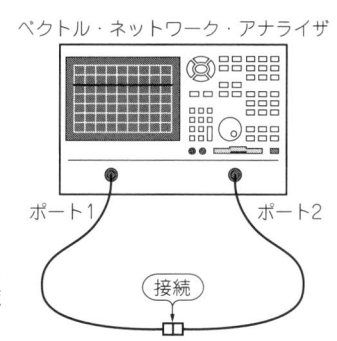

[図5-3] ポート1側のケーブルとポート2側のケーブルを接続し校正するTransmission校正

ベクトル・ネットワーク・アナライザ

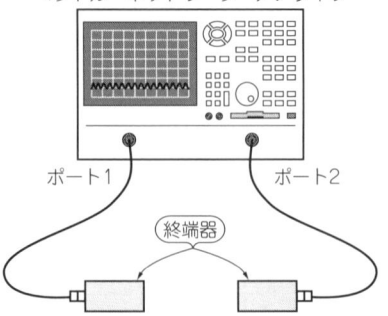

ポート1　ポート2

終端器

[図5-4] ポート1側ケーブル端とポート2側ケーブル端にそれぞれ終端器を接続するIsolation校正

⑨ 校正が完了したポート・ケーブル間に，通過特性の測定を行う回路などを接続する（図5-5）
⑩ 表示フォーマットを選ぶ
- ゲイン/減衰量：LOGMAG（図5-6）
- 挿入位相特性：PHASE（図5-7）
- 群遅延特性：DELAY（図5-8）

● 測定の注意点
ⓐ 余計なものを挿入しない
　校正が完了した後で，校正を行ったポート・ケーブルと被測定回路（DUT）との間に変換コネクタを挿入しないでください．
ⓑ 空いた端子は終端する
　DUTの入出力端子が三つ以上ある場合には，被測定端子以外の端子を必ず終端してください．
ⓒ DUTを飽和させない
　アンプのようにゲインを持つ回路の特性をベクトル・ネットワーク・アナライザで測定する場合は，ベクトル・ネットワーク・アナライザのポート・パワーの設定に注意が必要です．必要以上に大きな信号を入力するとDUTが飽和してしまい，正しいゲインの測定ができません．
　図5-9（a）は適正なレベル設定で測定された正しいゲイン特性例です．そして図

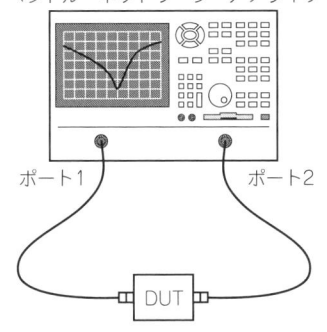

[図5-5] 校正が完了したポート・ケーブル間に，通過特性の測定を行う回路を接続する

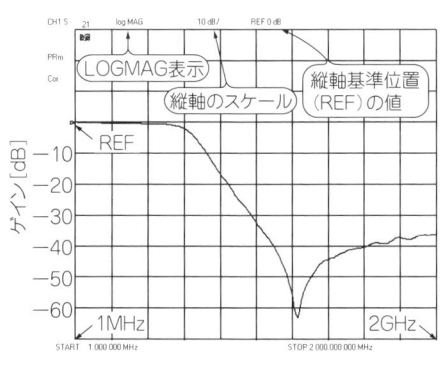

[図5-6] ゲイン，減衰量の測定例

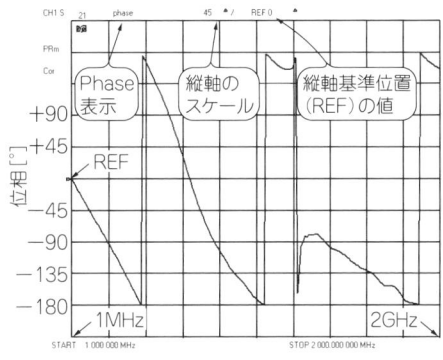

[図5-7] 位相の測定例

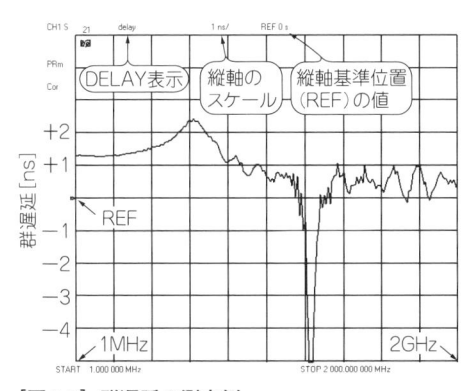

[図5-8] 群遅延の測定例

5-1 ベクトル・ネットワーク・アナライザによる測定 | 101

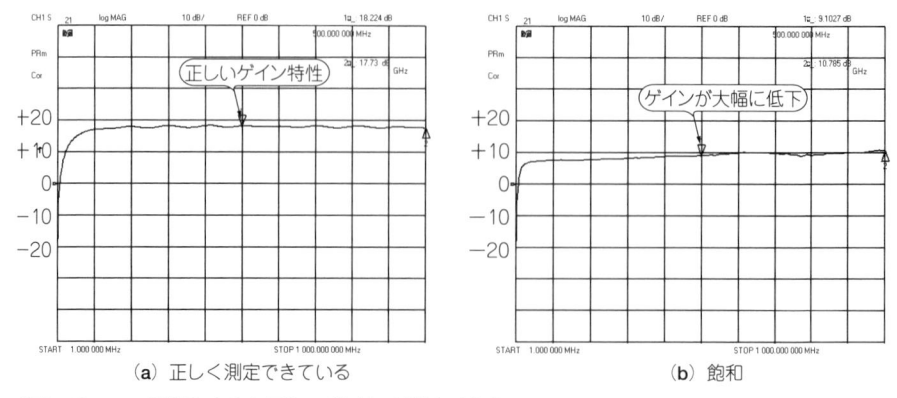

[図5-9] DUTが飽和すると正しいゲインを測定できない

(a) 正しく測定できている　　(b) 飽和

5-9(b)は(a)と同じ回路の特性ですが，ポート・パワーの設定が大き過ぎるために飽和してしまい，ゲインが大きく低下した例です．
　DUTの予想されるゲインをG[dB]，出力P1dBをA[dBm]としたとき，DUTに入力するパワーは，できれば$A-G$よりも10dB程度低く設定します．

ⓓ ノイズ・フロアを下げる

　フィルタの減衰特性やさまざまな回路のアイソレーション特性を測定する場合，非常に大きなダイナミック・レンジが必要なことがあります．ベクトル・ネットワーク・アナライザで測定する場合，以下の方法でダイナミック・レンジを改善できます．
- ポート・パワーを上げる
- IF帯域幅を狭める
- AveragingをONにする

● 50Ω系で75Ω系の測定を行う

　一般の高周波回路では50Ω系が主流ですが，放送関係の機器では75Ω系が主流になっています．50Ω系のベクトル・ネットワーク・アナライザで75Ω系の回路の測定を行う場合は，50Ω⇔75Ω変換を行う最小損失パッドを用います（第1章 1-5節参照）．
　図5-10に，75Ω系の測定を行う場合の測定系の接続を示します．測定系の校正は，75Ωの校正キットを用いて，最小損失パッドの75Ω端で行います．

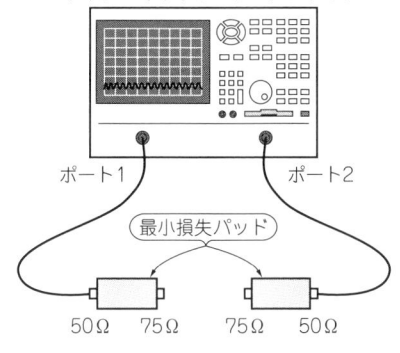

[図5-10] 75Ω系の測定を行う場合の測定系の接続

測定系の校正は75Ωの校正キットを用いて最小損失パッドの75Ω端で行う

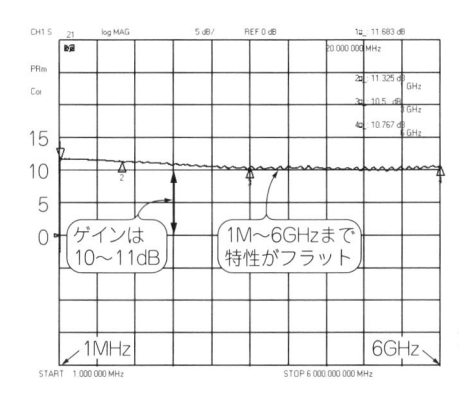

[図5-11] ミニサーキット製の広帯域アンプZJL-7Gのゲインをベクトル・ネットワーク・アナライザで測定した例（ポート・パワー：−15dBm）

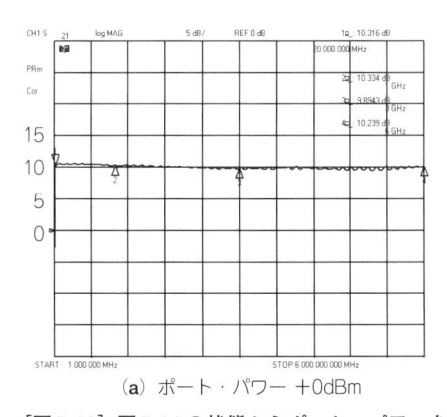

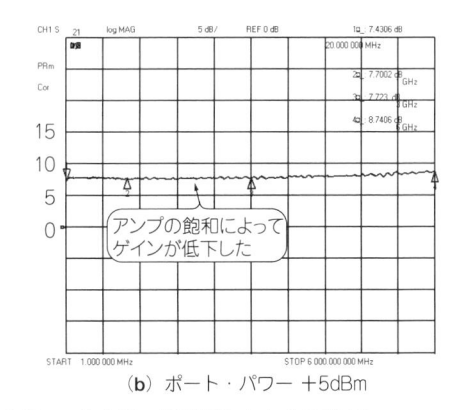

(a) ポート・パワー ＋0dBm

(b) ポート・パワー ＋5dBm

[図5-12] 図5-11の状態からポート・パワーを0dBm，＋5dBmに変更したときのゲイン

5-1 ベクトル・ネットワーク・アナライザによる測定

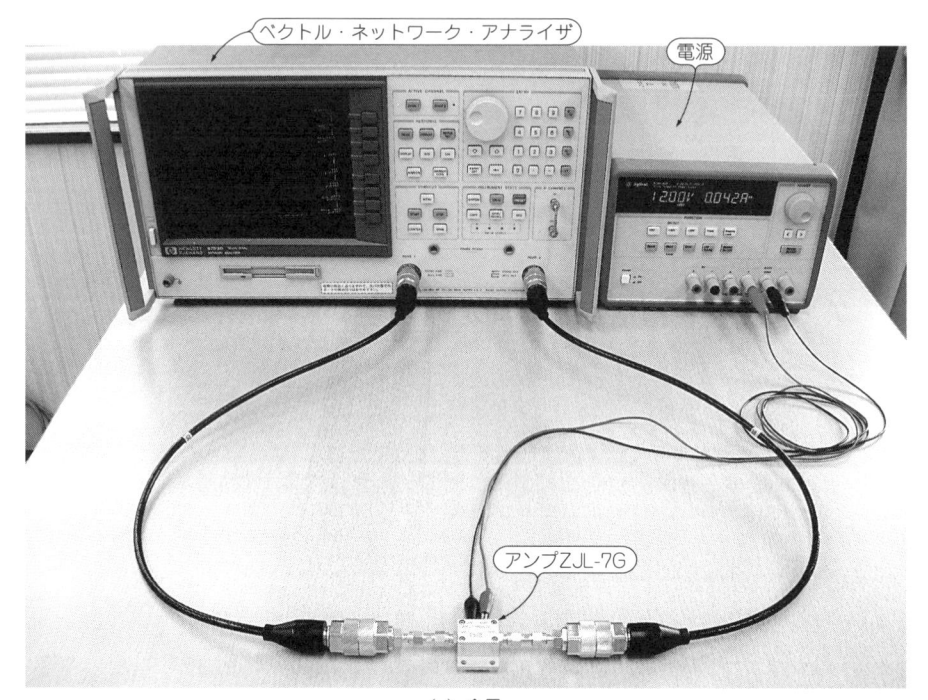

(a) 全景

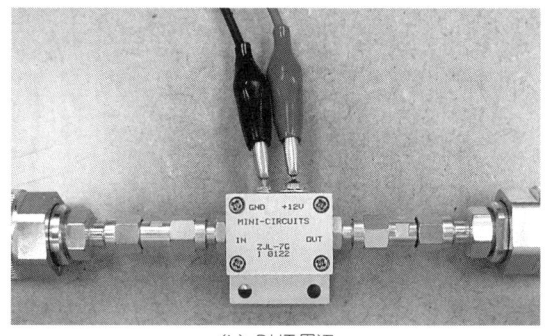

[写真5-1] ミニサーキット製の広帯域アンプ ZJL-7Gの通過特性測定のようす

(b) DUT周辺

● 実測例

　ミニサーキット製の広帯域アンプ ZJL-7G [20M～7000MHz, ゲイン：10dB, P1dB：+8dBm(low range), P1dB：+9dBm(high range)]のゲインを測定してみます．測定範囲は使用するベクトル・ネットワーク・アナライザの都合で6000MHzまでとします．**写真5-1**(a), (b)に測定のようすを示します．上記測定

の注意点ⓒに従い，ポート・パワーを－15dBmに設定してみます．
　図5-11に測定結果を示します．非常にフラットな周波数特性を持つ広帯域アンプであることが分かります．
　次に，ポート・パワーを大きくして測定してみます．ポート・パワーを0dBm，＋5dBmに設定したときのゲインの特性を，図5-12(a)，(b)にそれぞれ示します．ポート・パワーが大きくなると，アンプが飽和してしまうためゲインが低下し，正確なゲインを測定できなくなっていることが分かります．

5-2　ベクトル・ネットワーク・アナライザによる簡易測定

　ベクトル・ネットワーク・アナライザで通過特性を測定する場合，5-1節の方法では測定系の校正に時間がかかってしまいます．そこで測定確度は劣ってしまいますが，通過特性の簡易チェックなどであれば問題なく使える方法を紹介します．
　ベクトル・ネットワーク・アナライザの校正メニューには，1ポートの校正，2ポートの校正のほかに，Response校正と呼ばれる校正方法があります．通過特性の場合には，Response校正の中のTHRU校正を行います．

● 測定手順
① 測定周波数範囲を設定する
② ポート・パワーを設定する（前節の測定の注意点ⓒ，ⓓを参照）
③ 測定ポイント数を設定する．
④ 校正メニューからResponse校正を選択する
⑤ THRU校正を行う（図5-13）．ポート1側のケーブルとポート2側のケーブルを接続し，校正を行う
⑥ 校正が完了したポート-ケーブル間に，通過特性の測定を行う回路などを接続する（図5-14）
⑦ 表示フォーマットを選ぶ
　● ゲイン／減衰量：LOGMAG（図5-6）
　● 挿入位相特性：PHASE（図5-7）
　● 群遅延特性：DELAY（図5-8）

● 実測例
　前節で実測したミニサーキット製の広帯域アンプ ZJL-7GのゲインをResponse

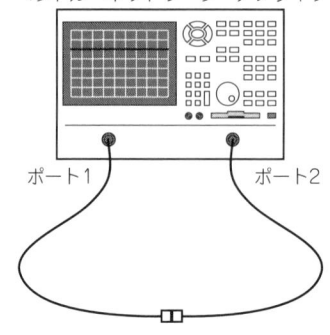

[図5-13] ポート1側のケーブルとポート2側のケーブルを接続するTHRU校正

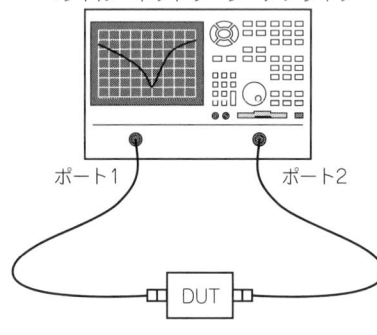

[図5-14] 校正が完了したポートとケーブル間に，通過特性の測定を行う回路などを接続する

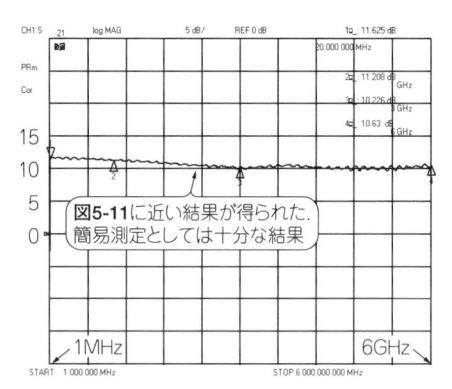

[図5-15] 図5-11で実測したミニサーキット製の広帯域アンプ ZJL-7Gのゲインを Response 校正で測定

校正で測定してみます．なお，測定範囲は使用するベクトル・ネットワーク・アナライザの都合で6000MHzまでとします．前節と同じようにポート・パワーを－15dBmに設定してみます．

図5-15に測定結果を示します．図5-11のポート2の校正での測定結果と比較すると，若干違いがあります．しかし特性の簡易チェックとしては十分な結果が得られています．

5-3　スカラ・ネットワーク・アナライザによる測定

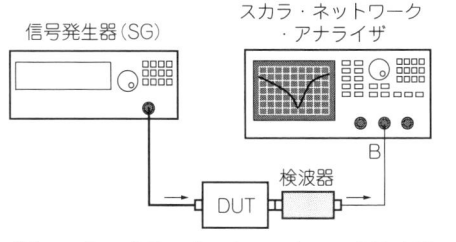

図5-16にスカラ・ネットワーク・アナライザを使用した，通過特性の最も簡単な測定系を示します．

スカラ・ネットワーク・アナライザからの制御信号によって信号発生器(SG)がコントロールされ，ゲイン・減衰量の周波数特性を画面上で容易に確認できるようになっています．

● 測定手順
① DUTを挿入しないで信号発生器と検波器をスルー状態で接続する(図5-17)
② 測定周波数，パワー・レベルを設定する
③ THRU校正を行い，スルー状態のトレースをスカラ・ネットワーク・アナライザのメモリに保存する
④ 表示をノーマライズ表示にする．測定データを基準となるスルー状態のトレースのデータで割ることによってゲイン，減衰量を表示する
⑤ 図5-16のようにDUTを挿入し，ゲインまたは減衰量を測定する

[図5-16] スカラ・ネットワーク・アナライザを使用した，通過特性の最も簡単な測定系

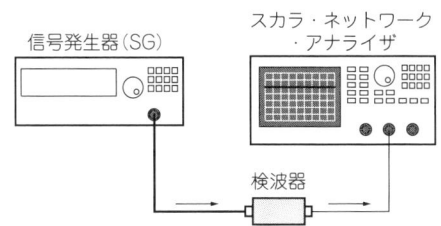

[図5-17] DUTを挿入しないでSGと検波器をスルー状態で接続する

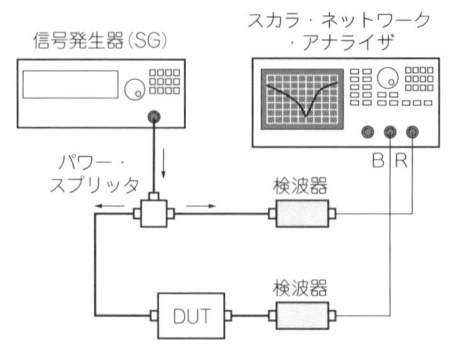

[図5-18] 検波器2個とパワー・スプリッタを使用し，図5-16の測定系の問題点(信号源のレベル変動)を改善したもの

● この測定系での問題点…信号発生器出力レベルの経時変動が測定誤差になる

　この測定系においては，信号発生器の出力レベルの経時変動が，そのまま測定誤差になってしまうという問題点があります．またDUTの入力VSWRが良くないと，信号発生器出力とのミスマッチ(不整合)によってレベルの変動が起こり，測定誤差を生じます．

　この測定系は安定した信号源(SG)を用いて，入出力VSWRの良い(反射の少ない)回路の測定を簡単に行うのには向いています．

● 経時変動の影響を改善する方法

　図5-18に示す測定系は，検波器2個とパワー・スプリッタを使用し，図5-16の測定系の問題点を改善したものです．

　信号発生器の出力はパワー・スプリッタによって正確に2分配され，一つはDUTに入力され，その出力がテスト入力 A，Bのいずれかに接続された一つ目の検波器に入力されます．そして2分配されたもう一方は，スカラ・ネットワーク・アナライザの基準入力Rに接続されたもう一つの検波器に入力されます．

　この測定系ではテスト入力AまたはBと，基準入力Rとの比測定(A/R，B/R)を行います．DUTを経由した系と経由しない系との電力レベルを検波器によって測定し，その比を求めることによってDUTの通過特性(ゲイン，減衰量)を求めます．

　比測定を行うことによって，図5-16の測定系で問題となった信号源のレベル変動の影響は取り除かれ，ミスマッチによる電力レベル変動の影響も改善されます．

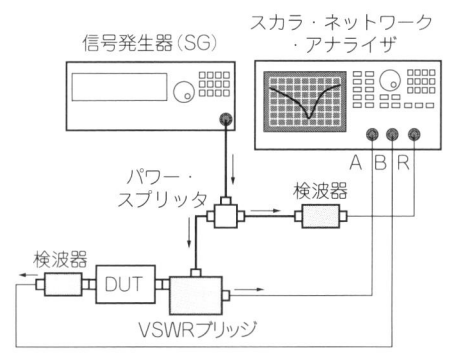

[図5-19] 検波器2個とパワー・スプリッタ，そしてVSWRブリッジを組み合わせることにより通過特性と反射特性を同時に測定できる

測定手順は比測定の設定を行う以外，図5-16の測定系と同様です．

● 通過特性と反射特性の同時測定

図5-19に示すように，検波器2個とパワー・スプリッタ，そしてVSWRブリッジを組み合わせることにより，通過特性と反射特性を同時に測定できます．

● 測定の注意点

5-1節の測定の注意点ⓐ～ⓒと同じです．

5-4　安価な測定器とモジュールで測定

● 確度によっては安価な構成でも十分

最新の高価で高性能な測定器があるに越したことはありませんが，測定の目的，要求される確度によっては，安価なものの組み合わせで十分な場合もあります．

また，基本機能だけを持つ安価な測定器やモジュールの組み合わせが，測定の基本，原理になりますので，測定器の中で何が行われているのか理解することにも役立ちます．

ここでは第2章で見たパワー測定系と信号発生器(SG)を組み合わせた，通過特性の測定方法を見ていきましょう．以下の説明では，パワー測定系としてパワー・メータ＋パワー・センサを使っていますが，検波器＋電圧計やスペクトラム・アナライザに置き換えてもかまいません．

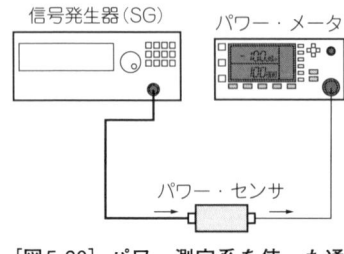

[図5-20] パワー測定系を使った通過特性の測定

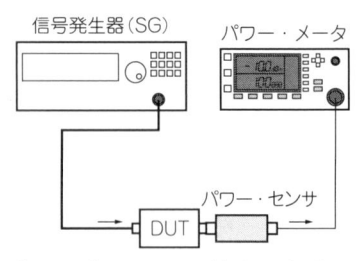

[図5-21] 図5-20の基本測定系にDUTを挿入

● 基本測定手順
① 図5-20に示すように信号発生器，パワー・メータ，パワー・センサを接続する（この状態が基準のスルー状態）
② 信号発生器の周波数を変えながら，スルー状態での各周波数の電力P_1[dBm]を測定する（測定系の校正に相当する作業）
③ 図5-21に示すようにDUTを挿入し，②と同じように周波数を変えながら電力P_2[dBm]を測定する
④ ②と③で得られた電力測定結果の差$P_2 - P_1$が，DUTの通過特性（ゲイン，減衰量）になる

　Excelなどの表計算ソフトウェアを利用して周波数特性を描かせれば，見やすいデータになります．信号発生器の制御，電力測定結果の取り込みをパソコンで行えば，測定時間も短縮できます．

● 測定の注意点
5-1節の測定の注意点ⓐ〜ⓒと同じです．

● 反射の影響を低減して測定の確度を上げる方法
　測定に使用する信号発生器の出力インピーダンス，スペクトラム・アナライザや検波器の入力インピーダンスは完全に50Ωではありません．また，DUTの入出力インピーダンスも完全に50Ωではないので，DUTと測定系との間のミスマッチ（不整合）による反射の影響が現れます．
　その影響を少なくするためによく用いられるのが，アッテネータの挿入です．図5-22に示すようにアッテネータを挿入することによって，ミスマッチの影響を軽

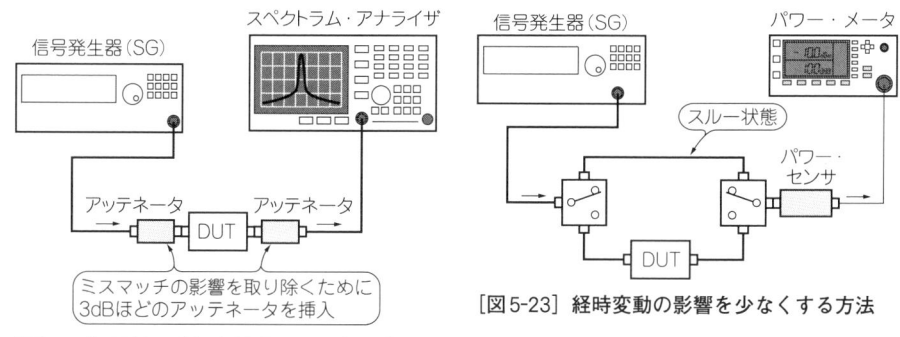

[図5-22] 反射の影響を低減して測定の確度を上げる方法

[図5-23] 経時変動の影響を少なくする方法

減できます．一般には3dB程度のアッテネータを挿入します．

アッテネータの挿入により，挿入したアッテネータの減衰量の2倍だけ，リターン・ロスを改善できます．例えば3dBのアッテネータを挿入すれば，リターン・ロスを6dB改善でき，反射の影響を1/4に低減できます．

● 経時変動の影響を少なくする方法

信号発生器出力レベルの経時変動の影響を少なくするためには，図5-23のような構成にして，スルーの系とDUTの系をSPDTスイッチで切り替え，入力レベルと出力レベルを交互に測定します．この場合，使用するSPDTスイッチの損失のバランスなどに注意が必要です．

● 検波器で測定する場合に確度を上げる方法

スルー状態との比で通過特性を求めるので，スルー状態との測定レベル差が小さいほど測定確度は高くなります．

アンプのゲインを測定する場合，予想されるゲインとほぼ同じくらいのアッテネータを挿入します．すると検波器への入力レベルがスルー状態と同程度のレベルになるので，測定確度を上げられます．

一方，減衰量を測定する場合には，予想される減衰量とほぼ同じくらいのアッテネータをスルー状態で挿入します．そして測定時にアッテネータを取り外すことにより，検波器への入力レベルがスルー状態と同程度のレベルになるので，測定確度を上げられます．

▶アンプのゲインを測定する場合の手順

① 予想されるゲインと同程度のアッテネータA[dB]を用意する
② 図5-24に示すように接続し、スルー状態の検波器出力電圧を測定する
③ 検波器の入力電力-出力電圧特性から、入力電力P_i[dBm]を求める
④ 図5-25に示すように、アッテネータとDUT（アンプ）を挿入し、挿入後の検波器出力電圧を測定する
⑤ 検波器の入力電力−出力電圧特性から出力電力P_o[dBm]を求める
⑥ ゲイン$Gain$は次式で求められる

$$Gain = P_o - P_i + A \text{[dB]}$$

▶減衰量を測定する場合の手順
① 予想される減衰量と同程度のアッテネータA[dB]を用意する
② 図5-26に示すように接続し、スルー状態の検波器出力電圧を測定する
③ 検波器の入力電力-出力電圧特性から、基準のレベルP_i[dBm]を求める
④ 図5-27に示すようにアッテネータを取り外してDUTを挿入し、挿入後の検波器出力電圧を測定する
⑤ 検波器の入力電力-出力電圧特性からDUT挿入時のレベルP_o[dBm]を求める

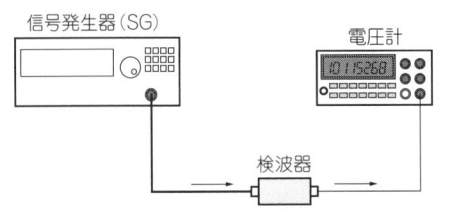

[図5-24] スルー状態の検波器出力電圧を測定する（アンプのゲインを測定する場合）

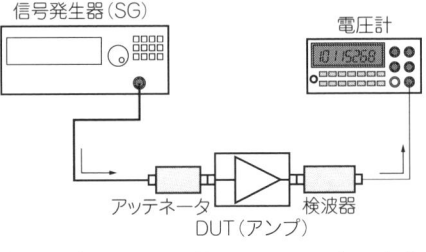

[図5-25] 図5-24に対してアッテネータとDUTを挿入し、挿入後の検波器出力電圧を測定

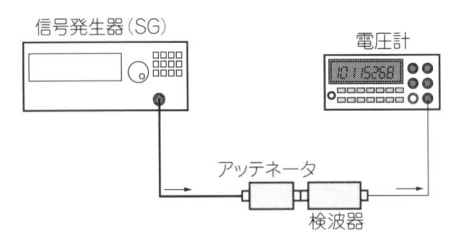

[図5-26] スルー状態の検波器出力電圧を測定する（DUTの減衰量を測定する場合）

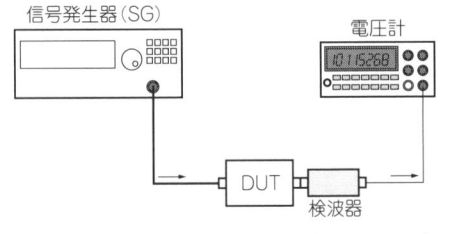

[図5-27] アッテネータを取り外してDUTを挿入し、挿入後の検波器出力電圧を測定する

⑥ 減衰量Lossは次式で求められる
$$Loss = A - (P_o - P_i) \,[\mathrm{dB}]$$

● 電力レベルの測定ができない場合の測定方法

　パワー・メータやスペクトラム・アナライザが手元になく，さらに検波器の入力電力-出力電圧特性の用意，測定が不可能な場合の測定方法を紹介します．この場合，可変アッテネータが手元にあれば，図5-28の構成で測定できます．この測定系での測定手順を説明します．

▶ゲインを測定する場合の手順
① 図5-29のように接続し，可変アッテネータの減衰量を0dBにする
② DUT挿入前のスルー状態の検波器出力電圧を測定する
③ 図5-28のようにDUTを挿入し，挿入後の検波器出力電圧が②の測定電圧と等しくなるように可変アッテネータを調整する
④ 可変アッテネータの値がDUTのゲインを表す

▶減衰量を測定する場合の手順
① 図5-29のように接続し，可変アッテネータの減衰量をDUTで想定される減衰量以上に設定する
② スルー状態の検波器出力電圧を測定する
③ 図5-28のようにDUTを挿入し，挿入後の検波器出力電圧が②の測定電圧と等

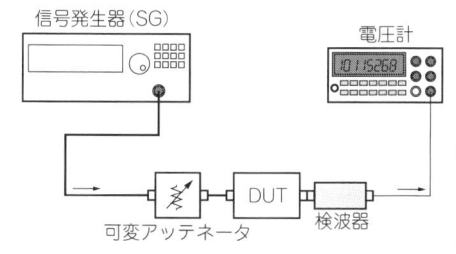

[図5-28] 電力レベルの測定ができない場合の測定方法

パワー・メータやスペクトラム・アナライザが手元になく，さらに検波器の入力電圧-出力電圧特性の用意，測定が不可能な場合の測定方法

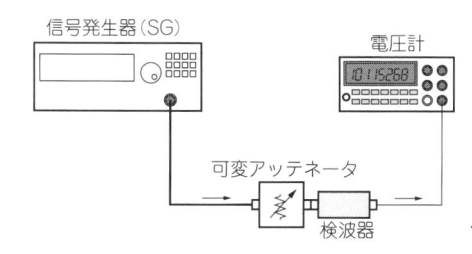

[図5-29] 可変アッテネータの減衰量を0dBにする

5-4 安価な測定器とモジュールで測定

しくなるように可変アッテネータを調整する
④ 可変アッテネータの最初の設定値から調整後の設定値を引いた値が，DUTの減衰量を表す

5-5　方向性結合器を使った測定

　方向性結合器を使うことによって入力信号レベルと出力信号レベルを同時に測定できます．さらに反射信号を同時に測定することもできます．

● 通過特性の測定方法
　図5-30に示すように，DUTの周波数帯をカバーする信号発生器，方向性結合器と2台のパワー・メータからなっています．方向性結合器によって入力信号を取り

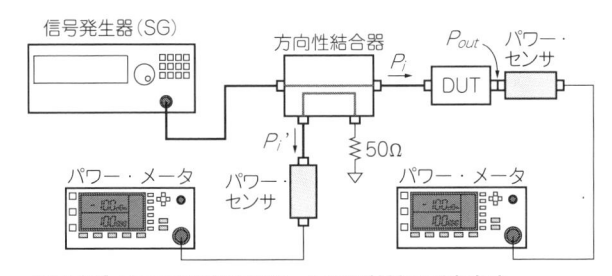

[図5-30] 方向性結合器を使った通過特性の測定方法

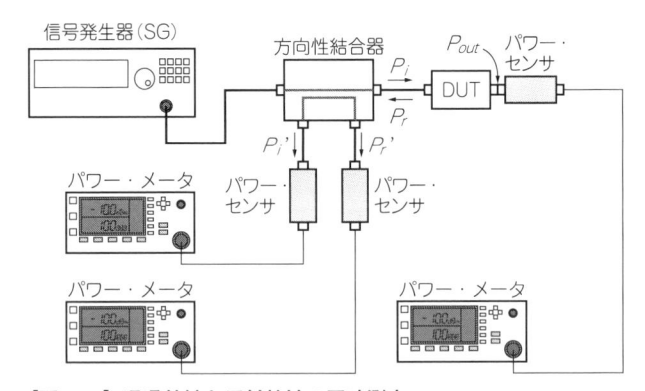

[図5-31] 通過特性と反射特性の同時測定
図5-30の測定系にもう一つパワー測定系を追加することによって通過特性と反射特性を同時に測定できる

出し，パワー・メータでそのレベルを測定します．それと同時にもう1台のパワー・メータで出力信号レベルを測定します．パワー・メータの部分を「検波器＋電圧計」やスペクトラム・アナライザに置き換えてもかまいません．

▶測定手順
① DUTを接続して，入力信号の結合出力 P_i' と出力 P_{out} を測定する
② 方向性結合器の挿入損失 IL，結合量 C の影響があるので，DUTへの入力電力 P_i を次式で求める

$P_i = P_i' + C - IL$ [dBm]

③ 通過特性 $Gain$ は P_{out} と P_i の差で求められる

$Gain = P_{out} - P_i$ [dB]

● 測定の注意点

5-1節の測定の注意点ⓐ〜ⓒと同じです．

● 通過特性と反射特性の同時測定

図5-31に示すように，図5-30の測定系にもう一つパワー測定系を追加することにより，通過特性と反射特性を同時に測定できます．

| 5-6 | 通過特性を簡易的に確認する方法 |

図5-32に通過特性を簡易的に確認，表示する測定系を示します．DUTの周波数帯をカバーするスイーパ（Swept Signal Generator，周波数掃引できる信号源），検波器，そして検波器の出力（電圧）を表示するためのオシロスコープからなっていま

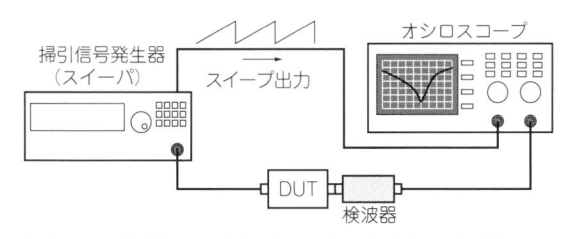

[図5-32] 通過特性を簡易的に確認・表示する測定系

す．

　必要最小限の機器で周波数特性を確認できるので，製造ラインなどで周波数特性の調整を簡易的に行う場合などに便利な測定方法です．

　この測定系における測定手順は，第4章96ページの①〜⑤と同じです．

はじめての高周波測定

第6章
アイソレーション特性の測定
~大きな減衰量を正確に測るには技術が必要~

アイソレーションとは，スイッチがOFFのときの通過特性など，信号が漏れないで欲しい経路の通過損失のことです．良いアイソレーション特性を持つ回路の場合，その値は80dBを超えることもあり(1億分の1以下)，測定が難しくなります．
　アイソレーション特性と同じように，フィルタやアッテネータで80dBを超えるような大きな減衰量を測定する場合も技術が必要です．
　本章ではさまざまな回路における，80dBを超えるようなアイソレーションや減衰量の測定方法を紹介します．

　スイッチのアイソレーション(図6-1)，フィルタの減衰量(図6-2)，どちらも基本的には通過特性を測定するのですが，通常の通過特性の測定とは設定の異なる部分もあります．
　図6-3にアイソレーション特性の測定フローチャートを示します．

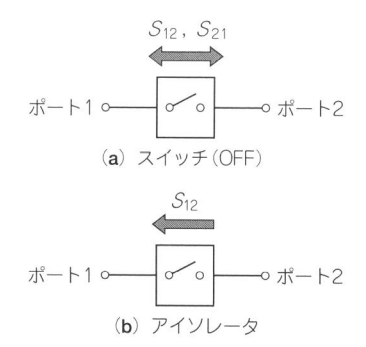

(a) スイッチ(OFF) S_{12}, S_{21}

(b) アイソレータ S_{12}

[図6-1] アイソレーションとは，スイッチがOFFのときの通過特性など，信号が漏れないで欲しい経路の通過損失のことでもある

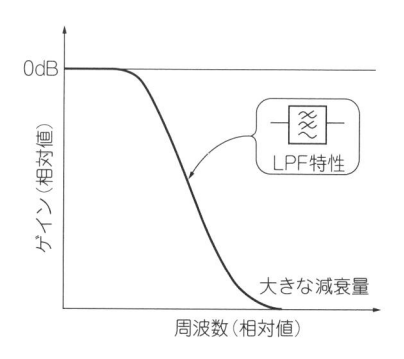

[図6-2] フィルタやアッテネータにおいて，80dBを超えるような大きな減衰量を測定するのは難しい

117

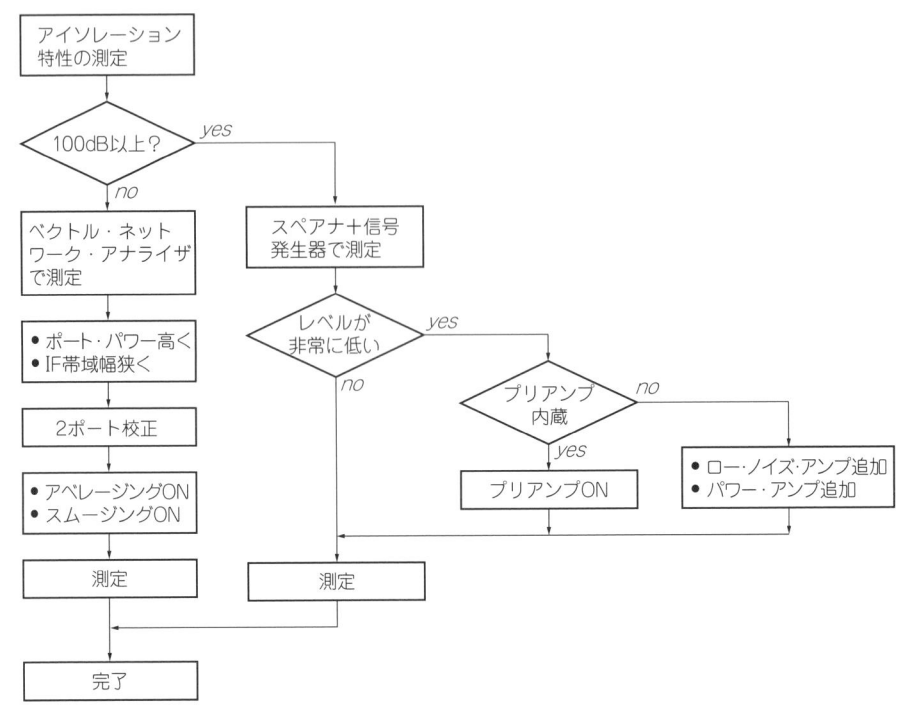

[図6-3] アイソレーション特性の測定フローチャート

　本章で説明するアイソレーションの測定は，次の評価で必要になります．
- 高アイソレーション・スイッチの特性評価
- フィルタの特性評価（阻止域の減衰量が80dB以上と大きい場合）
- アッテネータの特性評価（減衰量が80dB以上）
- 直接つながっていない系の間の結合の評価
- その他，大きな減衰量を持つ回路の特性評価

6-1　ベクトル・ネットワーク・アナライザによる測定

　ベクトル・ネットワーク・アナライザを利用して大きなアイソレーションや減衰量の測定を行う場合には，第5章の通過特性の測定と同じように，2ポート校正（またはフル2ポート校正）を行います．ただし，設定などが通常の場合とは少し異なります．

● 測定手順
① 測定周波数範囲を設定する
② ポート・パワーをできるだけ高く設定する（通常Preset状態で0dBmのパワーを＋10dBm程度に上げる）
③ 測定ポイント数を設定する
④ IF帯域幅を狭く設定する
⑤ 校正メニューから2ポートの校正を選択する
⑥ ポート1のReflection校正を行う
   - ポート1ケーブル端にOPENを接続し，OPEN校正を行う
   - ポート1ケーブル端にSHORTを接続し，SHORT校正を行う
   - ポート1ケーブル端にLOAD（終端）を接続し，LOAD校正を行う
⑦ ポート2のReflection校正を行う
   - ポート2ケーブル端にOPENを接続し，OPEN校正を行う
   - ポート2ケーブル端にSHORTを接続し，SHORT校正を行う
   - ポート2ケーブル端にLOADを接続し，LOAD校正を行う
⑧ Transmission校正を行う．ポート1側のケーブルとポート2側のケーブルを接続し，校正を行う
⑨ Isolation校正を行う
   - 実際に測定を行う場合のケーブル配置に近い状態にケーブルをセッティングする
   - ポート1側ケーブル端とポート2側ケーブル端にそれぞれ終端器を接続し，校

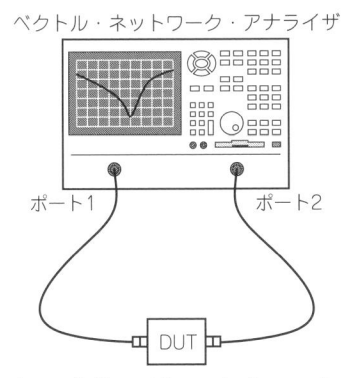

[図6-4] 校正が完了したポート・ケーブル間にDUTを接続

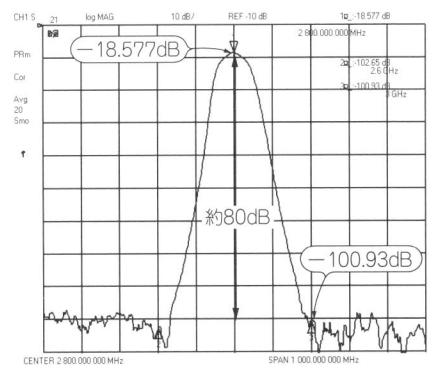

[図6-5] 大きな減衰特性の測定例
表示フォーマットはLOGMAG

6-1 ベクトル・ネットワーク・アナライザによる測定 | 119

正を行う
⑩ 校正が完了したポート・ケーブル間に被測定回路(DUT)を接続する(**図6-4**)
⑪ 表示フォーマットをLOGMAG(**図6-5**)にする
⑫ AveragingをONにし,Averaging回数を数十回以上に設定する
⑬ 特性カーブを滑らかにしたい場合にはSmoothingをONにする.SmoothingのApertureは大きくし過ぎると本来の特性から乖離してしまうので0.5%～2%程度に設定する

● 測定の注意点
第5章100ページの測定の注意点ⓐ,ⓑと同じです.

6-2　スペクトラム・アナライザを使った測定

6-1節のベクトル・ネットワーク・アナライザによる方法では,100dBを超えるようなアイソレーションや減衰量の測定は困難になります.そのような場合にはスペクトラム・アナライザと信号発生器を用いた方法が使われます.

● 測定手順
① **図6-6**に示すように信号発生器,スペクトラム・アナライザを接続する(この状態が基準のスルー状態)
② 信号発生器の出力信号レベルをできるだけ高く設定する(DUTに影響のない範囲内で)
③ スルー状態での電力 P_1 [dBm]を測定する(**写真6-1**,測定系の校正に相当する作業)
④ **図6-7**に示すようにDUTを挿入し,③と同じように電力 P_2 [dBm]を測定する(**写真6-2**)
　・SPANをできるだけ狭くする
　・RBWをできるだけ狭くする

[図6-6] 信号発生器,スペクトラム・アナライザを使ってアイソレーション特性を測定する
この状態が基準のスルー状態

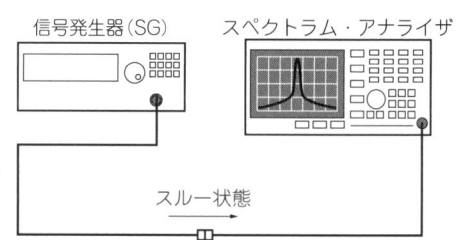

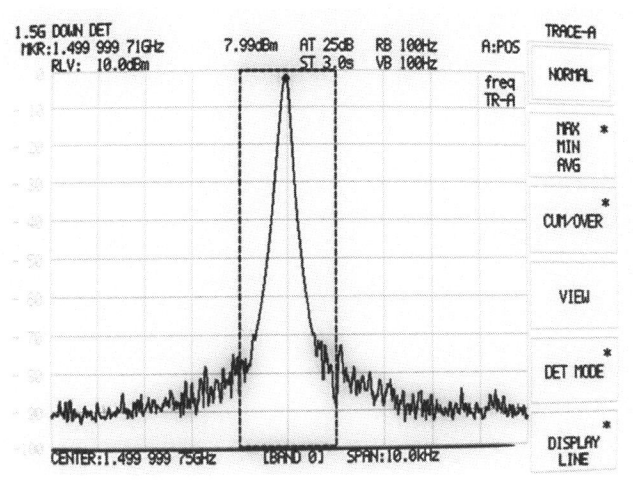

[写真6-1] スルー状態での電力 P_1 [dBm] を測定する

[図6-7] DUTを挿入し電力 P_2 [dBm] を測定する

信号発生器(SG) スペクトラム・アナライザ

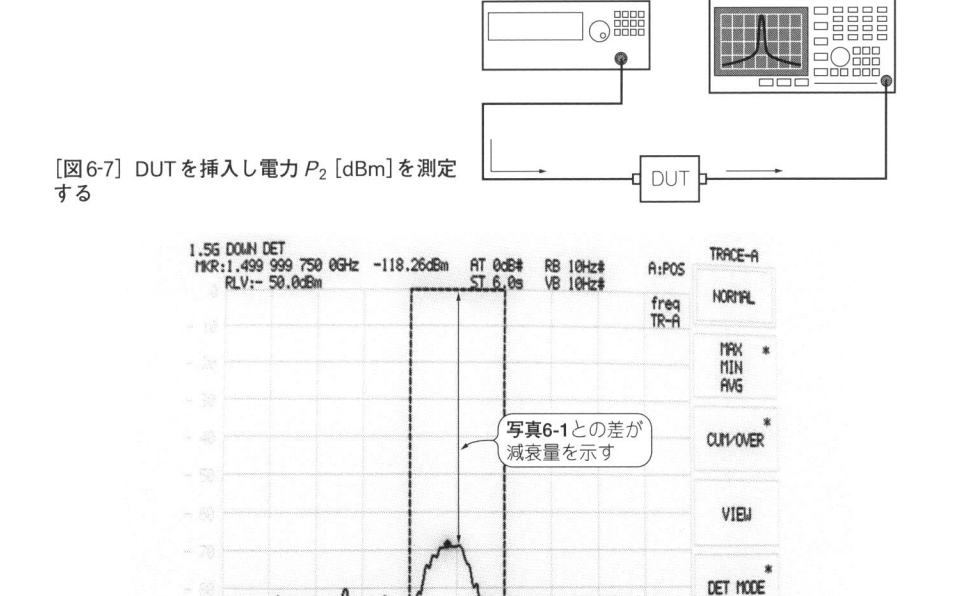

写真6-1との差が減衰量を示す

[写真6-2] 図6-7に示すようにDUTを挿入し電力 P_2 [dBm] を測定する

- VBWをできるだけ狭くする
- AveragingをONにする

RBW，VBWを狭くしていくとSweep時間が長くなり，測定に時間がかかります．そのため信号レベルとノイズ・フロアとのレベル差を見ながら適当な値に設定します．

⑤ ③と④で得られた電力測定結果の差$(P_1 - P_2)$が，DUTのアイソレーションまたは減衰量になる

なお，DUTの入出力端子が三つ以上ある場合には，被測定端子以外の空き端子を必ず終端してください．

● 測定範囲を広げる方法1

スペクトラム・アナライザにプリアンプが内蔵されている場合には，プリアンプをONにすることにより，より低いレベルまで測定できるようになるので，測定範囲を広げられます．

● 測定範囲を広げる方法2

スペクトラム・アナライザにプリアンプが内蔵されていない場合には，**図6-8**に示すようにDUT出力とスペクトラム・アナライザ入力との間にLNA（低雑音増幅器）を挿入することで測定範囲を広げられます．

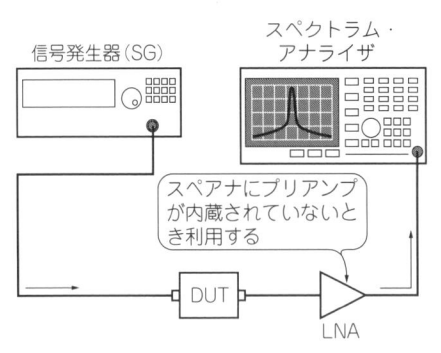

[図6-8] 図6-7に対してDUTの後にLNAを挿入
スペクトラム・アナライザにプリアンプが内蔵されていない場合，DUT出力とスペクトラム・アナライザ入力との間にLNA（低雑音増幅器）を挿入することで測定範囲を広げられる

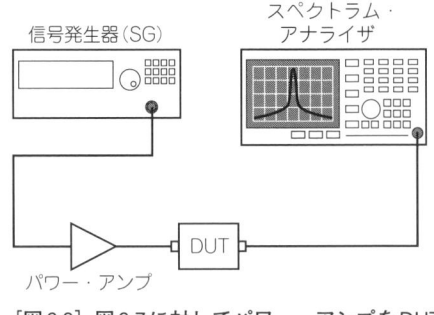

[図6-9] 図6-7に対してパワー・アンプをDUTの前に挿入
信号発生器の最大出力信号レベルは一般に＋10dBm～＋20dBm．DUTの最大入力レベルがこれよりも大きい場合には，信号発生器出力とDUTとの間にパワー・アンプを挿入することによって測定範囲を広げられる

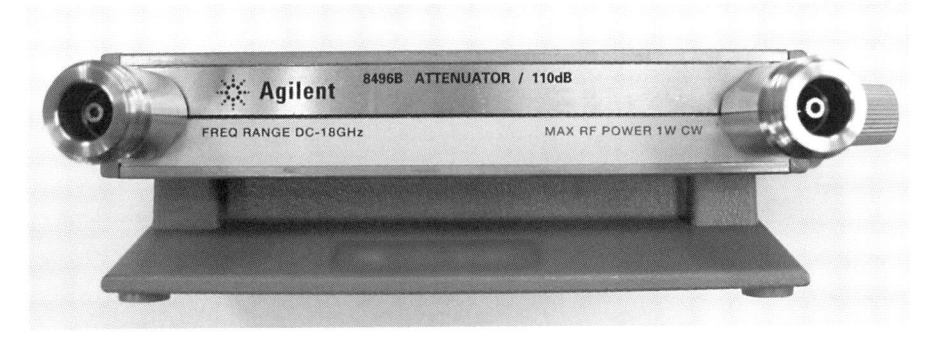

[写真6-3] アジレント・テクノロジー製のステップ・アッテネータ 8496B

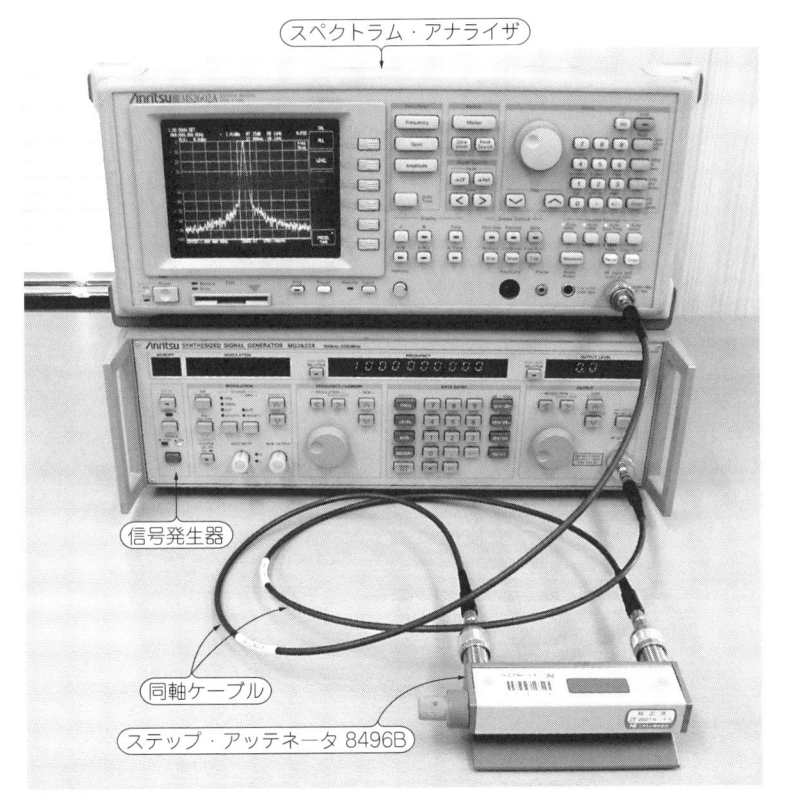

[写真6-4] アジレント・テクノロジー製のステップ・アッテネータ 8496B（DC ～ 18GHz，最大減衰量：110dB）の1GHzにおける減衰量を測定する

6-2 スペクトラム・アナライザを使った測定

[表6-1] 写真6-4の測定結果

減衰量設定 [dB]	測定レベル [dBm]	減衰量 [dB]	偏差 [dB]
0	8.51	0.00	0.00
10	-1.47	9.98	-0.02
20	-11.53	20.04	0.04
30	-21.49	30.00	0.00
40	-31.32	39.83	-0.17
50	-41.40	49.91	-0.09
60	-51.53	60.04	0.04
70	-61.60	70.11	0.11
80	-71.63	80.14	0.14
90	-81.68	90.19	0.19
100	-91.66	100.17	0.17
110	-101.48	109.99	-0.01

● 測定範囲を広げる方法3

　信号発生器の最大出力信号レベルは一般に+10dBm～+20dBmです．DUTの最大入力レベルがこれよりも大きい場合には，図6-9に示すように信号発生器出力とDUTとの間にパワー・アンプを挿入することによって測定範囲を広げられます．

● 実測例

　写真6-3に示すアジレント・テクノロジー製のステップ・アッテネータ 8496B（DC～18GHz，最大減衰量：110dB）の，1GHzにおける減衰量を測定してみます．写真6-4に測定のようすを示します．信号発生器の出力は+10dBmに設定します．
　表6-1に測定結果を示します．非常に精度良く減衰量の設定ができていることが確認できました．

はじめての高周波測定

第7章

周波数の測定
～発振回路，送信機，受信機，信号発生器など～

周波数の測定は第2章の電力の測定と並んで，最も基本的な測定の一つです．本章では，専用測定器を用いた方法から，オシロスコープを使った方法まで，さまざまな測定方法を紹介します．

本章で紹介する各測定方法の比較を表7-1に示します．また，周波数測定のフローチャートを図7-1に示します．

周波数の測定は，以下の評価で必要になります．
- 発振回路の特性評価
- 送信機の評価（送信周波数）
- 受信機の評価（局部発振回路を内蔵している場合，局部発振周波数の評価）
- 信号発生器(SG)の出力確認，評価

7-1　周波数カウンタによる測定

周波数カウンタは周波数測定専用の測定器です．数百MHzまでしか測定できないものから数十GHzまで測定できるものまで，さまざまな周波数カウンタがあります．

周波数カウンタの場合，測定可能な信号のレベル範囲がある程度限られているので注意が必要です．ほとんどの周波数カウンタで，-20dBm ～ +10dBm前後が測

[表7-1] 本章で紹介する測定器および測定精度

使用測定器		測定精度	測定レベル範囲（目安）
周波数カウンタ		高	-20dBm ～ +10dBm
スペクトラム・アナライザ	カウンタ機能あり	高	-百数十dBm ～ +30dBm
	カウンタ機能なし	中	
ミキサ+オシロスコープ+信号発生器		中	-60dBm ～ +10dBm

7-1 周波数カウンタによる測定

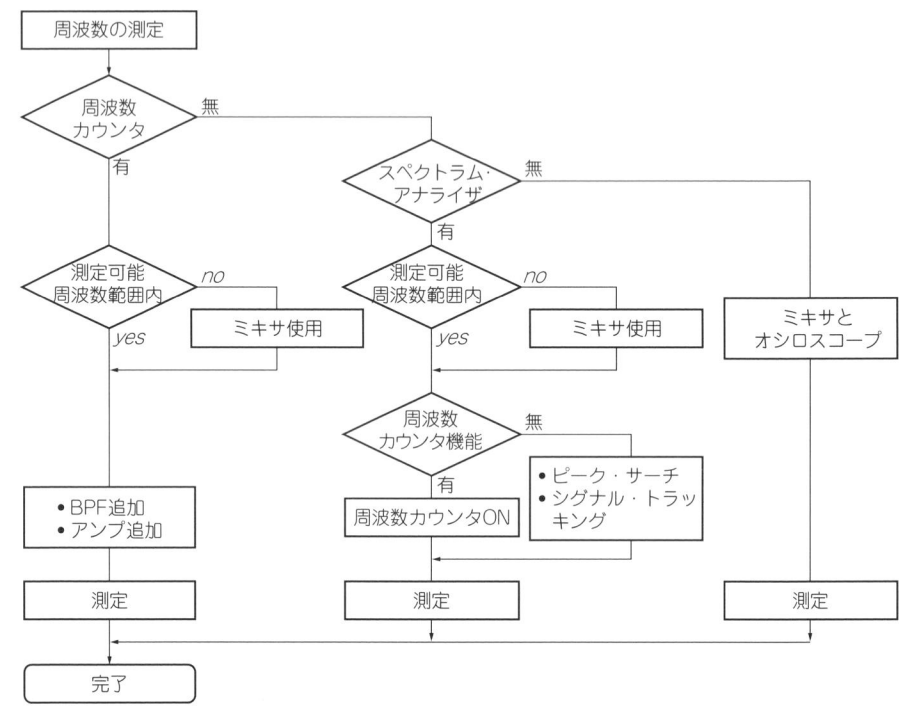

[図7-1] 周波数測定のフローチャート

定可能なレベル範囲です．

　周波数カウンタの測定確度は，周波数測定の基準となるタイムベースの確度によって決まります．測定器のオプションとして高安定，超高安定なタイムベースが用意されています．標準タイムベースと超高安定タイムベースでは，測定確度が3けた程度違うので，高い確度での周波数測定が必要な場合には，要求に見合ったタイムベースを組み込む必要があります．

　また，基準となるタイムベース（一般に10MHz）は，外部から周波数カウンタの10MHz Reference Input（**写真7-1**）に供給することもできます．従って高安定なタイムベースが別にある場合には，それを使って高い確度の周波数測定を行えます．

● **基本測定手順**
① **図7-2**に示すように，周波数カウンタと被測定回路（DUT）を接続する
② 周波数を測定する

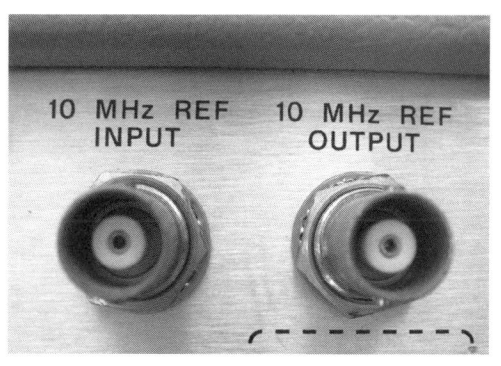

[写真7-1] 周波数カウンタの基準クロックは外部から入力することも可能

● さまざまな周波数成分が含まれている場合の測定方法

　周波数カウンタは，測定可能範囲内にあるさまざまな信号の中で，レベルの最も大きな信号の周波数を測定します．そこで図7-3に示すようにBPF（帯域通過フィルタ）などを挿入すれば，さまざまな周波数の中から特定の周波数を選択して測定できます．

● 周波数カウンタの測定レベル範囲を外れた信号の測定方法

　周波数測定を行う信号のレベルが高過ぎる場合には，図7-4(a)に示すようにアッテネータを挿入して信号レベルを下げ，測定可能レベル範囲内に信号のレベルが収まるようにします．逆に信号のレベルが低い場合には，図7-4(b)に示すようにアンプを挿入して信号レベルを上げ，測定可能レベル範囲内に信号のレベルが収まるようにして測定を行います．

　アンプを挿入した場合，信号を増幅したときに高調波成分が出てきます．高調波

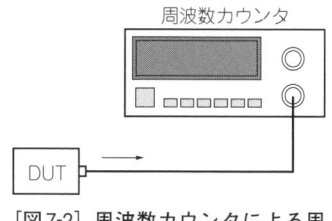

[図7-2] 周波数カウンタによる周波数測定の基本的な接続

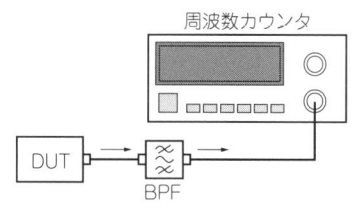

[図7-3] 図7-2に対してBPFなどを挿入すれば，さまざまな周波数の信号の中から特定の信号の周波数を選択して測定できる

7-1 周波数カウンタによる測定 | 127

[図7-4] 周波数測定を行う信号のレベルが高過ぎる場合にはアッテネータを，低すぎる場合にはアンプを挿入して信号レベルを調整する

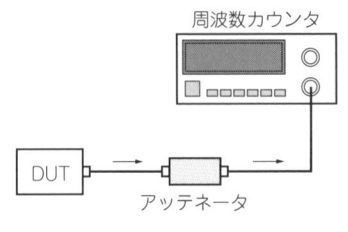

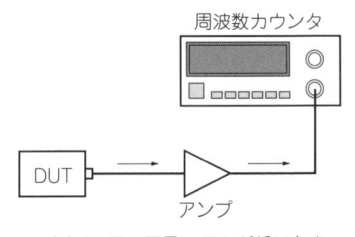

(a) DUTの信号レベルが高いとき
(b) DUTの信号レベルが低いとき

[図7-5] 図7-4(b)のようにアンプを挿入した場合，信号を増幅したときに高調波成分が出る．高調波のレベルが大きく，周波数測定に影響する場合には，アンプの出力にBPFまたはLPFを挿入して測定する

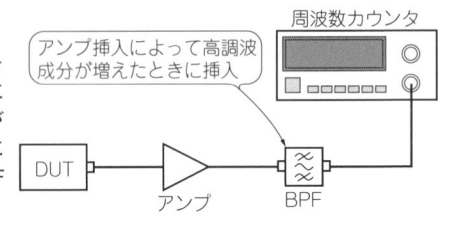

のレベルが大きく，周波数測定に影響する場合には，**図7-5**に示すようにアンプの出力にBPFまたはLPF（低域通過フィルタ）を挿入して測定を行います．

● 周波数カウンタの測定可能周波数範囲を超えた信号の測定方法

　周波数カウンタが測定できる周波数範囲を超える信号周波数を測定したい場合には，被測定信号周波数が入力可能なミキサ，被測定信号周波数程度の信号を出力可能な信号発生器(SG)，そしてLPFを用意します．**図7-6**に示すようにミキサ，信号発生器，LPF，周波数カウンタ，そしてDUTを接続します．

　被測定信号f_Xと，信号発生器の出力信号f_{LO}をミキサに入力して周波数変換を行い（$f_X > f_{LO}$とする），f_Xとf_{LO}の差の周波数成分（$\Delta f = f_X - f_{LO}$）をLPFで取り出し，周波数カウンタで測定します．被測定周波数f_Xは次式で求められます．

$$f_X = \Delta f + f_{LO}$$

この場合，測定確度を上げるためには，二つの測定器のタイムベースの確度によって以下のように接続を変えます．

▶信号発生器のタイムベースの確度が周波数カウンタよりも高い場合

　図7-7(a)のように信号発生器の10MHz Reference Outputと周波数カウンタの10MHz Reference Inputを接続する．

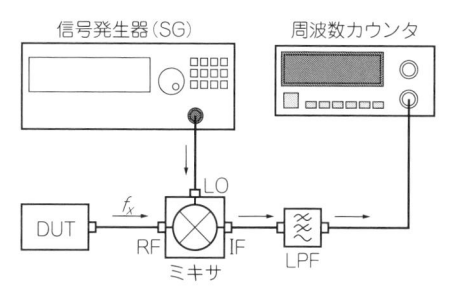

[図7-6] 周波数カウンタの測定可能周波数範囲を超えた信号の測定方法

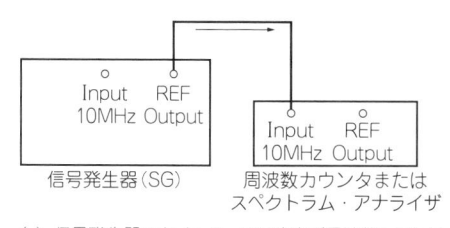

(a) 信号発生器のタイムベースの確度が周波数カウンタまたはスペクトラム・アナライザよりも高いとき

(b) 周波数カウンタまたはスペクトラム・アナライザのタイムベースの確度が信号発生器よりも高いとき

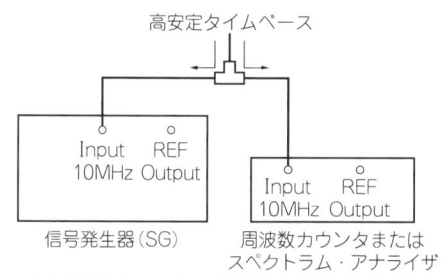

(c) 外部に高い確度のタイムベースがあるとき

[図7-7] 測定確度を上げるためには，二つの測定器のタイムベースの確度によって接続を変える

▶周波数カウンタのタイムベースの確度が信号発生器よりも高い場合

図7-7(b)のように周波数カウンタの10MHz Reference Outputと信号発生器の10MHz Reference Inputを接続する

▶二つの測定器よりもさらに高い確度のタイムベースがある場合

図7-7(c)のように，外部のタイムベース出力を周波数カウンタと信号発生器の10MHz Reference Inputに接続する

7-1 周波数カウンタによる測定 | 129

| 7-2 | スペクトラム・アナライザによる測定 |

　周波数カウンタの場合，周波数を測定できる信号レベルの範囲がある程度限られています．スペクトラム・アナライザの場合には，下は－百数十dBmから，上は＋30dBm程度まで，広範囲な信号の周波数測定が可能です．さらにスペクトラム・アナライザの場合には，さまざまな周波数の信号の中から特定の信号だけを選んで測定できます．

　スペクトラム・アナライザの場合も，その測定確度は周波数測定の基準となるタイムベースの確度によって決まります．測定器のオプションとして高安定，超高安定などのタイムベースが用意されているので，高い確度での周波数測定が必要な場合には，要求に見合ったタイムベースを組み込む必要があります．

　また，基準となるタイムベースは，外部からスペクトラム・アナライザに供給することもできるので(10MHz Reference Inputに供給，**写真7-1**)，高安定なタイムベースが別にある場合には，それを使って高い確度の周波数測定を行えます．

● 周波数カウンタ機能付きスペクトラム・アナライザの場合の測定手順
① 図7-8に示すように，スペクトラム・アナライザとDUTを接続する
② 被測定信号だけがスペクトラム・アナライザの画面に表示されるように，スペクトラム・アナライザの中心周波数，SPAN，Reference Levelなどの設定を変える．信号のレベルが低い場合には，ノイズ・フロアよりも10dB以上信号レベルが高くなるようにSPAN，RBW，VBWの設定を調整する
③ スペクトラム・アナライザの周波数カウンタ機能をONにする
④ 周波数カウンタの分解能を設定する(100Hz，10Hz…)

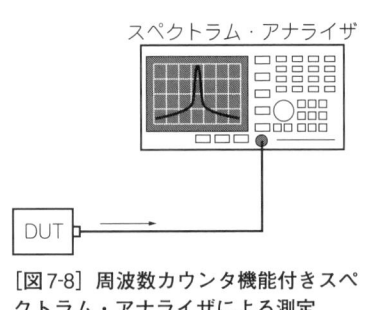

[図7-8] 周波数カウンタ機能付きスペクトラム・アナライザによる測定

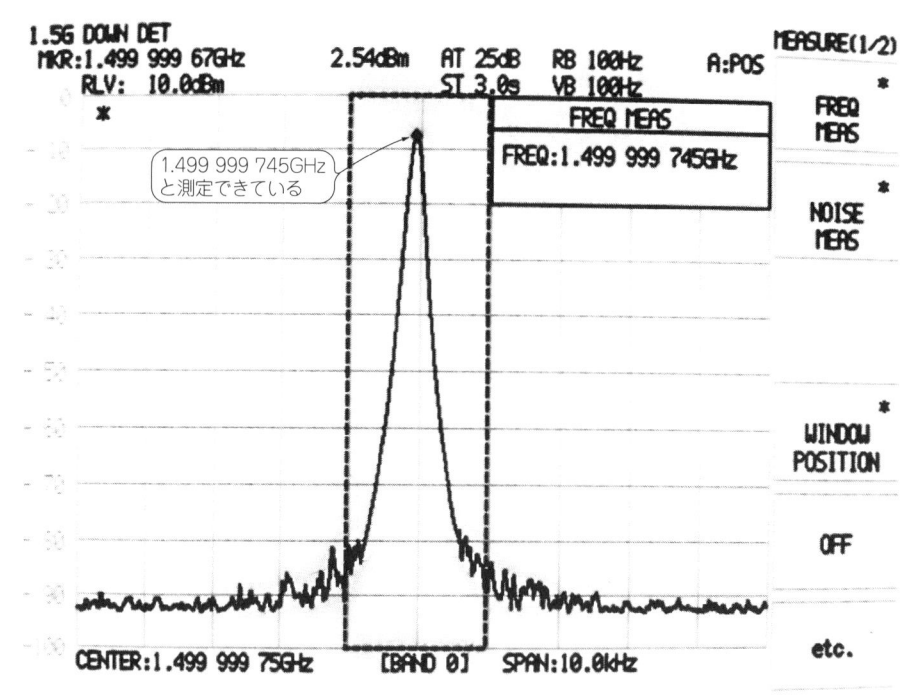

[写真7-2] 周波数カウンタ機能付きスペクトラム・アナライザで周波数を測定したようす

⑤ Peak Searchを行う
⑥ 周波数を測定する(**写真7-2**)

● **周波数カウンタ機能のないスペクトラム・アナライザの場合の測定手順**
① 図7-8に示すようにスペクトラム・アナライザとDUTを接続する
② 被測定信号だけがスペクトラム・アナライザの画面に表示されるように，スペクトラム・アナライザの中心周波数，Reference Levelなどの設定を変え，SPANをできるだけ狭くする
③ Peak Searchを行う
④ Signal Tracking機能が付いている場合にはONにする
⑤ 周波数を測定する．なお，周波数測定確度はマーカの読み取り精度によって変わる

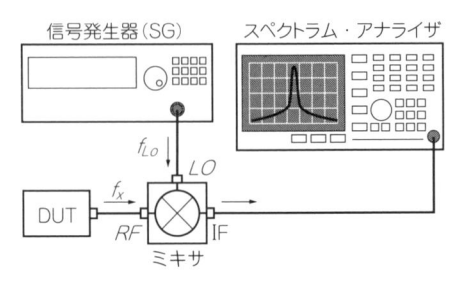

[図7-9] スペクトラム・アナライザの測定可能周波数範囲を超えた信号の測定方法

● スペクトラム・アナライザの測定できる周波数範囲を超えた信号の測定方法

　測定可能な周波数範囲を超える信号周波数を測定したい場合には，被測定信号周波数が入力可能なミキサ，被測定信号周波数程度の信号を出力可能な信号発生器を用意します．

　図7-9に示すようにミキサ，信号発生器，スペクトラム・アナライザ，そしてDUTを接続します．被測定信号f_Xと信号発生器の出力信号f_{LO}をミキサに入力して周波数変換を行い($f_X > f_{LO}$とする)，f_Xとf_{LO}の差の周波数成分 $\Delta f = f_X - f_{LO}$ を発生させ，スペクトラム・アナライザで測定します．被測定信号の周波数f_Xは次式で求められます．

$$f_X = \Delta f + f_{LO}$$

　この場合，測定確度を上げるためには，二つの測定器のタイムベースの確度によって，以下のように接続を変えます．

▶信号発生器のタイムベースの確度がスペクトラム・アナライザよりも高い場合

　図7-7(a)のように信号発生器の10MHz Reference Outputとスペクトラム・アナライザの10MHz Reference Inputを接続する

▶スペクトラム・アナライザのタイムベースの確度が信号発生器よりも高い場合

　図7-7(b)のようにスペクトラム・アナライザの10MHz Reference Outputと信号発生器の10MHz Reference Inputを接続する

▶二つの測定器よりもさらに高い確度のタイムベースがある場合

　図7-7(c)のように外部のタイムベース出力をスペクトラム・アナライザと信号発生器の10MHz Reference Inputに接続する

7-3　ミキサとオシロスコープを使った測定

　周波数カウンタやスペクトラム・アナライザがない場合，信号発生器，ミキサ，そしてオシロスコープがあれば，周波数の間接測定が可能です．

　被測定信号周波数が入力可能なミキサ，被測定信号周波数の信号を出力可能な信号発生器を用意します．

● 測定手順
① 図7-10に示すように信号発生器，ミキサ，オシロスコープ，そしてDUTを接続する
② 信号発生器の出力信号周波数を，予想される被測定信号の周波数に設定する
③ オシロスコープの画面上でIF出力の信号波形を観測する（図7-11）．ミキサに入力した二つの信号の周波数差成分の正弦波が観測される

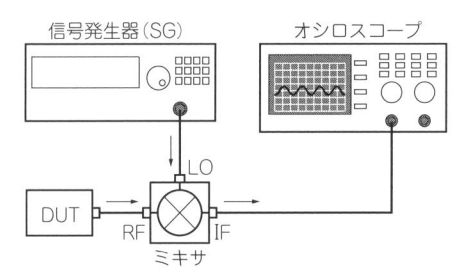

[図7-10] ミキサとオシロスコープを使った周波数の測定

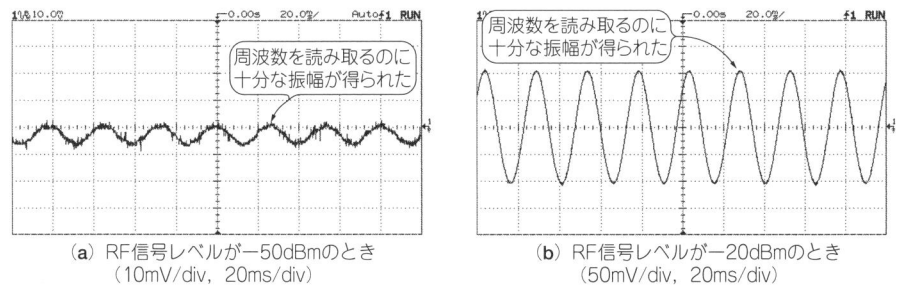

(a) RF信号レベルが－50dBmのとき
（10mV/div，20ms/div）

(b) RF信号レベルが－20dBmのとき
（50mV/div，20ms/div）

[図7-11] ミキサにミニサーキット製ZFM-15を使用し，RF，LOに1GHzの信号を入力したときのIF端子のようす

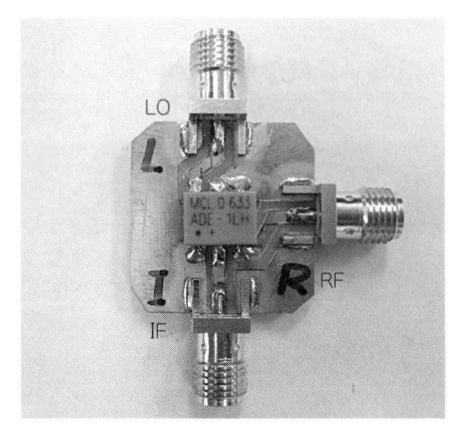

[写真7-3] ミニサーキット製のミキサ ADE-1LH

[写真7-4] 筆者手作りのLC発振器

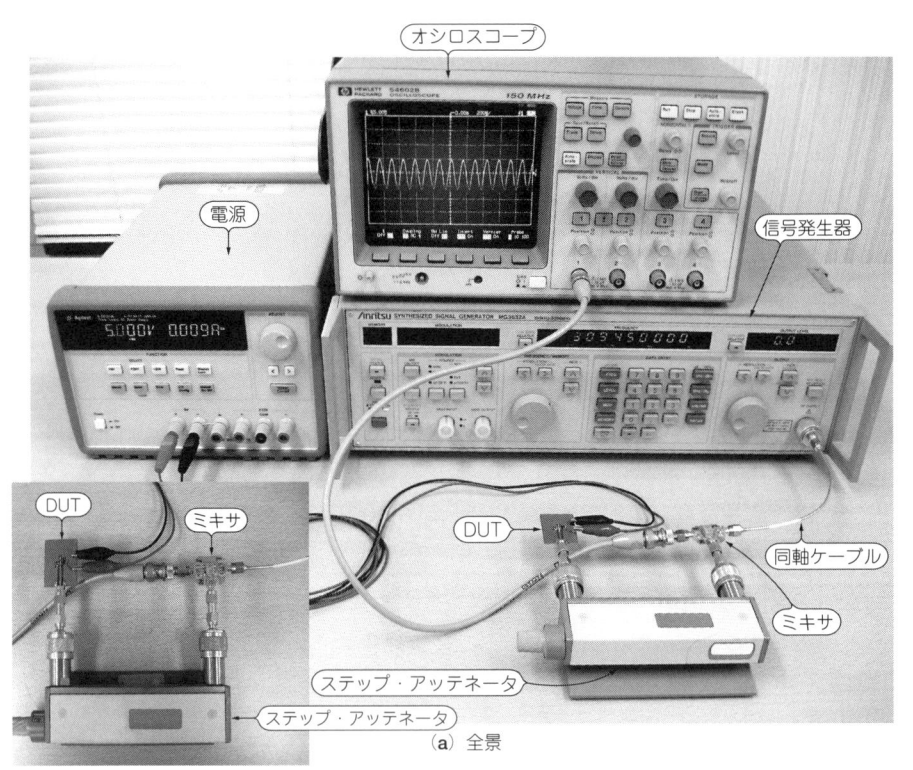

(a) 全景

(b) DUTとミキサを拡大

[写真7-5] ミキサとオシロスコープを使った周波数の測定例

④ IF出力信号の周波数ができるだけ低くなるように信号発生器の周波数を調整する
⑤ 信号発生器の設定周波数≒被測定周波数になる

　図7-11はミキサにミニサーキット製ZFM-15を使用し，RF，LOに1GHzの信号を入力したときのIF出力のようすです．測定条件はLO信号レベル：＋10dBm，RF信号レベル：(a)－50dBm，(b)－20dBmです．RF信号レベルを－60dBm程度まで下げても測定可能でした．なお，ZFM-15のIFの仕様は10M～800MHzですが，低周波のIF出力を測定できました．

● 注意点など
- 被測定信号周波数と信号発生器出力周波数の経時変動が大きいと波形が安定しない
- 周波数測定確度は信号発生器の周波数確度で決まる⇒高安定タイムベースを持った信号発生器を使う⇒外部の高安定タイムベースを利用して測定を行う
- 測定に使用するオシロスコープは帯域が数十MHz程度のもので十分
- ミキサに規定のレベルの信号が入力されるように(例：＋7dBm，＋10dBmなど)，信号発生器の出力信号レベルを設定する

● 実測例
　写真7-3に示すミニサーキット製のミキサ ADE-1LH(RF/LO：0.5～500MHz，IF：DC～500MHz)を使い，約309MHzのLC発振回路(写真7-4)の発振周波数を測定してみます．写真7-5に測定のようすを示します．発振回路の出力にステップ・アッテネータを挿入し，波形を観察しながら測定しやすいレベルに調整しています．

　LC発振回路は周波数安定度が悪いため，細かい周波数までは測定できませんが，約309.450MHzと測定できました．

はじめての高周波測定

第8章

高調波の測定
~信号の陰に高調波！基本波に付随する高調波を正しく評価~

　高調波は回路内部のひずみ（非線形特性）によって発生します．非線形特性を持った回路に周波数f_0の信号が入力されると，その出力にはf_0（基本波）のほかに$2f_0$（2次高調波），$3f_0$（3次高調波），$4f_0$（4次高調波）…が出てきます．
　高調波の測定は，スペクトラム・アナライザを使えば簡単にできますが，測定時に注意しなければならないことがあります．本章ではその注意点を含め，高調波の測定手順を紹介します．

　高調波は回路内部のひずみによって発生します（図8-1）．図8-2に高調波測定のフローチャートを示します．
　高調波はアンプや発振回路などの能動回路だけでなく，スイッチなどの受動回路でも発生します．高調波の測定は以下の評価で必要になります．
- スイッチの特性評価（特に送信系のスイッチ）
- アンプの特性評価

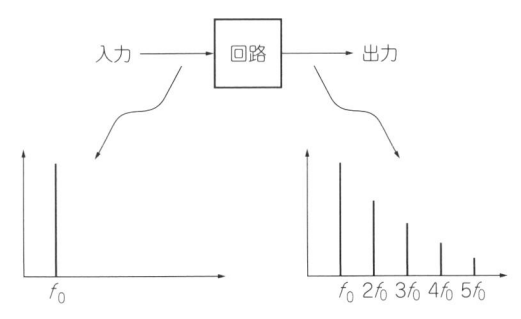

[図8-1] 高調波は回路内部のひずみ（非線形特性）によって発生する
非線形特性を持った回路に周波数f_0の信号が入力されると，その出力にはf_0（基本波）のほかに$2f_0$（2次高調波），$3f_0$（3次高調波），$4f_0$（4次高調波）…が生じる

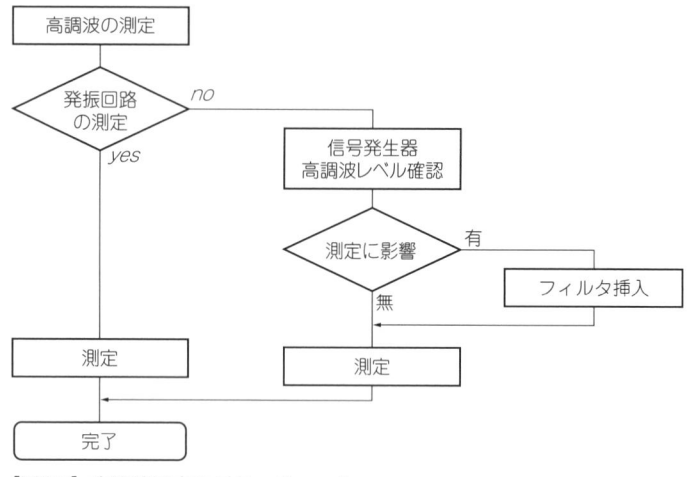

[図8-2] 高調波測定のフローチャート

- 発振回路の特性評価
- 信号発生器(SG)の評価

8-1　アンプやスイッチなどの高調波の測定

　アンプやスイッチ回路などにおいて，出力信号の高調波を測定する方法を以下に示します．

● 測定系の確認
　測定に使用する信号発生器(SG)の出力にも高調波成分が含まれています(**写真8-1**)．信号発生器によってはそのレベルが高いものもあります(**写真8-2**)．従って測定に入る前に測定系(信号発生器の高調波成分のレベル)の確認を行う必要があります．
① **図8-3**に示すように測定に使用する信号発生器とスペクトラム・アナライザを直接接続する
② 信号発生器の出力周波数を高調波測定の入力周波数f_0に設定する
③ 信号発生器の出力レベルを被測定回路(DUT)に入力する信号レベルに設定する
④ 入力信号f_0のスペクトル表示が，スペクトラム・アナライザ画面の上から1目盛り以内に入るようにReference Levelを設定する(**写真8-3**)

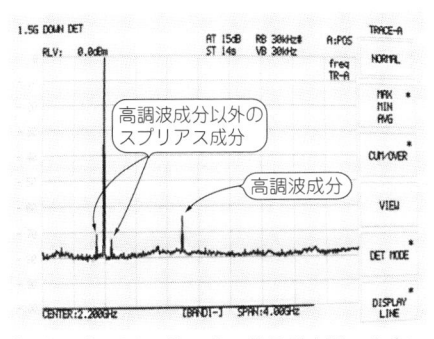

[写真8-1] 測定に使用する信号発生器の出力にも高調波成分が含まれる

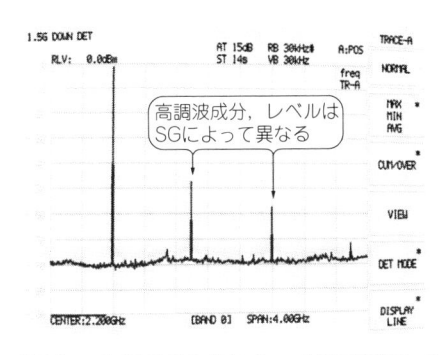

[写真8-2] 信号発生器によっては高調波レベルが高い

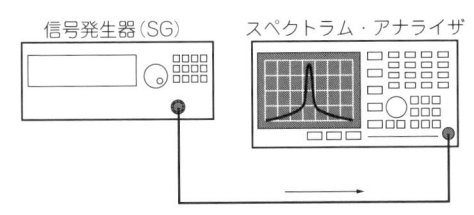

[図8-3] 測定手順1…測定に使用する信号発生器とスペクトラム・アナライザを直接接続

⑤ 信号発生器出力に含まれる高調波成分($2f_0$, $3f_0$, …)を観測する．プリセレクタ（測定周波数に同調したフィルタ）が内蔵されたスペクトラム・アナライザの場合には，高調波のレベルに合わせてReference Levelの変更も可能
⑥ DUTの高調波測定で予想される高調波レベルに対して，信号発生器出力に含まれる高調波成分のレベルが，それよりも10dB～20dB以上低くない場合には，図8-4に示すようにLPFまたはBPFを挿入し，高調波レベルを十分に下げる（**写真8-4**）

● 測定手順

フィルタ（LPFまたはBPF）を挿入した測定系で説明します．
① **図8-5**に示すように信号発生器，DUT，スペクトラム・アナライザ，そしてフィルタを接続する
② 信号発生器の出力周波数を高調波測定の入力周波数f_0に設定する
③ DUTの入力における信号レベルが所定のレベルになるように信号発生器出力レベルを設定する

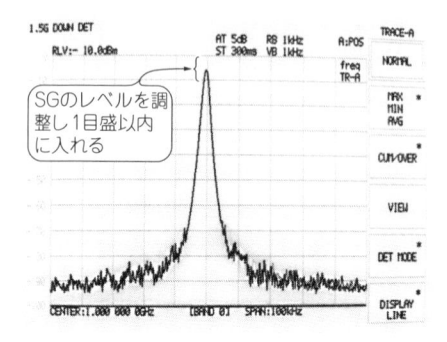

[写真8-3] 入力信号f_0のスペクトル表示が，スペクトラム・アナライザ画面の上から1目盛り以内に入るようにReference Levelを設定する

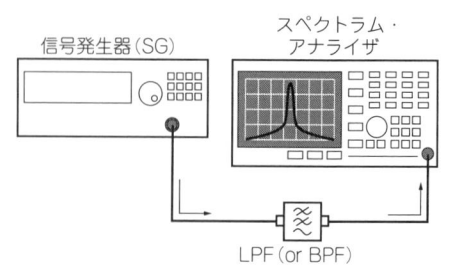

[図8-4] LPFまたはBPFを挿入し高調波レベルを十分に下げる

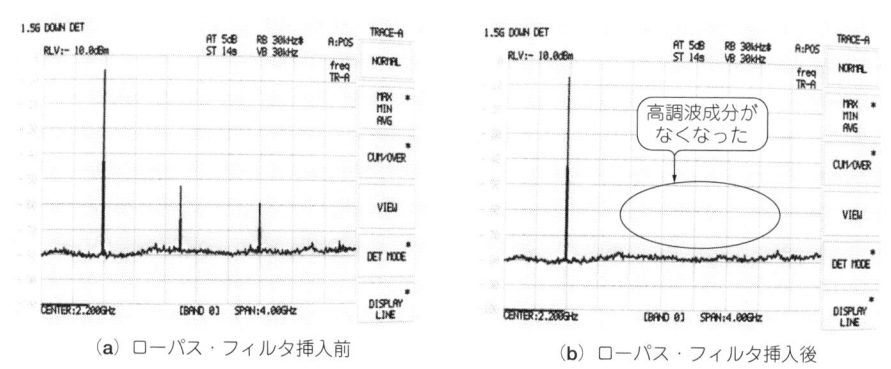

(a) ローパス・フィルタ挿入前

(b) ローパス・フィルタ挿入後

[写真8-4] DUTの高調波ひずみ測定で予想される高調波レベルに対して，信号発生器出力に含まれる高調波成分のレベルが，それよりも10dB〜20dB以上低くない場合には，LPFまたはBPFを挿入し，高調波レベルを十分に下げる

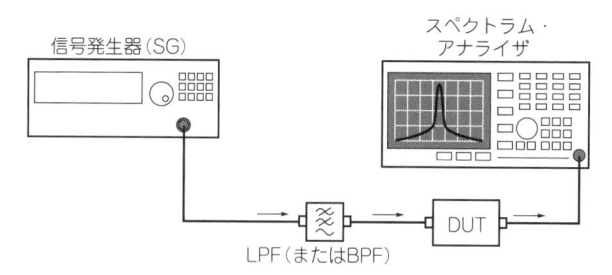

[図8-5] 高調波測定のための基本的な構成
信号発生器，DUT，スペクトラム・アナライザ，フィルタを接続する

④ スペクトラム・アナライザの中心周波数を基本波f_0に合わせ,基本波のスペクトル表示がスペクトラム・アナライザ画面の上から1目盛り以内に入るようにReference Levelを設定する(**写真8-3**)
⑤ 基本波f_0のレベルP_1 [dBm]を測定する[**写真8-5(a)**]
⑥ 中心周波数を変えながら高調波成分のレベルを測定する.$2f_0:P_2$ [dBm] [**写真8-5(b)**],$3f_0:P_3$ [dBm] [**写真8-5(c)**],….プリセレクタの内蔵されたスペクトラム・アナライザの場合には,高調波のレベルに合わせてReference Levelの変更も可能
⑦ 高調波のレベルをキャリア(基本波)とのレベル差(キャリアのレベルに対して何dB低いか)で表す場合には次のように計算する.$2f_0:P_2-P_1$ [dBc],$3f_0:P_3-P_1$ [dBc].なお,dBcはキャリアに対するレベル差を表す単位

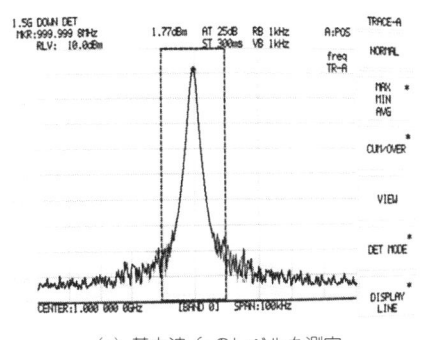

(a) 基本波 f_0 のレベルを測定

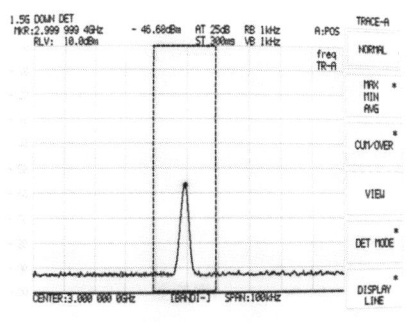

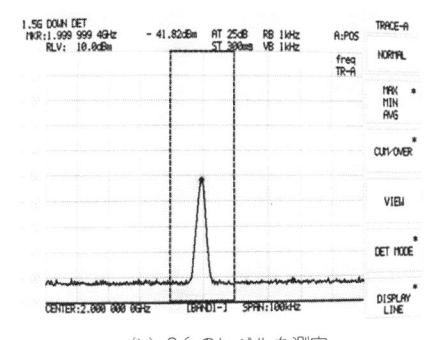

(b) $2f_0$ のレベルを測定

(c) $3f_0$ のレベルを測定

[**写真8-5**] スペクトラム・アナライザを利用した高調波のレベル測定

● 実測例

　ミニサーキット製の広帯域アンプ ZJL-7G（20M～7000MHz, ゲイン：10dB）に，1000MHzの信号を入力したときの高調波を測定してみます．**写真8-6**に測定のようすを示します．信号発生器の出力に1000MHzのLPFを挿入しています．

　入力信号レベルを変化させて高調波のレベル変化を測定してみると，**図8-6**に示す結果が得られました．－10dBmを入力したときの出力のようすを**写真8-7（a）**に

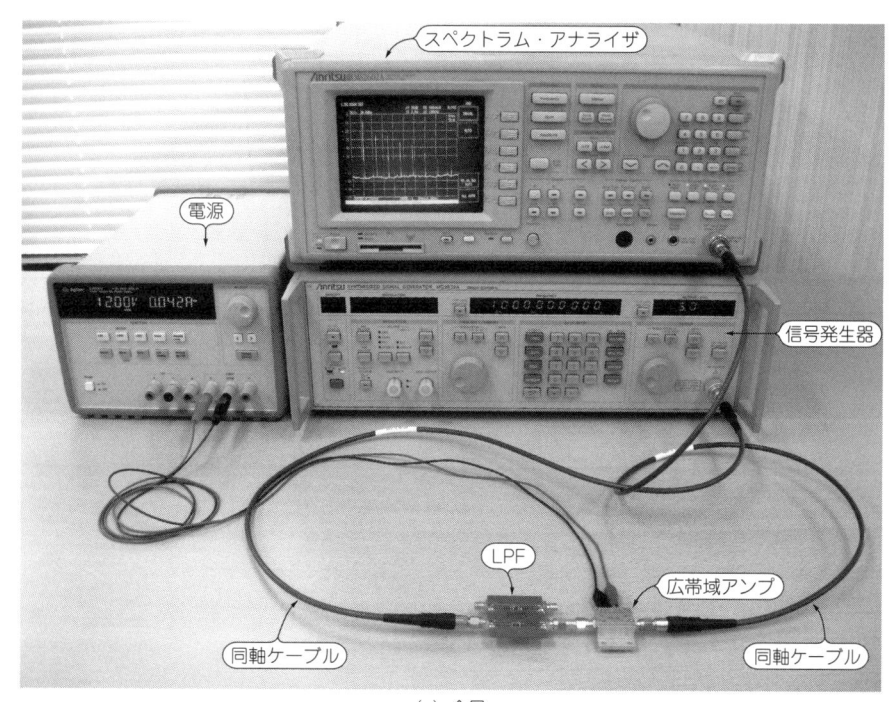

(a) 全景

[写真8-6] 広帯域アンプ ZJL-7Gの高調波を測定しているようす
図8-5の構成で測定した

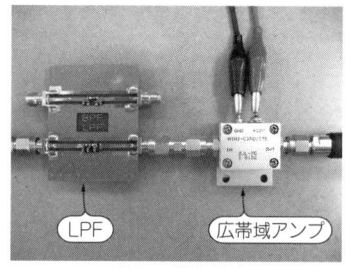

(b) 一部を拡大

142　第8章　高調波の測定

示します.また,＋5dBmを入力したときの出力のようすを**写真8-7(b)**に示します.入力信号レベルが大きくなるに従って急激に高調波のレベルが上昇していることが分かります.

[図8-6] ミニサーキット製の広帯域アンプZJL-7Gに,1000MHzの信号を入力したときの高調波レベル

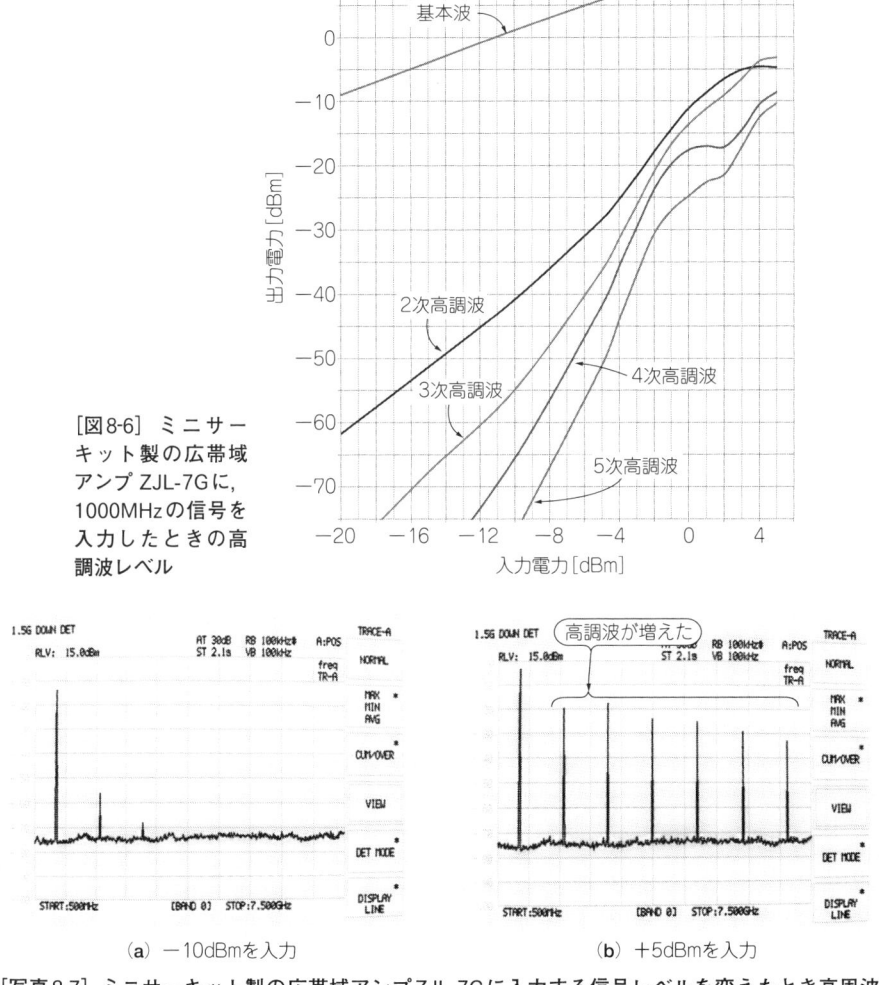

(a) －10dBmを入力

(b) ＋5dBmを入力

[写真8-7] ミニサーキット製の広帯域アンプZJL-7Gに入力する信号レベルを変えたとき高周波はどのように変化するか
入力信号レベルが大きくなるに従って急激に高調波のレベルが上昇していることが分かる

8-1 アンプやスイッチなどの高調波の測定

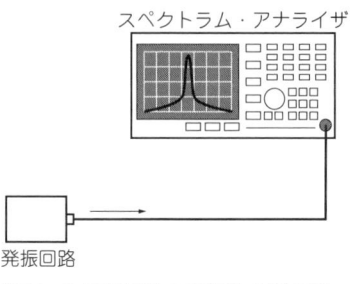

[図8-7] 発振回路の高調波の測定系…発振回路とスペクトラム・アナライザを接続

8-2　発振回路の高調波の測定

　発振回路の場合には，発振によって信号を発生させるときに，発振回路の能動素子のひずみによって発振出力の高調波成分も発生します．発振回路の場合には高調波成分のレベルも大きいので測定は難しくありません．高調波測定機能を持ったスペクトラム・アナライザであれば簡単に測定を行えます．

● 測定手順
① 図8-7に示すように発振回路とスペクトラム・アナライザを接続する
② スペクトラム・アナライザの中心周波数を基本波f_0に合わせ，基本波のスペクトル表示がスペクトラム・アナライザ画面の上から1目盛り以内に入るようにReference Levelを設定する（写真8-3）
③ 基本波f_0のレベルP_1[dBm]を測定する[写真8-5(a)]
④ 中心周波数を変えながら，高調波成分のレベルを測定する[写真8-5(b)，(c)]．$2f_0:P_2$[dBm]，$3f_0:P_3$[dBm]…．プリセレクタの内蔵されたスペクトラム・アナライザの場合には，高調波のレベルに合わせてReference Levelの変更も可能
⑤ 高調波のレベルをキャリア（基本波）とのレベル差（キャリアのレベルに対して何dB低いか）で表す場合には次のように計算する．
　　$2f_0:P_2-P_1$[dBc]，$3f_0:P_3-P_1$[dBc]

はじめての高周波測定

第9章

P1dBの測定
~超えてはならないP1dB. P1dBから始まる信号のレベル・ダイヤ設計~

P1dB(ピー・ワン・デービー)は，1dB Compression Pointの略で，1dBゲイン圧縮レベルとも呼ばれます．アンプの場合には最大出力の目安になります．また，スイッチやミキサなどの場合には，その回路に入力可能な，あるいはその回路が取り扱い可能な，最大信号レベルの目安になります．

複数の回路ブロックが接続された高周波回路のシステムを設計する場合には，各回路ブロックのP1dBを基に半導体を選択し，信号のレベル配分を決めます．従って，P1dBは高周波回路を評価する際の重要な測定項目の一つです．

本章ではP1dB特性の概略を説明した後，その測定手順を一般の回路とミキサに分けて紹介します．

図9-1にP1dB測定のフローチャートを示します．
P1dBの測定は次の評価で必要になります．
- スイッチの特性評価
  PINダイオード・スイッチの場合：+40dBm以上
  FETスイッチの場合：+20dBm～+40dBm程度
- アンプの特性評価
  LNA(Low Noise Amplifier，低雑音増幅器)などの小信号アンプの場合：0dBm～+20dBm程度
  PAなどの大信号アンプの場合：+20dBm以上
- ミキサの特性評価
  受動ミキサの場合：0dBm～+10dBm程度

9-1　P1dBの基礎

P1dBは，図9-2の回路ブロックで測定した，図9-3に示す入出力特性(回路の入力信号電力と出力信号電力の関係をプロットしたグラフ)から求められます．回路

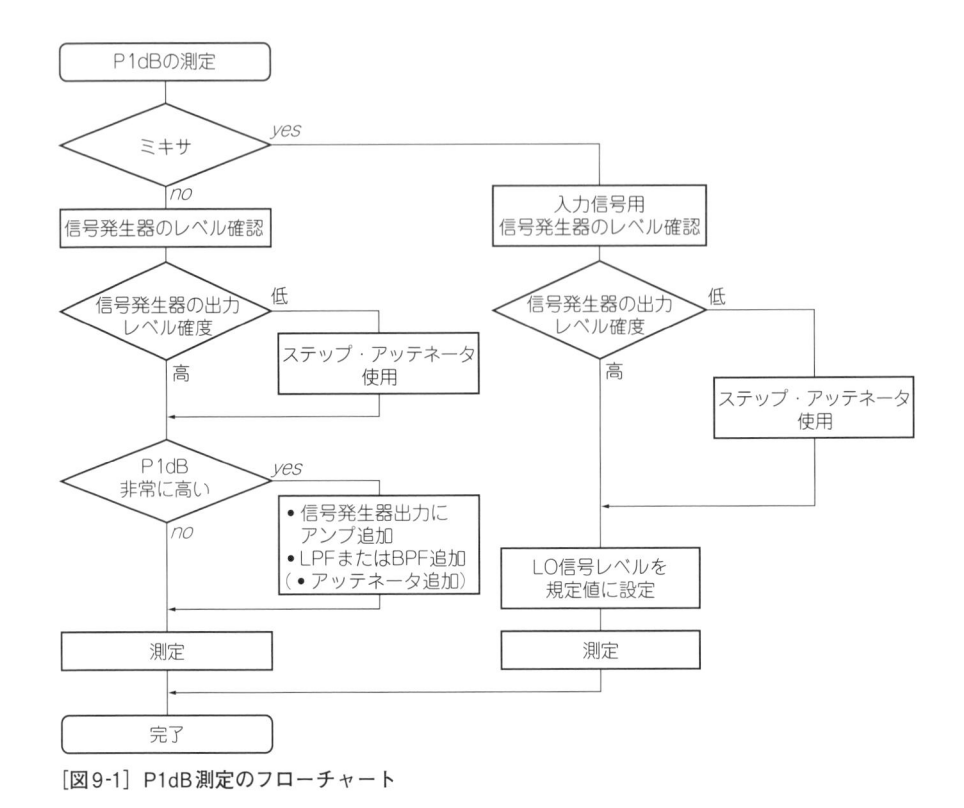

[図9-1] P1dB測定のフローチャート

の入力電力が小さい領域(図9-3の領域A)では,入力信号レベルを1dB上げれば,出力信号レベルも1dB上昇し,グラフの傾きは1になります(線形領域).

そこから,入力信号レベルを大きくしていくと,入力信号レベルを1dB上げても,出力信号レベルは1dB上昇しなくなり,傾き1の直線から次第に外れていきます(図9-3の領域B).さらに入力信号レベルを上げていくと,入力信号レベルを上げても出力信号レベルがほとんど変化しなくなり,出力電力は飽和します(図9-3の領域C).

この入出力特性で,理想的な傾き1の直線に対して,実際の出力レベルが1dB低下してしまったポイントが,1dB Compression Pointです.アンプの場合,線形領域(図9-3の領域A)でのゲインに対して,P1dBのポイントではゲインが1dB低下します.一般にミキサ以外の回路では,そのときの出力信号レベルがP1dBになります.ミキサの場合には,そのときの入力信号レベルでP1dBを表します.

一般に狭帯域な回路の場合には中心周波数でP1dBを測定します.一方,広帯域

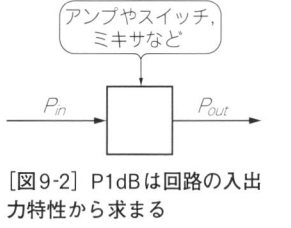

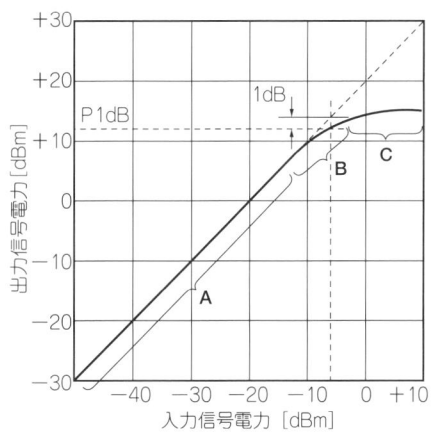

[図9-2] P1dBは回路の入出力特性から求まる

[図9-3] 傾き1の直線に対して実際の出力レベルが1dB低下した点が1dB Compression Point

回路の場合には,周波数とともにP1dB特性も変化するので,少なくとも帯域の下端,中央,上端で測定を行う必要があります.

9-2　基本的なP1dB測定

アンプやスイッチなど,ミキサ以外の回路におけるP1dBの測定方法を以下に示します.

● 測定方法1…信号発生器の出力レベルの可変範囲が広く設定精度も高いとき

測定に使用する信号発生器のレベル可変範囲が数十dB以上あり,かつ出力信号レベルの設定精度も高い場合の測定方法を以下に示します.

① 図9-4に示すように信号発生器とスペクトラム・アナライザ(またはパワー・メータ＋パワー・センサ)を直接接続する
② スペクトラム・アナライザのReference Levelを,予想されるP1dBの値よりも高く設定する
③ 信号発生器の周波数をP1dB測定周波数に設定する
④ 信号発生器に表示された出力レベルと,スペクトラム・アナライザ(またはパワー・メータ＋パワー・センサ)での測定値との差を確認し,信号発生器側で出力

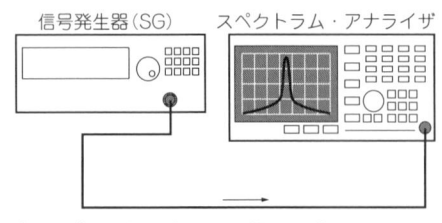

[図9-4] 測定に使用する信号発生器とスペクトラム・アナライザを直接接続

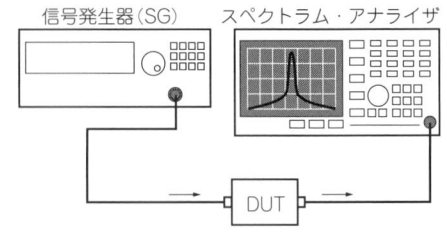

[図9-5] 信号発生器，DUT，スペクトラム・アナライザ（またはパワー・メータ＋パワー・センサ）を接続

レベルのオフセットをかける
⑤ 図9-5に示すように信号発生器，被測定回路（DUT），スペクトラム・アナライザ（またはパワー・メータ＋パワー・センサ）を接続する
⑥ DUTの入力信号レベルを，予想されるP1dBでの入力信号レベルよりも20dB～30dB低い値に設定する
⑦ 信号発生器の出力レベルを1dBステップで上げながら，出力信号レベルを測定する．P1dBよりも十分低いところは2dBまたは5dBステップ程度でもよい
⑧ 出力が飽和するあたりまで測定する
⑨ 入出力特性のグラフを作成しP1dBを求める

● 測定方法2…信号発生器の出力レベルの可変範囲が狭い，もしくは設定精度が低いとき
　測定に使用する信号発生器のレベル可変範囲が狭い，あるいは出力信号レベルの設定精度が低い場合の測定方法を以下に示します．
① 図9-6に示すように信号発生器，ステップ・アッテネータ，スペクトラム・アナライザ（またはパワー・メータ＋パワー・センサ）を接続する
② スペクトラム・アナライザのReference Levelを，予想されるP1dBの値よりも高く設定する
③ 信号発生器の周波数をP1dB測定周波数に設定する
④ ステップ・アッテネータの減衰量をゼロに設定する
⑤ ⑦以降の測定でステップ・アッテネータの減衰量を0dBにしたときにDUTが飽和に達するように，信号発生器の出力レベルを設定する
⑥ 信号発生器に表示された出力レベルと，スペクトラム・アナライザ（またはパワー・メータ＋パワー・センサ）での測定値との差を確認し，信号発生器側で出力

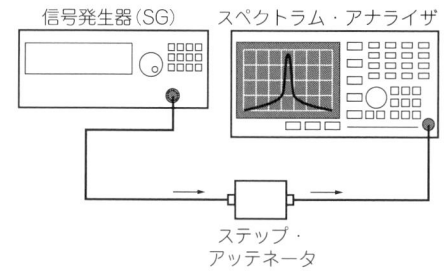

[図9-6] 測定に使用する信号発生器のレベル可変範囲が狭い，あるいは出力信号レベルの設定精度が低い場合はステップ・アッテネータを利用

信号発生器，ステップ・アッテネータ，スペクトラム・アナライザ(またはパワー・メータ＋パワー・センサ)を接続する

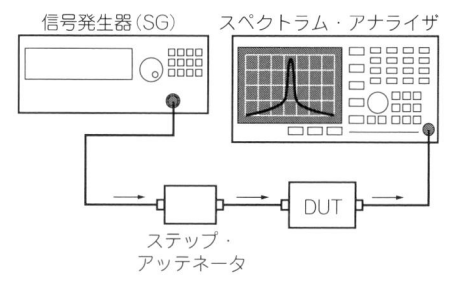

[図9-7] 図9-6にDUTを挿入し測定する

レベルのオフセットをかける
⑦ 図9-7に示すように信号発生器，ステップ・アッテネータ，DUT，スペクトラム・アナライザ(またはパワー・メータ＋パワー・センサ)を接続する
⑧ DUTへの入力信号レベルが，予想されるP1dBでの入力信号レベルよりも20dB〜30dB低い値になるように，ステップ・アッテネータを設定する
⑨ ステップ・アッテネータの減衰量を1dBステップで減らしながら，出力信号レベルを測定する．なお，P1dBよりも十分低いところは，2dBまたは5dBステップ程度でもよい
⑩ 出力が飽和するあたりまで測定する
⑪ 入出力特性のグラフを作成しP1dBを求める

● 測定の注意点

スペクトラム・アナライザに内蔵されているアッテネータの精度が良くない場合，測定途中でスペクトラム・アナライザのReference Levelを変えると，測定値が変わってしまうことがあるので，できるだけReference Levelは変えないでください．

● 非常に高いP1dBを持つ回路の測定

スイッチなど非常に高いP1dBを持つ回路の測定を行う場合は，信号発生器の出力では信号レベルが足りないので，信号発生器の出力にアンプを追加して，測定に

必要な信号レベルを得ます.

上記測定方法1と測定方法2のそれぞれの対応測定系を，**図9-8**に示します．アンプの出力には不要な高調波成分が含まれるので，それを除去するためのLPFを挿入しています(使用するフィルタはBPFでもよい)．また，出力信号レベルが大きくなり，スペクトラム・アナライザの入力許容レベルを超えてしまう場合には，図に示すようにアッテネータを挿入します．

● **実測例**

　ミニサーキット製の広帯域アンプ ZJL-7G [20M 〜 7000MHz，ゲイン：10dB，P1dB： +8dBm(low range)，P1dB： +9dBm(high range)]の，1000MHz(low

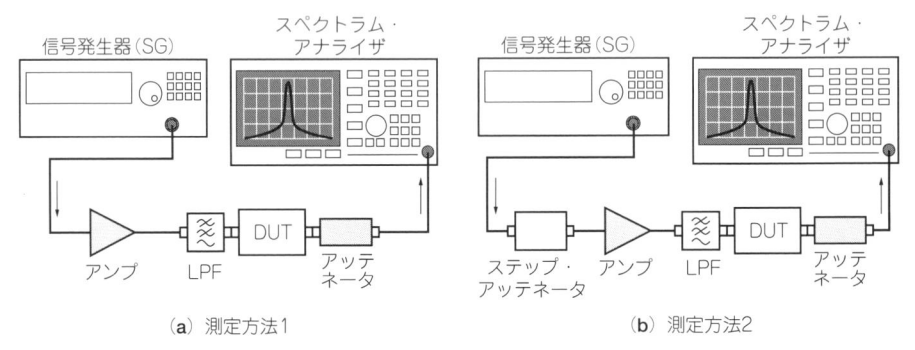

(a) 測定方法1

(b) 測定方法2

[図9-8] 非常に高いP1dBを持つ回路の測定方法…信号発生器の出力にアンプを挿入し，その後段にアッテネータを挿入

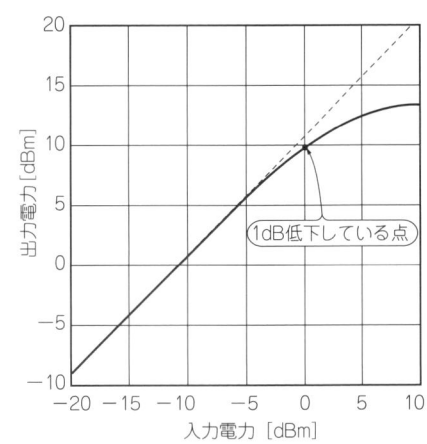

[図9-9] ミニサーキット製の広帯域アンプ ZJL-7G [20M 〜 7000MHz, ゲイン：10dB, P1dB： +8dBm (low range)，P1dB： +9dBm(high range)]の1000MHz(low range)における P1dB 特性

グラフからP1dBの値を読み取ると+10dBm. 従って1GHzでは仕様の+8dBmを十分に満足している

range)におけるP1dB特性を測定してみます．**写真9-1**に測定のようすを示します．

図9-9に入力電力-出力電力の測定結果を示します．グラフからP1dB(output)の値を読み取ると，+10dBmです．従って，1GHzでは仕様の+8dBmを十分に満足しています．

ZJL-7Gのように広帯域な回路を評価する場合には，帯域の下端付近，中央付近，

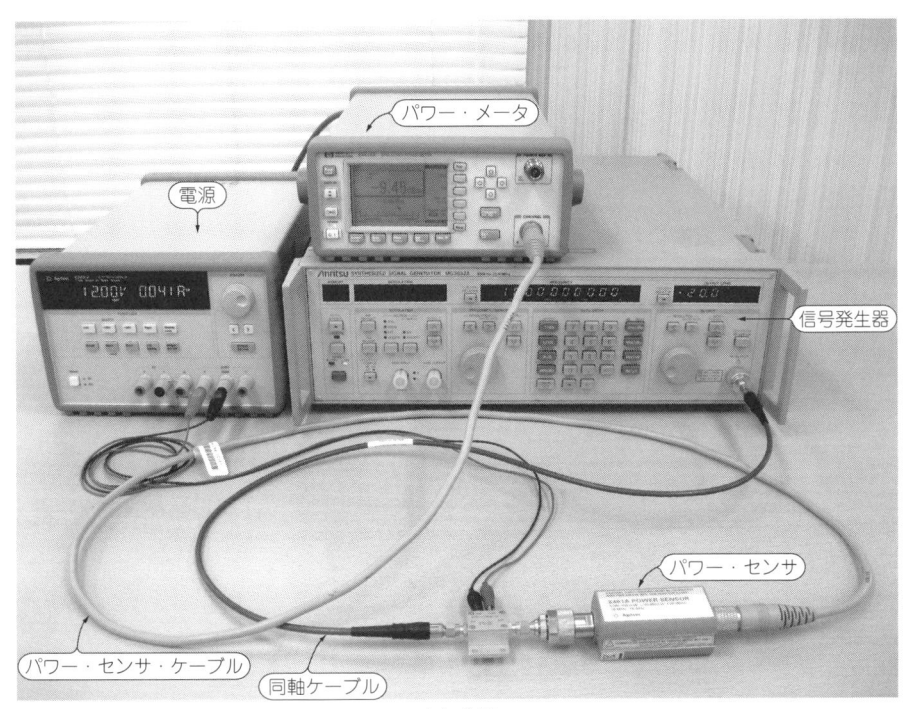

(a) 全景

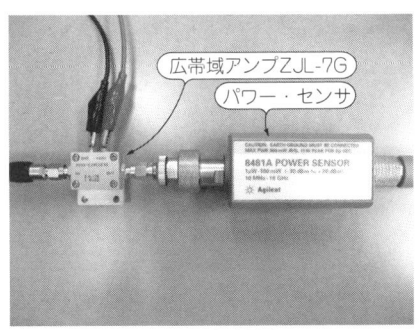

(b) 一部を拡大

[写真9-1] ミニサーキット製の広帯域アンプZJL-7Gの1000MHzにおけるP1dB特性測定のようす

9-2 基本的なP1dB測定 | 151

上端付近で測定を行う必要があります．

9-3　ミキサのP1dB測定

ミキサのP1dBの測定方法を以下に示します．

● **測定方法1…信号発生器の出力レベルの可変範囲が数十dB以上あり設定精度も高いとき**

測定に使用する信号発生器のレベル可変範囲が数十dB以上あり，かつ出力信号レベルの設定精度も高い場合の測定方法を以下に示します．

① 図9-4に示すように信号発生器，スペクトラム・アナライザ(またはパワー・メータ＋パワー・センサ)を接続する
② 信号発生器の周波数をミキサへの入力信号周波数に設定する
③ 信号発生器に表示された出力レベルと，スペクトラム・アナライザ(またはパワー・メータ＋パワー・センサ)での測定値との差を確認し，信号発生器側で出力レベルのオフセットをかける．以上はSG_1の設定．
④ 図9-10に示すように信号発生器(2台)，ミキサ，スペクトラム・アナライザを接続する
⑤ ミキサに入力するLocal信号レベル程度に，スペクトラム・アナライザのReference Levelを設定する
⑥ ミキサへのRF入力信号レベルを，予想されるP1dBでの入力信号レベルよりも20dB〜30dB低い値に設定する(SG_1，周波数：f_{RF})
⑦ 既定のレベルのLocal信号をLO端子に入力する(SG_2，周波数：f_{LO})

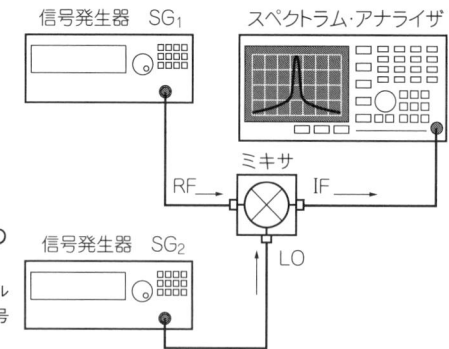

[図9-10] **ミキサのP1dB測定の構成1**
測定に使用する信号発生器(SG1)のレベル可変範囲が数十dB以上あり，かつ出力信号レベルの設定精度も高い場合の測定方法

⑧ SG_1の出力レベルを1dBステップで上げながら，IF出力の信号レベルを測定する（測定周波数：$f_{IF} = |f_{LO} - f_{RF}|$）．P1dBよりも十分低いところは2dBまたは5dBステップ程度でもよい
⑨ 出力が飽和するあたりまで測定する
⑩ 入出力特性(RF入力信号レベル-IF出力信号レベル)のグラフを作成しP1dBを求める．ミキサのP1dBはRF入力信号レベルで表す

● 測定方法2…信号発生器の出力レベルの可変範囲が狭い，もしくは設定精度が低いとき

測定に使用する信号発生器のレベル可変範囲が狭い，あるいは出力信号レベルの設定精度が低い場合の測定方法を以下に示します．
① 図9-6に示すように信号発生器，ステップ・アッテネータ，スペクトラム・アナライザ(またはパワー・メータ＋パワー・センサ)を接続する
② 信号発生器の周波数をミキサへの入力信号周波数に設定する
③ ステップ・アッテネータの減衰量をゼロに設定する
④ 信号発生器に表示された出力レベルと，スペクトラム・アナライザ(またはパワー・メータ＋パワー・センサ)での測定値との差を確認し，信号発生器側で出力レベルのオフセットをかける．以上はSG_1の設定
⑤ 図9-11に示すように信号発生器(2台)，ステップ・アッテネータ，ミキサ，スペクトラム・アナライザを接続する
⑥ ミキサに入力するLocal信号レベル程度に，スペクトラム・アナライザのReference Levelを設定する
⑦ ステップ・アッテネータの減衰量を0dBにしたときに，ミキサが飽和に達する

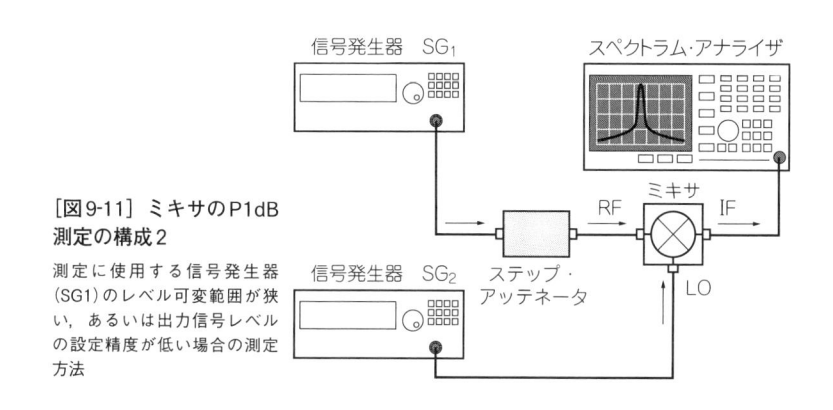

[図9-11] ミキサのP1dB測定の構成2

測定に使用する信号発生器(SG1)のレベル可変範囲が狭い，あるいは出力信号レベルの設定精度が低い場合の測定方法

ようにSG₁(周波数：f_{RF})の出力レベルを設定する．受動ミキサの場合，Local信号より数dB程度低い値に設定しておく

⑧ ミキサへの入力信号レベルが，予想されるP1dBでの入力信号レベルよりも20dB～30dB低い値になるようにステップ・アッテネータを設定する
⑨ 既定のレベルのLocal信号をLO端子に入力する(SG₂，周波数：f_{LO})
⑩ ステップ・アッテネータの減衰量を1dBステップで減らしながら，IF出力の信号レベルを測定する(周波数：$f_{IF} = |f_{LO} - f_{RF}|$)．P1dBよりも十分低いところは2dBまたは5dBステップ程度でもよい
⑪ 出力が飽和するあたりまで測定する
⑫ 入出力特性(RF入力信号レベル-IF出力信号レベル)のグラフを作成しP1dBを求める．ミキサのP1dBはRF入力信号レベルで表す

● 測定の注意点

　スペクトラム・アナライザに内蔵されているアッテネータの精度が良くない場合，測定途中でスペクトラム・アナライザのReference Levelを変えると，測定値が変わってしまうことがあるので，できるだけReference Levelは変えないでください．

はじめての高周波測定

第10章

IM，IP3の測定
～回路で発生する相互変調ひずみを正しく評価～

IM（アイ・エム）は，Inter Modulation（相互変調）の略です．一般に相互変調によって生じるひずみの評価としてよく用いられているのが，IP3（アイ・ピー・スリー）です．

IP3は3rd Order Intercept Point，3次インターセプト・ポイント，あるいは単にインターセプト・ポイントとも呼ばれます．IP3の値が高ければ高いほど，その回路がひずみにくいことを表しています．

本章では相互変調の概略を説明した後，IMとIP3の測定手順を紹介します．

図10-1にIM測定，IP3測定のフローチャートを示します．

IMの測定は，テレビ放送などの受信機および受信回路のひずみ評価でよく利用されます．10-2節に示す手順で測定したIMの値（例えば80dBc）が，大きければ大きいほどひずみにくいことを表します．

IP3の測定は，アンプ，スイッチ，ミキサの特性評価で必要になります．10-3節以降の測定手順で測定したIP3の値（例えば+30dBm）が，大きければ大きいほどひずみにくいことを表します．

10-1　相互変調ひずみ

相互変調は，回路に二つ以上の信号が同時に入力されたときに，回路の非線形特性によって起こります．非線形特性はアンプなどの能動回路だけでなく，受動回路にもあります．相互変調によって生じるさまざまな周波数成分のことを，相互変調ひずみ（IMD，Inter Modulation Distortion）と呼びます．

図10-2に示すように二つの信号（f_1, f_2）を合成したものを回路に入力すると，その出力からはf_1, f_2以外のさまざまな周波数成分も出てきます．f_1, f_2以外の周波数成分が相互変調ひずみで，その周波数は$af_1 + bf_2$（aとbは整数）で表されます．**写真10-1**にアンプにおける相互変調ひずみの例を示します．

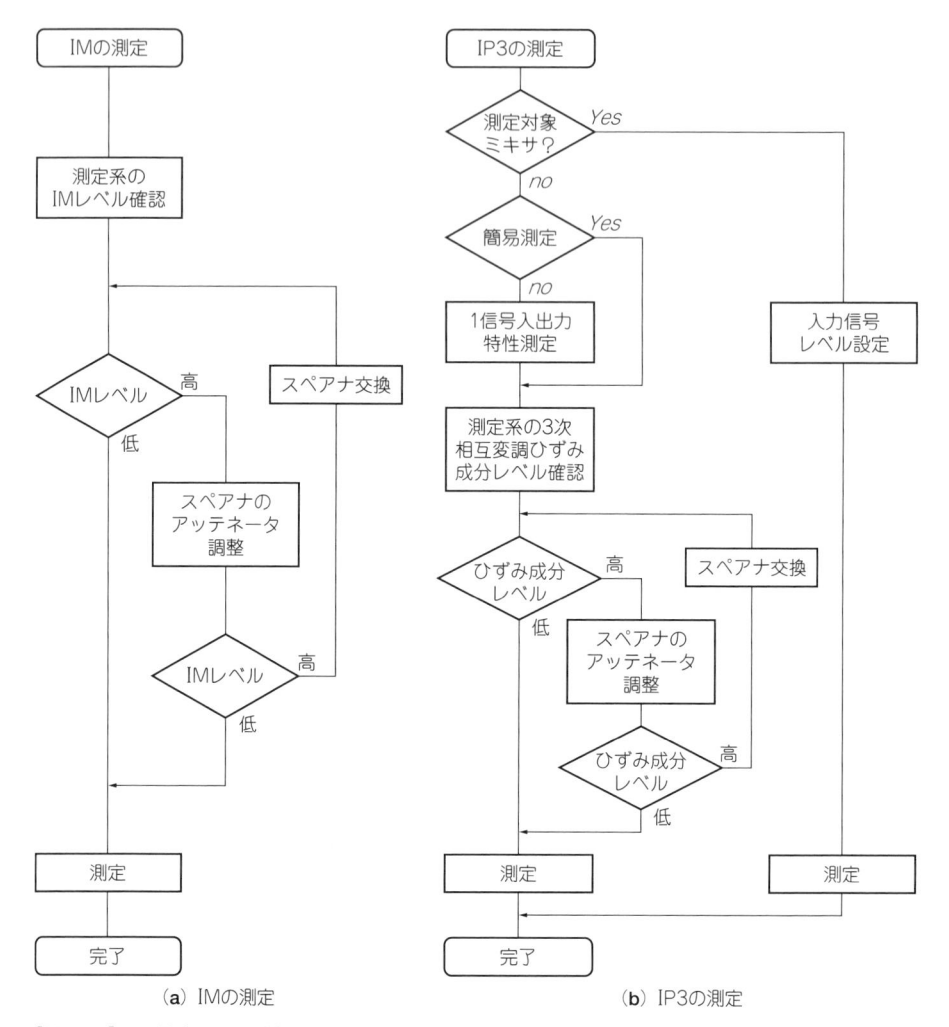

[図10-1] IM測定，IP3測定のフローチャート

　各相互変調ひずみ成分は，n次相互変調ひずみという呼び方をします．nの値は，f_1とf_2の係数(a, b)の絶対値を足し合わせたもので，次式で表されます．
　　$n = |a| + |b|$
　例えば，$2f_1 - f_2$の相互変調ひずみ成分の場合，
　　$n = |+2| + |-1| = 3$
係数の絶対値の和が3になるので，3次相互変調ひずみ成分と呼ばれます．同じよ

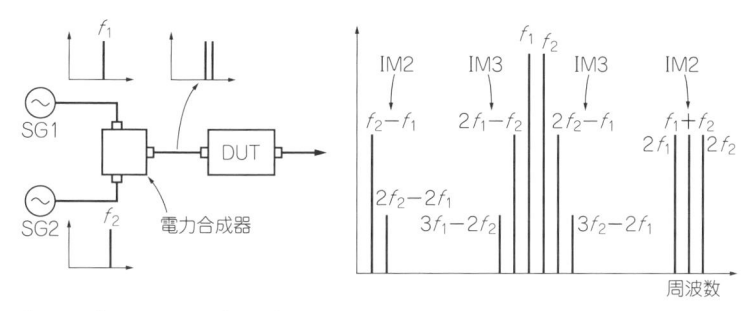

[図10-2] 二つの信号(f_1, f_2)を合成したものを回路に入力すると，その出力からはf_1, f_2以外のさまざまな周波数成分が出てくる

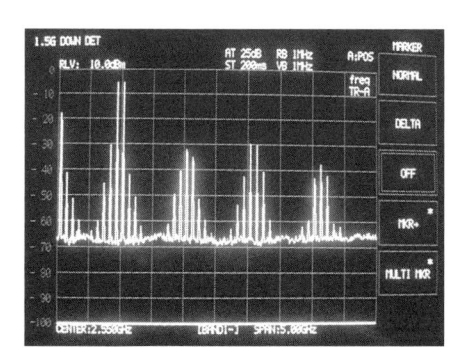

[写真10-1] アンプにおける相互変調ひずみの例

うに周波数は異なりますが，$2f_2 - f_1$も，

$$n = |-1| + |+2| = 3$$

になるので，3次相互変調ひずみ成分と呼ばれます．

10-2　IMの測定

相互変調ひずみそのものの大きさの評価として，IM2(2nd Order Inter Modulation，2次相互変調ひずみ)，IM3(3rd Order Inter Modulation，3次相互変調ひずみ)の測定が行われます．IM2は，**図10-2**の$f_2 - f_1$，$f_1 + f_2$を測定します．またIM3は，**図10-2**の$2f_1 - f_2$，$2f_2 - f_1$を測定します．以下に測定手順を示します．

● 測定系の確認
① **図10-3**に示すように，測定に使用する信号発生器，LPFまたはBPF，アイソレータ，電力合成器，スペクトラム・アナライザを接続する

② 2台の信号発生器の出力周波数をIM測定の入力周波数であるf_1とf_2にそれぞれ設定する
③ スペクトラム・アナライザで観測したf_1とf_2のレベルが，被測定回路(DUT)に入力する信号レベルになるように，2台の信号発生器の出力レベルを設定する
④ 入力信号f_1とf_2のスペクトル表示が，スペクトラム・アナライザ画面の上から1目盛り以内に入るようにReference Levelを設定する(**写真10-2**)
⑤ IM2，IM3の周波数成分が観測されない，あるいはそのレベルが非常に低いことを確認する(**写真10-3**)
⑥ ⑤でIM2，IM3の成分が観測された場合，スペクトラム・アナライザ内部の相

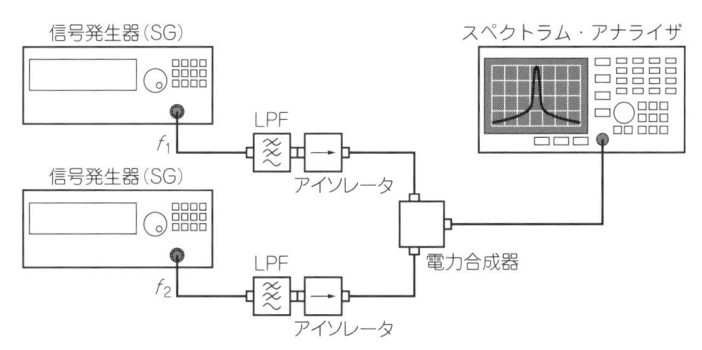

[図10-3] IMの測定系
信号発生器，LPFまたはBPF，アイソレータ，電力合成器，スペクトラム・アナライザを接続する

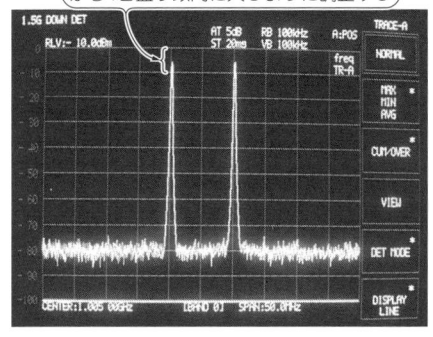

[写真10-2] IMの測定…画面の上から1目盛り以内に入るようにReference Levelを設定

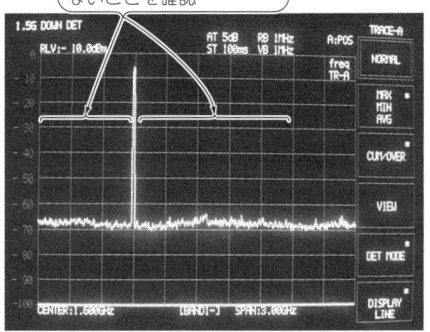

[写真10-3] IM2，IM3の周波数成分が観測されない，あるいはそのレベルが非常に低いことを確認する

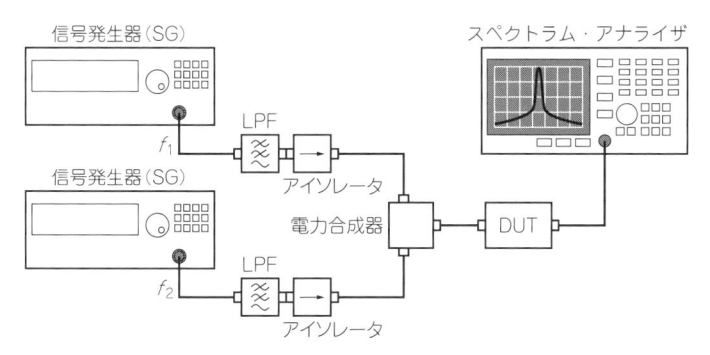

[図10-4] 図10-3に対してDUTを挿入

互変調ひずみによるものなので，スペクトラム・アナライザの入力アッテネータを大きくし，IM2，IM3の成分のレベルを下げる

なお，LPF，BPFは，信号発生器の出力に含まれる高調波成分を除去するためのものです．アイソレータは，2台の信号発生器の出力がお互いに影響を及ぼさないようにするためのものです．

● 測定手順

① 図10-4に示すように，電力合成器とスペクトラム・アナライザの間に被測定回路(DUT)を挿入する
② スペクトラム・アナライザの中心周波数をf_1またはf_2に合わせ，スペクトル表示が，スペクトラム・アナライザ画面の上から1目盛り以内に入るようにReference Levelを設定する(**写真10-2**)
③ f_1またはf_2のレベルP_1[dBm]を測定する
④ 中心周波数を変えながらIM2，IM3の周波数成分のレベルを測定する．例…$2f_1 - f_2 : P_2$[dBm]
⑤ IM成分のレベルを，キャリア(基本波)とのレベル差(キャリアのレベルに対して何dB低いか)で表す場合には次のように計算する．
例…$2f_1 - f_2 : P_1 - P_2$[dBc]．dBcはキャリアに対するレベル差を表す単位

10-3　IP3の基本測定方法

IP3は，**図10-5**に示すように，1信号の入出力特性(入力信号電力-出力信号電力)のグラフ上に，2信号を入力したときの3次相互変調ひずみ成分($2f_1 - f_2$または$2f_2$

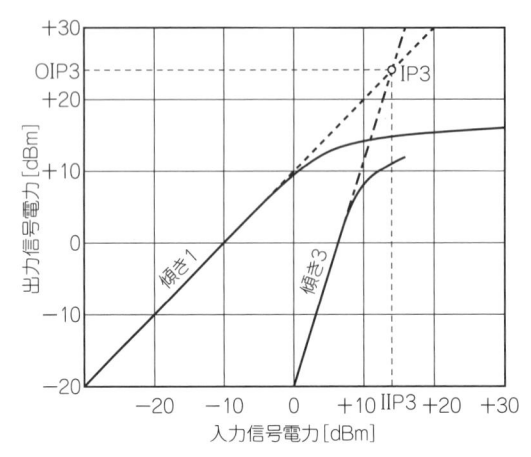

[図10-5] IP3は1信号の入出力特性（入力信号電力-出力信号電力）のグラフ上に，2信号を入力したときの3次相互ひずみ成分（$2f_1 - f_2$または$2f_2 - f_1$）の出力をプロットして求める

$-f_1$）の出力をプロットして求めます．

　1信号の入出力特性は，入力信号レベルが低い領域では傾き1の直線になります．一方，3次相互変調ひずみ成分の特性は，入力信号レベルが低い領域では傾き3の直線になります．この傾き1と傾き3の2直線の延長線上の交点がIP3になります．IP3は入力信号レベルで表される場合と，出力信号レベルで表される場合があります．入力信号レベルで表したものは，一般にIIP3（Input IP3）と呼ばれています．また，出力信号レベルで表したものはOIP3（Output IP3）と呼ばれています．

　アンプやスイッチなどミキサ以外の回路におけるIP3の基本測定方法を以下に示します．

● 測定系の準備・確認
① 第9章のP1dBの測定を参考に，DUTの1信号（f_1またはf_2）の入出力特性を測定しておく
② 図10-3に示すように，測定に使用する信号発生器，LPFまたはBPF，アイソレータ，電力合成器，スペクトラム・アナライザを接続する
③ 2台の信号発生器の出力周波数を，IP3測定の入力周波数のf_1とf_2にそれぞれ設定する
④ スペクトラム・アナライザで観測したf_1とf_2のレベルが，①で測定した入出力

特性のP1dBでの入力信号レベルよりも30～40dB程度低くなるように，2台の信号発生器の出力レベルを設定する(同じレベルに設定)
⑤ 入力信号f_1とf_2のスペクトル表示が，スペクトラム・アナライザ画面で上から1目盛り以内に入るようにReference Levelを設定する(**写真10-2**)
⑥ 3次相互変調ひずみ成分が観測されない，あるいはそのレベルが非常に低いことを確認する
⑦ ⑥で3次相互変調成分ひずみ成分が観測された場合，スペクトラム・アナライザ内部の相互変調ひずみによるものなので，スペクトラム・アナライザの入力アッテネータを大きくし，3次相互変調ひずみ成分のレベルを下げる

なお，LPF，BPFは，信号発生器の出力に含まれる高調波成分を除去するためのものです．アイソレータは，2台の信号発生器の出力がお互いに影響を及ぼさないようにするためのものです．

● 測定方法1…信号発生器の可変範囲「大」，レベル設定精度「高」の場合
　測定に使用する信号発生器のレベル可変範囲が数十dB以上あり，かつ出力信号レベルの設定精度も高い場合の測定方法を以下に示します．
① 図10-4に示すように，電力合成器とスペクトラム・アナライザの間にDUTを挿入する
② スペクトラム・アナライザの中心周波数をf_1とf_2の中間に合わせる
③ スペクトラム・アナライザのSPANをf_2-f_1の5倍程度に設定する
④ f_1とf_2のDUTへの入力レベルが，P1dBの入力信号レベルよりも30～40dB低くなるように信号発生器の出力レベルを設定する(同じレベルに設定)
⑤ f_1とf_2のスペクトル表示が，スペクトラム・アナライザ画面の上から1目盛り以内に入るようにReference Levelを設定する(**写真10-2**)
⑥ 2台の信号発生器の出力レベルを5dBステップ程度で同時に上げながら，3次相互変調ひずみ成分のレベルを測定する．Reference Levelを上げる場合には，それに合わせてスペクトラム・アナライザの入力アッテネータも増やすこと．また，3次相互変調ひずみ成分のレベルが低い場合には，RBW，VBWを狭くする
⑦ 1信号の入出力特性のグラフ上に3次相互変調ひずみ成分の測定値をプロットする
⑧ 1信号の入出力特性に合わせて傾き1の直線を引き，3次相互変調ひずみ成分の特性に合わせて傾き3の直線を引き，2本の直線の交点を作図で求める(**図

10-5）
⑨ グラフからIP3（IIP3またはOIP3）を読み取る

● 測定方法2…信号発生器の可変範囲「小」，レベル設定精度「低」の場合
　測定に使用する信号発生器のレベル可変範囲が狭い，あるいは出力信号レベルの設定精度が低い場合の測定方法を以下に示します．
① 図10-6に示すように信号発生器の出力にステップ・アッテネータを配置し，電力合成器とスペクトラム・アナライザの間にDUTを挿入する
② スペクトラム・アナライザの中心周波数をf_1とf_2の中間に合わせる
③ スペクトラム・アナライザのSPANを$f_2 - f_1$の5倍程度に設定する
④ ステップ・アッテネータの減衰量を30〜40dBに設定する
⑤ ステップ・アッテネータの減衰量を0dBにしたときに，f_1とf_2のDUTへの入力信号レベルが，P1dBの入力信号レベル前後になるように信号発生器の出力レベルを設定する（同じレベルに設定）
⑥ f_1とf_2のスペクトル表示が，スペクトラム・アナライザ画面の上から1目盛り以内に入るようにReference Levelを設定する（**写真10-2**）
⑦ ステップ・アッテネータの減衰量を5dBステップ程度で減らしながら，3次相互変調ひずみ成分のレベルを測定する．Reference Levelを上げる場合には，それに合わせてスペクトラム・アナライザの入力アッテネータも増やすこと．な

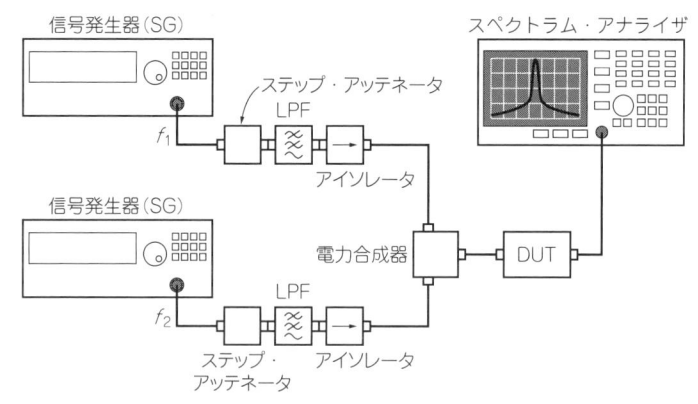

[図10-6] 測定に使用する信号発生器のレベル可変範囲が狭い，あるいは出力信号レベルの設定精度が低い場合の測定系
信号発生器の出力にステップ・アッテネータを配置し，電力合成器とスペクトラム・アナライザの間にDUTを挿入する

お，3次相互変調ひずみ成分のレベルが低い場合には，RBW，VBWを狭くする
⑧ 1信号の入出力特性のグラフ上に3次相互変調ひずみ成分の測定値をプロットする
⑨ 1信号の入出力特性に合わせて傾き1の直線を引き，3次相互変調ひずみ成分の特性に合わせて傾き3の直線を引き，2本の直線の交点を作図で求める（図10-5）
⑩ グラフからIP3（IIP3 またはOIP3）を読み取る

● 非常に高いIP3を持つ回路の測定

スイッチなど，非常に高いIP3を持つ回路の測定を行う場合は，信号発生器の出力では信号レベルが足りないので，信号発生器の出力にアンプを追加して，測定に

(a) 図10-4にアンプとアッテネータを追加

(b) 図10-6にアンプとアッテネータを追加

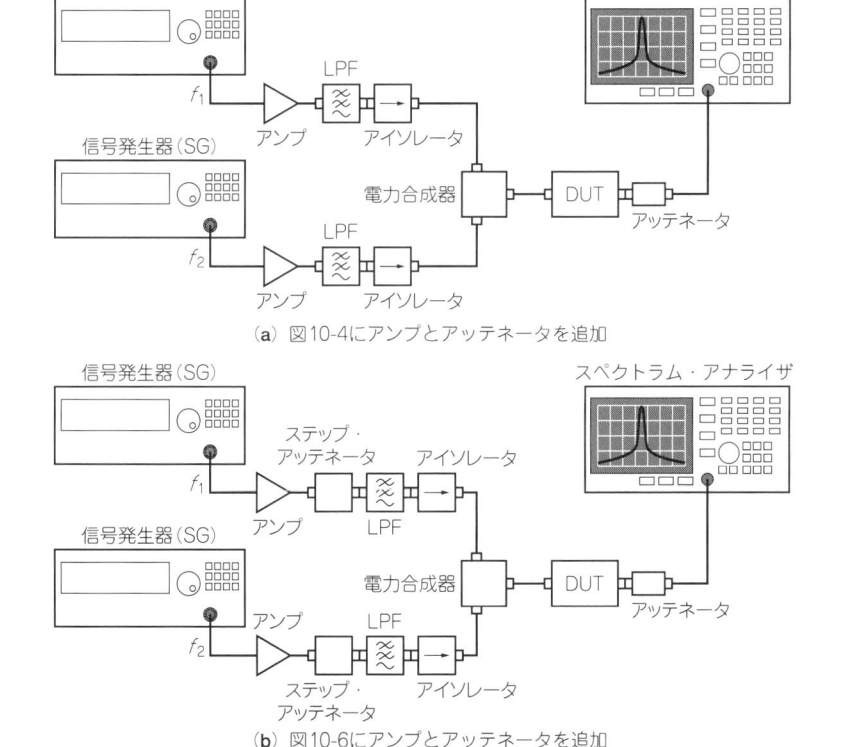

[図10-7] 非常に高いIP3を持つ回路の測定系

必要な信号レベルを得ます．

前述の**図10-4**，**図10-6**それぞれの対応測定系を，**図10-7**に示します．また，出力信号レベルが大きくなり，スペクトラム・アナライザの入力許容レベルを超えてしまう場合には，図に示すようにアッテネータを挿入します．

● 実測例

ミニサーキット製の広帯域アンプ ZJL-7G（20M 〜 7000MHz，ゲイン：10dB，OIP3：+ 24 dBm）の，1000MHz付近におけるIP3特性を測定してみます（1000MHzと1001MHzの2信号を入力）．**写真10-4**に測定のようすを示します．この測定ではフィルタとアイソレータを使っていません．

図10-8に測定結果を示します．グラフからIIP3とOIP3の値を読み取ると，+ 11.4dBm，+ 22.5dBmと求まります．なお，ZJL-7Gのように広帯域な回路を評価する場合には，帯域の下端付近，中央付近，上端付近で測定を行う必要があります．

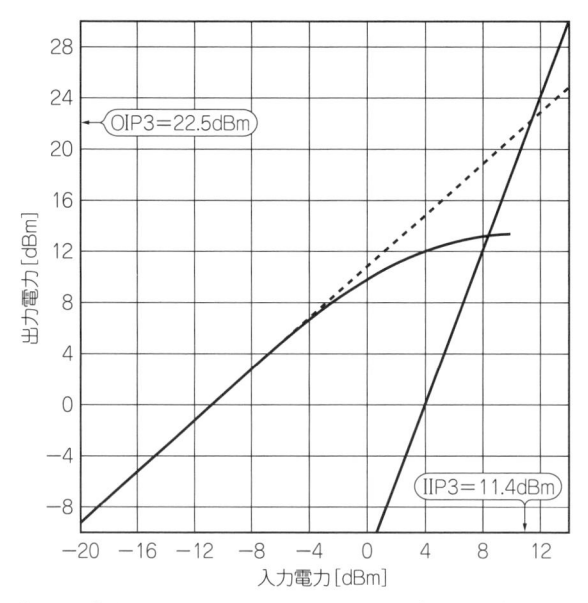

[図10-8] ミニサーキット製の広帯域アンプZJL-7G（20M 〜 7000MHz，ゲイン：10dB，IP3：+ 24 dBm）の1000MHz付近におけるIP3特性

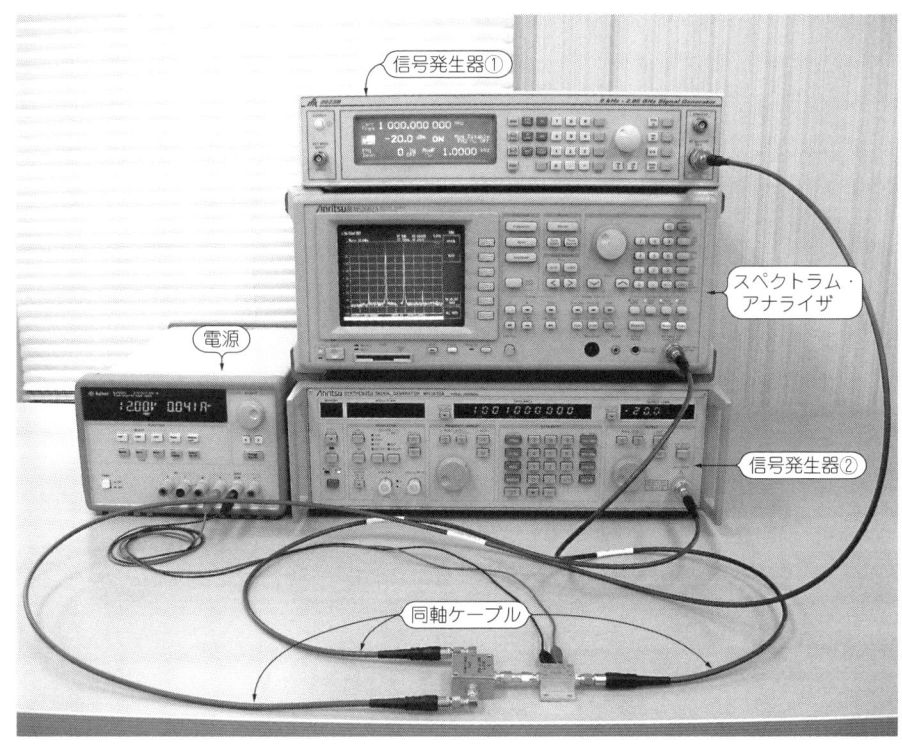

(a) 全景

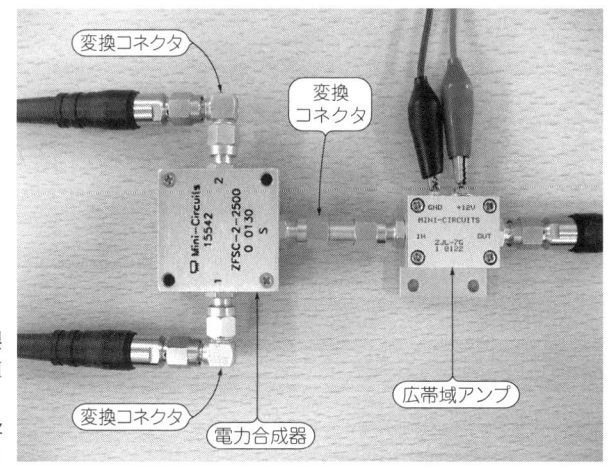

ラベル：
- 信号発生器①
- スペクトラム・アナライザ
- 電源
- 信号発生器②
- 同軸ケーブル

(b) 一部を拡大

ラベル：
- 変換コネクタ
- 変換コネクタ
- 変換コネクタ
- 広帯域アンプ
- 電力合成器

[写真10-4] ミニサーキット製の広帯域アンプ ZJL-7G（20M〜7000MHz，ゲイン：10dB，IP3：+24 dBm）の1000MHz付近におけるIP3特性を測定しているようす

10-3 IP3の基本測定方法

10-4　IP3の簡易測定方法

10-3節の測定方法の場合，3次相互変調ひずみ成分の測定を行う前に，1信号の入出力特性を測定する必要があるので，測定に非常に時間がかかってしまいます．そこで通常はもっと短時間で測定できる，簡易的な方法が使われています．その測定方法を以下に示します．

● 測定系の準備・確認
① 図10-9に示すように，測定に使用する信号発生器，アッテネータ，LPFまたはBPF，アイソレータ，電力合成器，スペクトラム・アナライザを接続する．信号発生器の出力レベル可変範囲が広い場合にはアッテネータは不要
② 2台の信号発生器の出力周波数を，IP3測定の入力周波数のf_1とf_2にそれぞれ設定する
③ DUTのP1dB（予想値でもOK）よりも20〜40dB程度低くなるように，2台の信号発生器の出力レベルを設定する（同じレベルに設定）
④ 入力信号f_1とf_2のスペクトル表示が，スペクトラム・アナライザ画面で上から1目盛り以内に入るようにReference Levelを設定する（**写真10-2**）
⑤ 3次相互変調ひずみ成分が観測されない，あるいはそのレベルが非常に低いことを確認する
⑥ ⑤で3次相互変調成分ひずみ成分が観測された場合，スペクトラム・アナライザ内部の相互変調ひずみによるものなので，スペクトラム・アナライザの入力

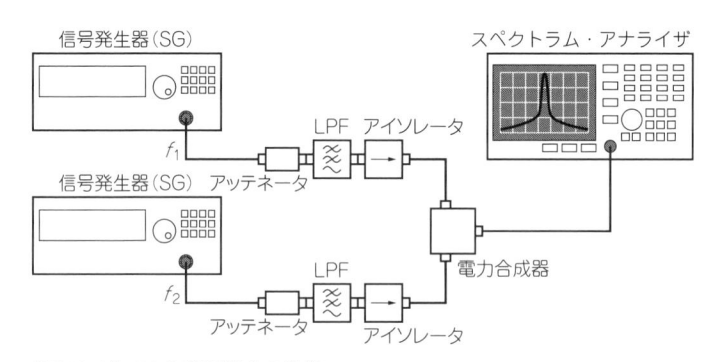

[図10-9] IP3の簡易測定の準備
信号発生器の出力レベル可変範囲が広い場合にはアッテネータは不要

アッテネータを大きくし，3次相互変調ひずみ成分のレベルを下げる
⑦ f_1またはf_2のレベル：P_{in}[dBm]を測定する

なお，LPF，BPFは，信号発生器の出力に含まれる高調波成分を除去するためのものです．アイソレータは2台の信号発生器の出力がお互いに影響を及ぼさないようにするためのものです．

● 測定方法
① 図10-10に示すように電力合成器とスペクトラム・アナライザの間にDUTを挿入する
② スペクトラム・アナライザの中心周波数をf_1とf_2の中間に合わせる
③ スペクトラム・アナライザのSPANを$f_2 - f_1$の5倍程度に設定する
④ f_1とf_2のスペクトル表示が，スペクトラム・アナライザ画面の上から1目盛り以内に入るようにReference Levelを設定する（**写真10-2**）
⑤ f_1またはf_2のレベル：P_{out}[dBm]，$2f_1 - f_2$のレベル：P_1[dBm]，$2f_2 - f_1$のレベル：P_2[dBm]を測定する．3次相互変調ひずみ成分のレベルが低い場合にはRBW，VBWを狭くする
⑥ $P_{out} - P_1$，$P_{out} - P_2$を計算し，値の小さい方をΔとする
⑦ 次式でIIP3またはOIP3を求める

$$IIP3 = P_{in} + \frac{\Delta}{2} \quad \cdots\cdots\cdots\cdots\cdots\cdots\cdots\cdots\cdots\cdots\cdots\cdots\cdots\cdots (10\text{-}1)$$

$$OIP3 = P_{out} + \frac{\Delta}{2} \quad \cdots\cdots\cdots\cdots\cdots\cdots\cdots\cdots\cdots\cdots\cdots\cdots\cdots (10\text{-}2)$$

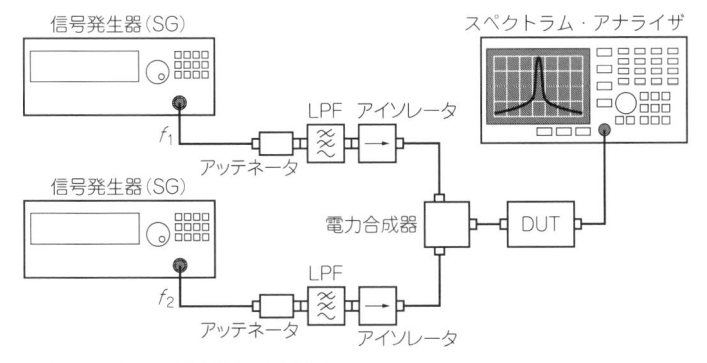

[図10-10] IP3簡易測定の測定系

1信号の入出力特性の傾き1の直線と，3次相互変調ひずみ成分の傾き3の直線の方程式を立て，その交点を求めると式(10-1)，式(10-2)が求められます．
　スイッチなど非常に高いIP3を持つ回路の測定を行う場合は，10-3節の**図10-7**のようにアンプを挿入します．

● 実測例

　10-3節で使用したミニサーキット製の広帯域アンプ ZJL-7G(20M 〜 7000MHz，ゲイン：10dB，OIP3：＋24 dBm)の，1000MHz付近におけるIP3特性を簡易的な方法で測定してみます(10-3節と同じように1000MHzと1001MHzの2信号を入力)．測定系は**写真10-4**に示したものです．この測定ではフィルタとアイソレータを使っていません．
　－20dBmの信号を入力したとき，P_{out} ＝ －8.66[dBm]，Δ ＝ 63.26dBでしたので，式(10-1)，式(10-2)を使ってIIP3またはOIP3を求めると，

$$IIP3 = P_{in} + \frac{\Delta}{2} = -20 + \frac{63.26}{2} = +11.63 [\text{dBm}]$$

$$OIP3 = P_{out} + \frac{\Delta}{2} = -8.66 + \frac{63.26}{2} = +22.97 [\text{dBm}]$$

になります．10-3節で測定した値と近い値になっています．なお，ZJL-7Gのように広帯域な回路を評価する場合には，帯域の下端付近，中央付近，上端付近で測定を行う必要があります．

10-5　ミキサのIP3測定

　ミキサの場合，周波数変換出力で相互変調ひずみ成分を測定します．ミキサのIP3測定方法を以下に示します．

● 測定方法
① **図10-9**に示すように，測定に使用する信号発生器，アッテネータ，LPFまたはBPF，アイソレータ，電力合成器，スペクトラム・アナライザを接続する．信号発生器の出力レベル可変範囲が広い場合にはアッテネータは不要
② 2台の信号発生器の出力周波数を，IP3測定の入力周波数のf_1とf_2にそれぞれ設定する
③ ミキサのP1dB(予想値でもOK)よりも20 〜 40dB程度低くなるようにSG1，

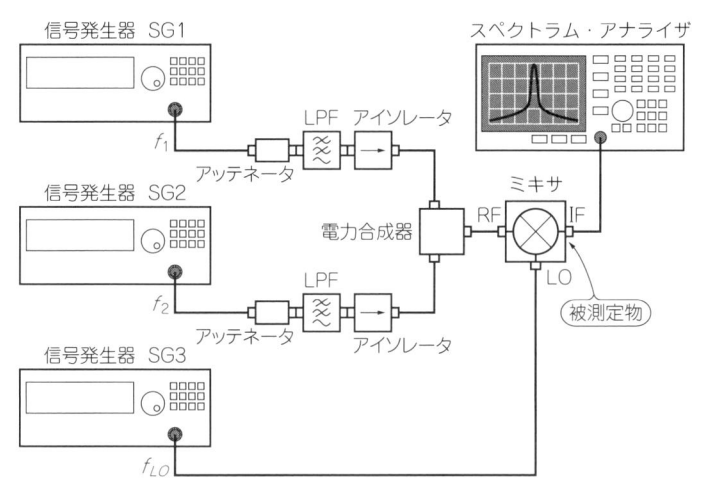

[図10-11] ミキサのIP3の測定系

　SG2の出力レベルを設定する（同じレベルに設定）
④ f_1またはf_2のレベル：P_{RF}[dBm]を測定する
⑤ **図10-11**に示すように，電力合成器とスペクトラム・アナライザの間にDUT（ミキサ）を挿入し，SG3から既定のレベルのLocal信号（周波数：f_{LO}）をミキサに入力する
⑥ f_1-f_{LO}，f_2-f_{LO}，f_1，f_2，f_{LO}のスペクトルが観測できるようにSPANを変更し，最もレベルの高い信号がスペクトラム・アナライザ画面の上から1目盛り以内に入るようにReference Levelを設定する（**写真10-5**，写真左側のレベルの高い二つの信号：f_1-f_{LO}とf_2-f_{LO}，写真右側のレベルの高い信号：f_{LO}，f_{LO}の右側の二つの信号：f_1とf_2）
⑦ スペクトラム・アナライザの中心周波数を，f_1とf_2の周波数変換出力（f_1-f_{LO}，f_2-f_{LO}）の中間に合わせる
⑧ スペクトラム・アナライザのSPANをf_2-f_1の5倍程度に設定する
⑨ f_1またはf_2のレベル：P_{IF}[dBm]，$2f_1-f_2$の周波数変換出力（$2f_1-f_2-f_{LO}$）のレベル：P_1[dBm]，$2f_2-f_1$の周波数変換出力（$2f_2-f_1-f_{LO}$）のレベル：P_2[dBm]を測定する（**図10-12**）．3次相互変調ひずみ成分のレベルが低い場合にはRBW，VBWを狭くする
⑩ $P_{IF}-P_1$，$P_{IF}-P_2$を計算し，値の小さい方をΔとする
⑪ 次式でIIP3を求める

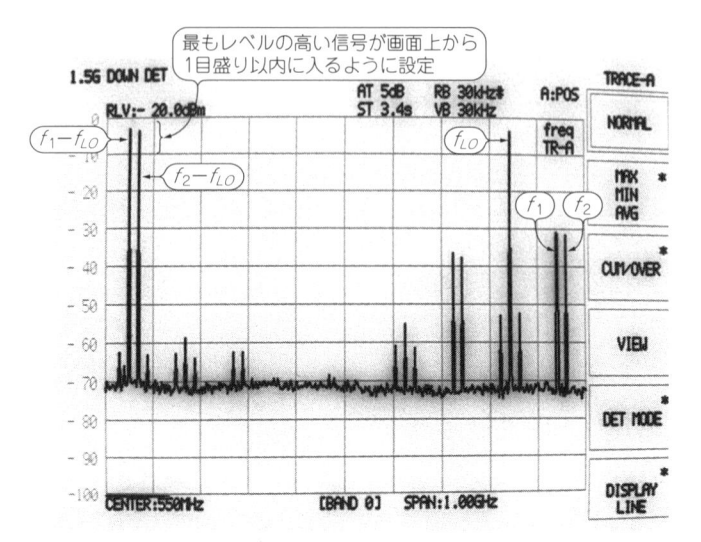

[写真10-5] ミキサのIP3測定…f_1-f_{LO}, f_2-f_{LO}, f_1, f_2, f_{LO}のスペクトル

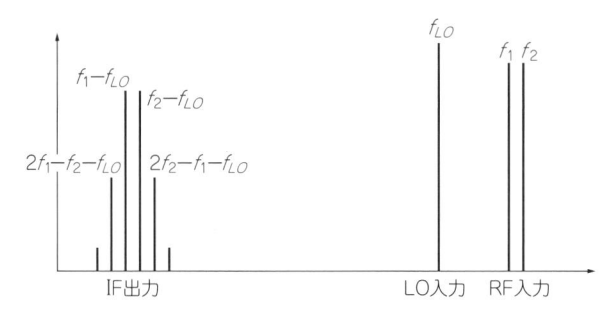

[図10-12] ミキサのIP3を求める…f_1またはf_2のレベル，$2f_1-f_2$の周波数変換出力のレベル，$2f_2-f_1$の周波数変換出力のレベルを測定

$$IIP3 = P_{RF} + \frac{\Delta}{2} \quad \cdots\cdots\cdots\cdots\cdots\cdots\cdots\cdots\cdots\cdots\cdots\cdots\cdots\cdots (10\text{-}3)$$

なお，LPF，BPFは信号発生器の出力に含まれる高調波成分を除去するためのものです．アイソレータは2台の信号発生器の出力がお互いに影響を及ぼさないようにするためのものです．ミキサの場合，Local信号レベルによって特性が変わるので，Local信号レベルの設定には注意してください．

第11章

NFの測定
~回路で発生する雑音を雑音指数で正しく評価~

NF(エヌ・エフ)はNoise Figure(雑音指数)の略です.NFは微弱な信号を取り扱う受信回路において重要な特性です.雑音指数の値が低ければ低いほど,ノイズの発生の少ない回路であることを表し,より微弱な信号まで取り扱うことができます.

本章ではNFの概略を説明した後,その測定手順を紹介します.

図11-1にNF測定のフローチャートを示します.

NFの測定は次のような場面で必要になります.

- LNA(Low Noise Amplifier,低雑音増幅器)の特性評価(バイポーラ・トランジスタを使ったLNAの場合:1dB~2dB程度,HEMTを使ったLNAの場合:0.3dB~1dB程度)
- 受信回路の特性評価(LNA,フィルタ,ミキサなどを含んだ受信回路全体の評価)

11-1　NFの基礎

図11-2に示す回路において,回路の入力でのSN比を,回路の出力でのSN比で割ったものが,この回路の雑音指数になります.

$$F = \frac{S_i/N_i}{S_o/N_o} \quad \cdots \quad (11\text{-}1)$$

ただし,S_i:入力信号電力[W],N_i:入力雑音電力[W],
　　　　S_o:出力信号電力[W],N_o:出力雑音電力[W]

つまり回路を通過したときのSN比の悪化量を表したものが雑音指数です.また,雑音指数をdB単位で表したものがNFになります.

$$NF = 10\log_{10}F \quad \cdots \quad (11\text{-}2)$$

また,回路の入出力のSN比がdB単位で表されていれば,NFは次式で表されます.

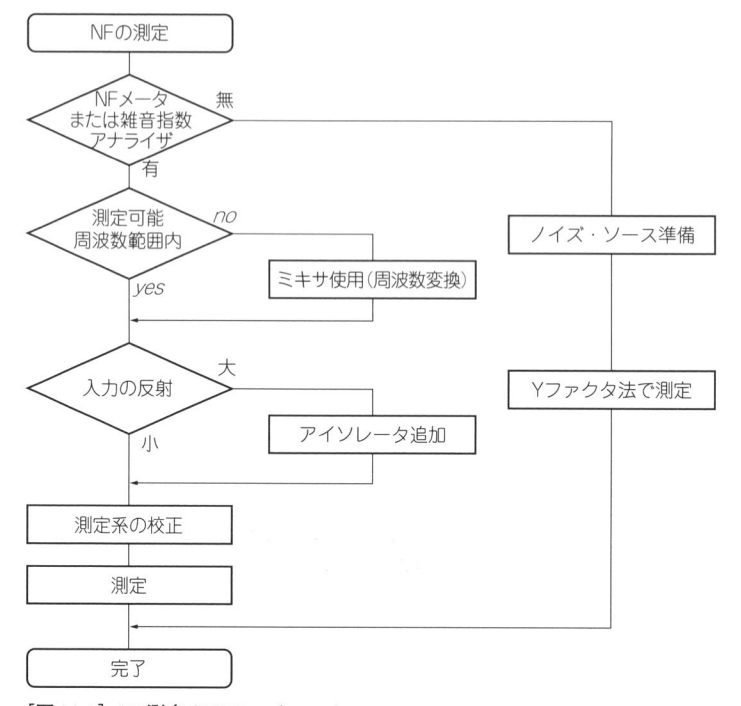

[図11-1] NF測定のフローチャート

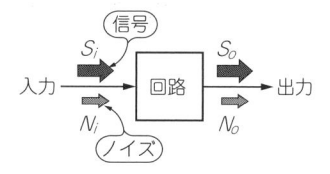

[図11-2] 回路入力におけるSN比を回路出力におけるSN比で割ったものが，この回路の雑音指数になる

$$NF = SN_i - SN_o \quad \cdots\cdots\cdots\cdots\cdots\cdots\cdots\cdots\cdots\cdots\cdots\cdots\cdots\cdots\cdots\cdots\cdots\cdots\cdots\cdots (11\text{-}3)$$

ただしSN_i：入力信号SN比[dB]，SN_o：出力信号SN比[dB]
従ってノイズの発生が全くない回路では，$F = 1$，$NF = 0$dBになります．

ある回路のゲインをG，その回路で発生するノイズをN_aとすると，出力信号電力は入力信号電力がG倍されたもの，そして出力雑音電力は入力雑音電力がG倍され，さらにN_aが加わったものになります．従って式(11-1)は，

$$F = \frac{S_i/N_i}{GS_i/(N_a+GN_i)} = \frac{N_a+GN_i}{GN_i} = \frac{N_a}{GN_i} + 1 \quad \cdots\cdots (11\text{-}4)$$

になります．回路内部で発生したノイズの影響分だけ，雑音指数の値が増加（悪化）していることが分かります．入力雑音電力は，次式で定義されます．

$$N_i = kTB \quad \cdots\cdots (11\text{-}5)$$

ただし，k：ボルツマン定数$[1.38 \times 10^{-23} \text{J/K}]$，$T$：絶対温度[K，ケルビン]，$B$：帯域幅[Hz]

雑音指数の測定では，$T = 290\text{K}$が標準温度T_0として決められています．T_0における帯域幅1Hz当たりの雑音電力を計算してみると，4.002×10^{-21}W（-173.98dBm/Hz）になります．

式(11-4)に式(11-5)とT_0を代入すると，

$$F = \frac{N_a + kT_0BG}{kT_0BG} \quad \cdots\cdots (11\text{-}6)$$

になります．

● **縦続接続された回路の雑音指数**

受信回路は，アンプ，フィルタ，ミキサなど複数の回路がつなぎ合わされて構成されています．**図11-3**に示すように，N個の回路ブロックが縦続接続されたシステムの全体の雑音指数は以下の手順で求めます．

① dB表示されたゲイン，NFの値を真数表示に変換する

$$g_i = 10^{G_i/10} \quad \cdots\cdots (11\text{-}7)$$
$$f_i = 10^{NF_i/10} \quad \cdots\cdots (11\text{-}8)$$

② ①で求めた数値を次式に代入して雑音指数F_{total}を求める

$$F_{total} = f_1 + \frac{f_2-1}{g_1} + \frac{f_3-1}{g_1 \cdot g_2} + \cdots + \frac{f_n-1}{g_1 \cdot g_2 \cdot g_3 \cdots g_{n-1}} \quad \cdots\cdots (11\text{-}9)$$

③ 真数表示の雑音指数をdB表示のNFに変換する

$$NF_{total} = 10\log_{10}F_{total} \,[\text{dB}] \quad \cdots\cdots (11\text{-}10)$$

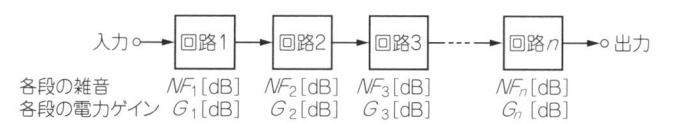

入力 → 回路1 → 回路2 → 回路3 ---- 回路n → 出力

各段の雑音　　NF_1[dB]　NF_2[dB]　NF_3[dB]　　NF_n[dB]
各段の電力ゲイン　G_1[dB]　G_2[dB]　G_3[dB]　　G_n[dB]

[図11-3] n個の回路ブロックが縦続接続されたシステム

11-2　雑音指数アナライザやNFメータによる測定

　雑音指数，NFを測定するための専用測定器として，雑音指数アナライザやNFメータと呼ばれるものがあります．**写真11-1**に雑音指数アナライザ N8973Aの外観を示します．また**写真11-2**にNFメータ 8970Aの外観を示します．

　雑音指数アナライザやNFメータを使用すれば，雑音指数を簡単に測定できます．雑音指数アナライザは，従来のNFメータよりも性能が向上し(確度，測定速度)，使いやすくなっています．NFメータは数値での結果表示ですが，雑音指数アナライザの場合には周波数特性が表示されます．

　どちらの測定器を使う場合にも，広帯域のノイズを発生させるノイズ・ソースと呼ばれるものが必要になります(**写真11-3**)．雑音指数アナライザ，NFメータに共通する測定手順を以下に示します．

● 測定手順
① **図11-4**に示すように，雑音指数アナライザ(またはNFメータ)のNoise Source

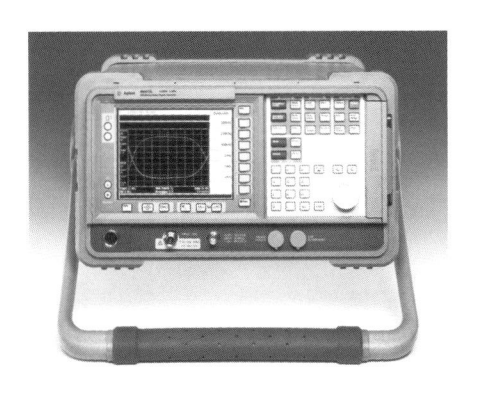

[写真11-1] 雑音指数アナライザ N8973A(アジレント・テクノロジー)の外観

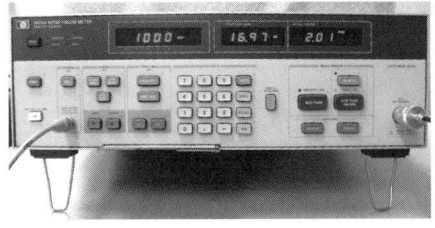

[写真11-2] NFメータ 8970A(ヒューレット・パッカード，現アジレント・テクノロジー)の外観

[写真11-3] ノイズ・ソース N4001Aの外観

Drive Outputに，ノイズ・ソース(Noise Source)を接続する
② ノイズ・ソースのENRの値(**写真11-4**)を測定器に入力する．なお，雑音指数アナライザ用のノイズ・ソースの場合，アナライザに接続すると，アナライザにENR校正データが自動的にダウンロードされるため設定不要となる
③ 測定周波数範囲，周波数Stepを設定する
④ 測定場所の気温を設定する
⑤ Averaging回数を設定する(8～16回程度)
⑥ **図11-5**に示すように，ノイズ・ソースの出力を雑音指数アナライザ(またはNFメータ)のInput端子に接続する
⑦ 校正(Calibration)を実行する
⑧ **図11-6**に示すようにノイズ・ソースと雑音指数アナライザ(またはNFメータ)との間に，被測定回路(DUT)を挿入する
⑨ ノイズ・ソースとDUTとの接続に変換コネクタやケーブルを使用した場合に

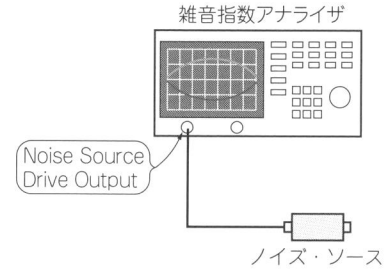

[図11-4] 雑音指数アナライザによるNFの測定…Noise Source Drive Outputに，ノイズ・ソース(Noise Source)を接続

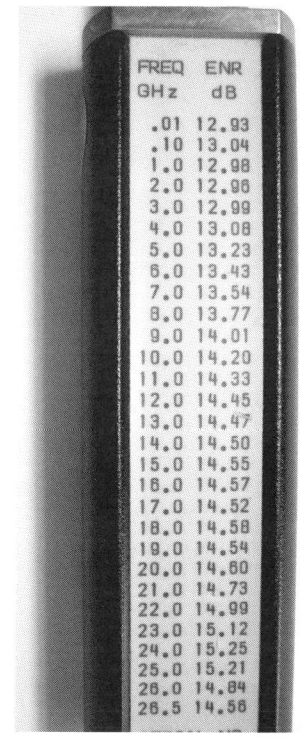

FREQ GHz	ENR dB
.01	12.93
.10	13.04
1.0	12.98
2.0	12.96
3.0	12.99
4.0	13.08
5.0	13.23
6.0	13.43
7.0	13.54
8.0	13.77
9.0	14.01
10.0	14.20
11.0	14.33
12.0	14.45
13.0	14.47
14.0	14.50
15.0	14.55
16.0	14.57
17.0	14.52
18.0	14.58
19.0	14.54
20.0	14.60
21.0	14.73
22.0	14.99
23.0	15.12
24.0	15.25
25.0	15.21
26.0	14.84
26.5	14.56

[写真11-4] ノイズ・ソースに記載されているENR値

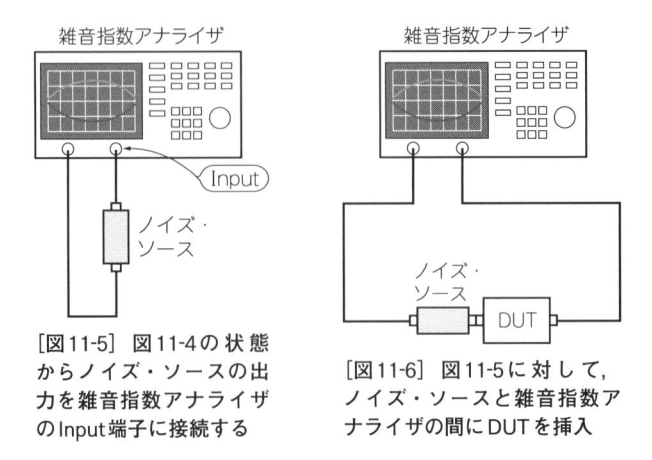

[図11-5] 図11-4の状態からノイズ・ソースの出力を雑音指数アナライザのInput端子に接続する

[図11-6] 図11-5に対して，ノイズ・ソースと雑音指数アナライザの間にDUTを挿入

は，測定周波数におけるそれらの損失の補正値を測定器に入力する（入力側損失補正）
⑩ DUTと雑音指数アナライザ（またはNFメータ）との接続に変換コネクタやケーブルを使用した場合には，測定周波数におけるそれらの損失の補正値を測定器に入力する（出力側損失補正）
⑪ 表示されたNFを読み取る

● ENR (Excess Noise Ratio)

ENRは過剰雑音比と呼ばれ，ノイズ・ソースの特性を表しています．ノイズ・ソースは，雑音指数アナライザ（またはNFメータ）からのパルス信号（+V／0）でドライブされ，出力ノイズ・レベルの大きなONの状態と，出力ノイズ・レベルの小さなOFFの状態を繰り返します．一般にONの状態を「hot」と呼び，ノイズ・レベルに等価な雑音温度T_hで表されます．もう一方のOFFの状態は「cold」と呼ばれ，ノイズ・レベルに等価な雑音温度T_cで表されます．

ENRはT_hとT_cの差とT_0の比をdBで表したもので，次式で定義されます．

$$ENR = 10\log_{10}\frac{T_h - T_c}{T_0} [\text{dB}] \quad \cdots\cdots\cdots\cdots\cdots\cdots (11\text{-}11)$$

通常，$T_C = T_0 = 290$Kなので，

$$ENR = 10\log_{10}\frac{T_h - T_0}{T_0} = 10\log_{10}\left(\frac{T_h}{T_0} - 1\right) \quad \cdots\cdots\cdots (11\text{-}12)$$

なお，等価雑音温度は，式(11-5)から求められます．

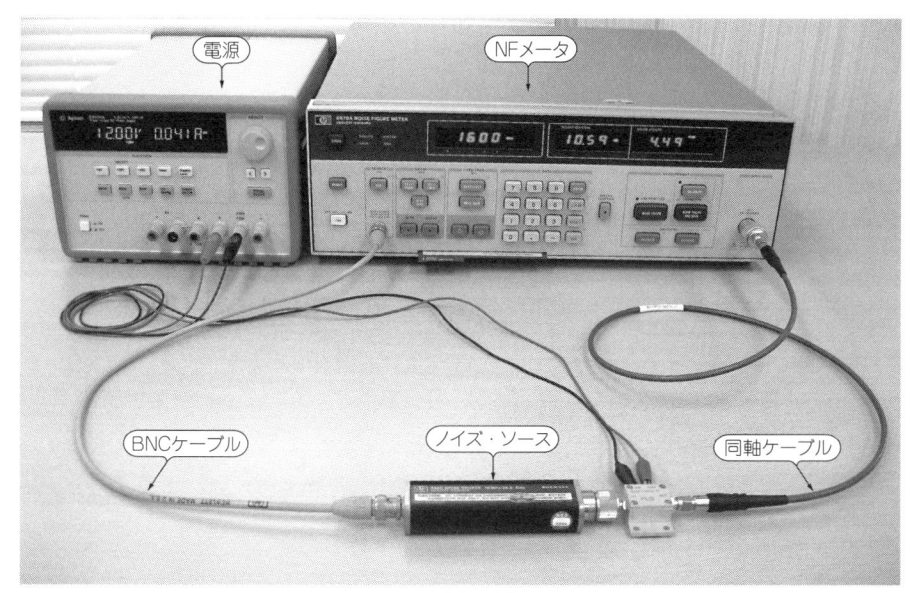

(a) 全景

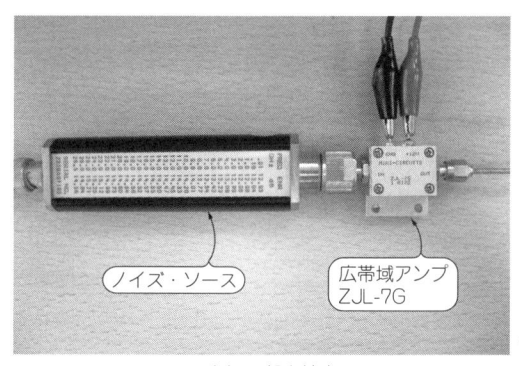

[写真11-5] ミニサーキット製の広帯域アンプ ZJL-7Gの，20M～1600MHzにおけるNF特性を測定しているようす

(b) 一部を拡大

● 実測例

　1600MHzまで測定可能なNFメータを使い，**写真11-5**に示すようにミニサーキット製の広帯域アンプ ZJL-7G（20M～7000MHz, ゲイン：10dB, NF：5.0 dB）の，20M～1600MHzにおけるNF特性を測定してみます．**写真11-6**に測定系の校正のようすを示します．

　図11-7にNFの測定結果を示します．測定した周波数帯域において4.5dB前後のNFになっているので，仕様の5.0dBを十分に満足しています．

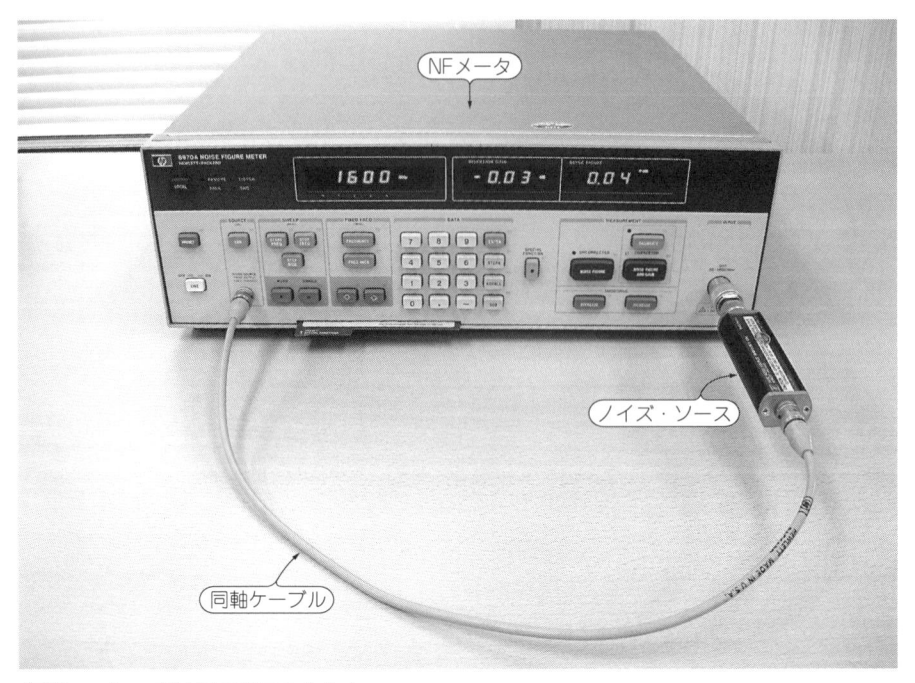

[写真11-6] NF測定系の校正のようす

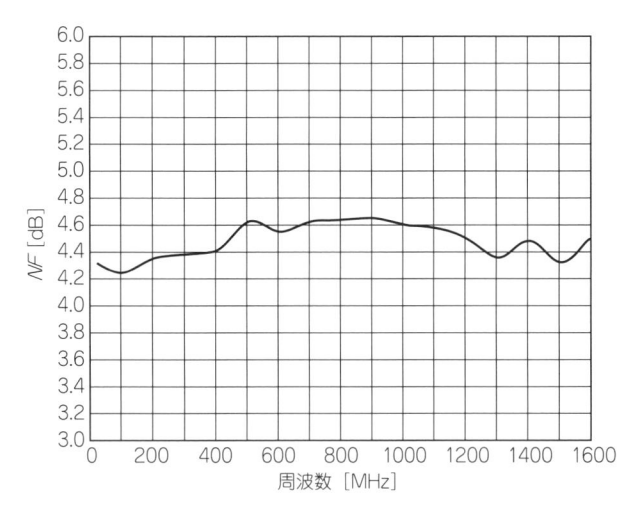

[図11-7] ミニサーキット製の広帯域アンプ ZJL-7G（20M～7000MHz，ゲイン：10dB，NF：5.0 dB）の，20M～1600MHzにおけるNF特性

11-3　周波数変換による測定周波数範囲の拡大

　雑音指数アナライザやNFメータには，測定可能な周波数範囲があります．従来のNFメータの場合，基本構成で測定可能な周波数範囲は10M～1600MHzです．また，雑音指数アナライザの場合には，10M～26.5GHzの測定を行える機種もありますが，最も下位のものは10M～3GHzです．

　雑音指数アナライザやNFメータで，その測定可能周波数を超える周波数帯のNFを測定したい場合には，ミキサを使って周波数変換を行います．**図11-8**に測定

[図11-8] 雑音指数アナライザやNFメータで，その測定可能周波数を超える周波数帯のNFを測定したい場合にはミキサを使って周波数変換を行う

(a) $f_1 \sim f_2$ よりも f_{LO} の方が低い

(b) $f_1 \sim f_2$ よりも f_{LO} の方が高い

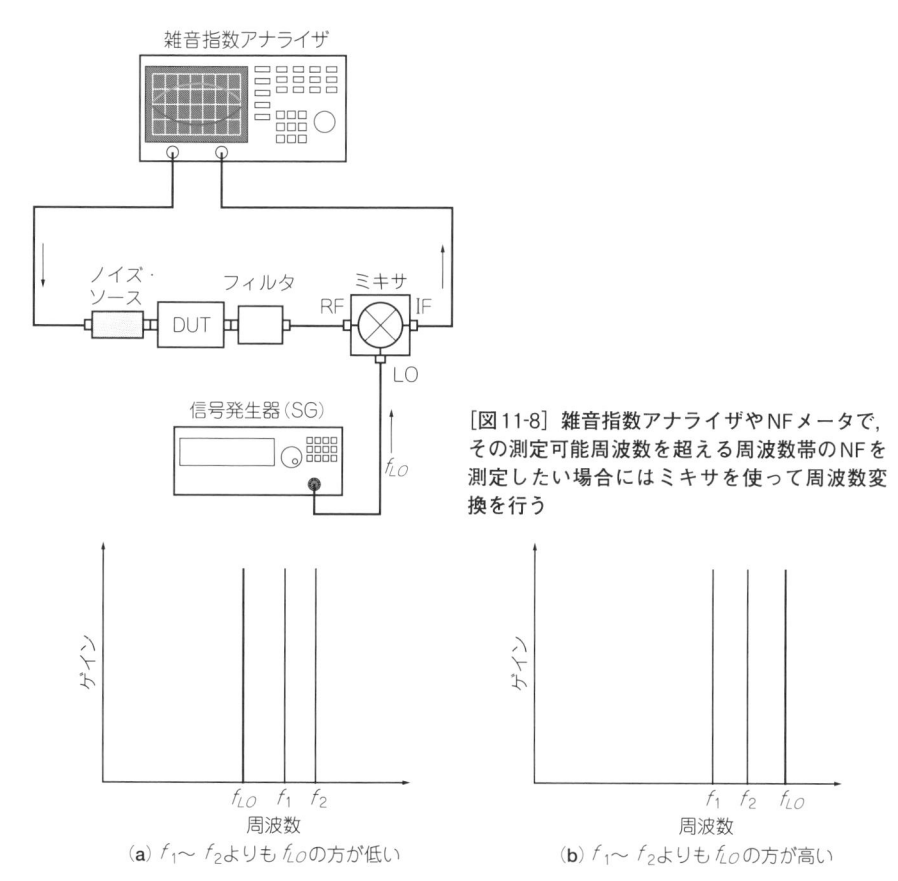

[図11-9] 測定したい周波数帯を $f_1 \sim f_2$，LO信号周波数を f_{LO} としたときの周波数とスペクトルの関係

系の構成を示します．ミキサのほかに，ミキサにLO信号を供給する信号発生器(SG)とフィルタが必要です．

測定したい周波数帯を$f_1 \sim f_2$，LO信号周波数をf_{LO}としたとき，**図11-9**に示す2通りの方法があります．図(a)は$f_1 \sim f_2$よりもf_{LO}の方が低い，Lower Localと呼ば

[図11-10] 図11-8に示した測定系の校正

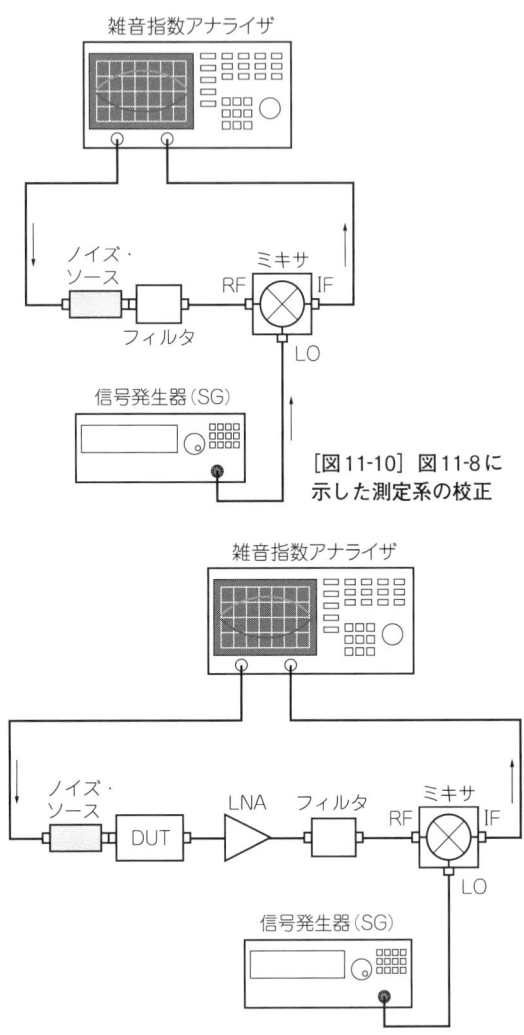

[図11-11] ミキサの変換損失が大きい場合にはDUTの後ろにLNAを挿入してミキサの損失を補償し測定誤差を減らす

れる変換方式です．この場合，図11-8のフィルタには$f_1 \sim f_2$を通すHPFが必要になります．一方の図(b)は，$f_1 \sim f_2$よりもf_{LO}の方が高い，Upper Localと呼ばれる変換方式です．この場合，図11-8のフィルタには$f_1 \sim f_2$を通すLPFが必要になります．

雑音指数アナライザやNFメータには，図11-9に対応した測定モードが用意されているので，そのモードを選択すれば簡単に測定できます．測定系の校正は，図11-10に示すように接続して行います．

ミキサの変換損失が大きい場合には，図11-11に示すように，DUTの後ろにLNAを挿入してミキサの損失を補償し，測定誤差を減らします．

11-4　Yファクタ法による測定

雑音指数アナライザやNFメータの内部では，Yファクタ法と呼ばれる方法を使ってNFの測定が行われています．Yファクタ法を使えば，雑音指数アナライザやNFメータがなくても，ノイズ・ソースとスペクトラム・アナライザがあればNFの測定を行えます．

● Yファクタ

図11-12のようにノイズ・ソースをDUTの入力に接続します．ノイズ・ソースに加える電源がOFFのときのDUT出力の雑音電力がN_1，電源がONのときの雑音電力がN_2であったとします．その比N_2/N_1を，Yファクタ（Y-factor）と言います．

$$Y = \frac{N_2}{N_1} \quad \cdots\cdots\cdots\cdots\cdots\cdots\cdots\cdots\cdots\cdots\cdots\cdots\cdots\cdots\cdots\cdots\cdots\cdots\cdots\cdots\cdots\cdots\cdots\cdots\cdots\cdots\cdots\cdots\cdots \quad (11\text{-}13)$$

このYファクタの測定でNFを求める方法が「Yファクタ法」です．

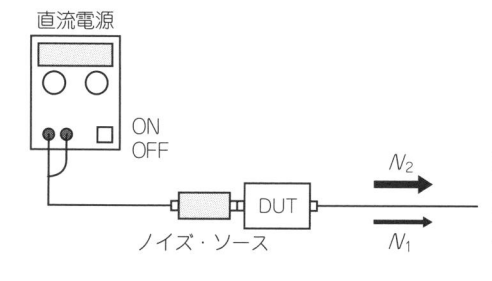

[図11-12] Yファクタ…ノイズ・ソースをDUTの入力に接続し，ノイズ・ソースに加える電源がOFFのときのDUT出力の雑音電力をN_1，電源がONのときの雑音電力がN_2とする．その比N_2/N_1をYファクタとする

● Yファクタ法の原理

図11-13のように，ゲインがGのアンプの入力を終端し，温度を0Kから上げていくと，アンプ入力での雑音電力 N_i と，アンプ出力での雑音電力 N_o は，図11-14に示すように変化します．アンプ出力でのノイズ電力は，0Kでもゼロになりません．Y軸と交差するこの切片 N_a が，アンプで発生するノイズになります．グラフから分かるように，ノイズは温度に比例して変化します．

従って二つの温度ポイントにおけるノイズ電力が分かれば，その2点を通る直線の式が求められます．さらにその式から回路のゲインと雑音指数を求められます．

- 直線の傾きから ⇒ ゲインが求められる
- 直線の切片から ⇒ 雑音指数が求められる

実際の測定で，大きく温度を変えることはできません．そこで温度を変える代わりに，T_h と T_c，二つの雑音温度を持つノイズ・ソースを使って測定を行います．図11-12のようにDUTの入力にノイズ・ソースを接続します．そして図11-15のように，二つのポイント（T_h と T_c）におけるノイズ電力を測定し，その2点を通る直線からDUTの雑音指数を求めます．それでは測定結果から雑音指数を求めるための式を導出してみましょう．式(11-6)から，

$$N_a = (F-1)kT_0BG$$

これを使って N_1 と N_2 を表すと，

$$N_1 = N_a + kT_cBG = (F-1)kT_0BG + kT_cBG \quad \cdots\cdots (11\text{-}14)$$
$$N_2 = N_a + kT_hBG = (F-1)kT_0BG + kT_hBG \quad \cdots\cdots (11\text{-}15)$$

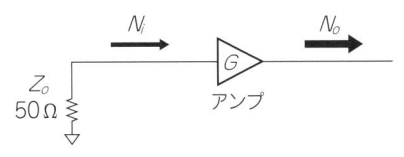

[図11-13] Yファクタ法の原理1
ゲインがGのアンプの入力を終端し，温度を0Kから上げていくと，アンプ入力での雑音電力N_iと，アンプ出力での雑音電力N_oは，図11-14に示すように変化する

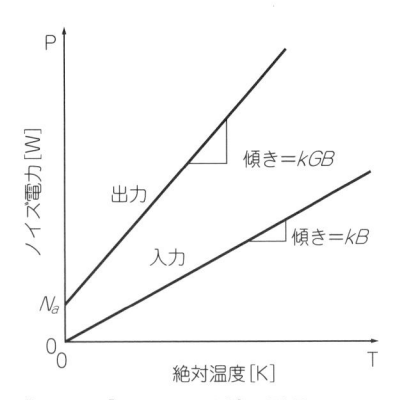

[図11-14] Yファクタ法の原理2
二つの温度ポイントにおけるノイズ電力が分かれば，その2点を通る直線の式が求められる．さらにその式から回路のゲインと雑音指数を求める

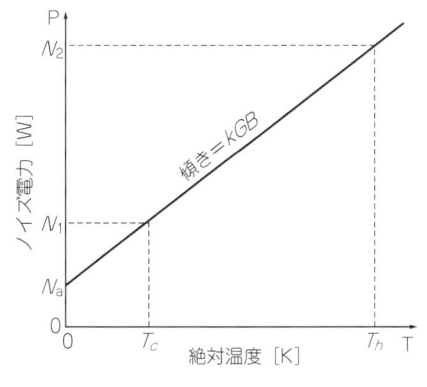

[図11-15] 異なる雑音温度を持つ二つのノイズ・ソースによる傾きの測定

実際の測定で，大きく温度を変えることはできない．温度を変える代わりにT_hとT_c二つの雑音温度を持つノイズ・ソースを使って測定する．二つのポイント（T_hとT_c）におけるノイズ電力を測定し，その2点を通る直線からDUTの雑音指数を求める

式(11-14)，式(11-15)を式(11-12)に代入すると，

$$Y = \frac{N_2}{N_1} = \frac{(F-1)kT_0BG + kT_hBG}{(F-1)kT_0BG + kT_cBG} = \frac{(F-1)T_0 + T_h}{(F-1)T_0 + T_c} \quad \cdots\cdots (11\text{-}16)$$

この式をFについて解くと，

$$F = \frac{\left(\dfrac{T_h}{T_0} - 1\right) - Y\left(\dfrac{T_c}{T_0} - 1\right)}{Y - 1} \quad \cdots\cdots (11\text{-}17)$$

通常$T_C = T_0$なので，

$$F = \frac{\left(\dfrac{T_h}{T_0} - 1\right)}{Y - 1} \quad \cdots\cdots (11\text{-}18)$$

式(11-2)に代入してNFを求めると，

$$NF = 10\log_{10}F = 10\log_{10}\left(\frac{T_h}{T_0} - 1\right) - 10\log_{10}(Y - 1) \quad \cdots\cdots (11\text{-}19)$$

● 測定手順

① 図11-16に示すように，ノイズ・ソース，DUT，スペクトラム・アナライザ，直流電源を接続する
② スペクトラム・アナライザの中心周波数を，NF測定を行う周波数に設定する
③ 直流電源がOFFの状態でのノイズの出力電力N_1を測定する
④ 直流電源をONにし，ノイズ・ソースを規定の電圧で駆動する
⑤ ノイズ・ソースがONの状態でのノイズの出力電力N_2を測定する

[図11-16] Yファクタの測定系

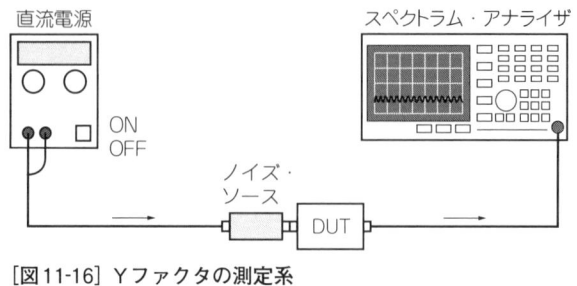

⑥ 式(11-13), 式(11-19)を使ってNFを算出する

11-5	**NF測定の注意点**

● DUT入力での反射の影響

　入力の反射特性($VSWR$, リターン・ロス)の悪い回路のNFを測定する場合, ノイズ・ソースとDUTをそのまま接続すると, 反射の影響によって雑音指数の測定値が影響を受けます. この場合, 図11-17に示すようにノイズ・ソースとDUTの間にアイソレータを挿入し, DUT入力からの反射信号がノイズ・ソースに戻らないようにすることによって, その影響を排除できます.

　アイソレータは, 校正を行うときから挿入すれば, 損失の補正が不要になります. もちろん校正が終わってから挿入し, 損失の補正を行ってもかまいません.

● 周囲ノイズの影響

　ノイズ・ソースから出力されるノイズのレベルは非常に微弱なため, NFの測定結果が周囲のノイズの影響を受けてしまうことがあります. 特に, NFの測定周波数帯とオーバーラップする周波数帯で測定を行っているネットワーク・アナライザや, NFの測定周波数帯内の信号を出力している信号発生器(SG)が周囲にある場合には, 注意が必要です. その影響によって, 図11-18で示すように, 測定周波数帯内に異常なNFのポイントを生じる場合があります.

　周囲のノイズの影響を受けずに, 正確なNFを測定するためには, NF測定系をシールド・ルームなどに設置し, 外部から飛び込んでくる信号やノイズを遮断する必要があります(図11-19).

[図11-17] 図11-16の回路に対してアイソレータを挿入した測定系

入力の反射特性の悪い回路のNFを測定する場合，ノイズ・ソースとDUTをそのまま接続すると反射の影響によって雑音指数の測定値が影響を受ける．この場合，ノイズ・ソースとDUTの間にアイソレータを挿入し，DUT入力からの反射信号がノイズ・ソースに戻らないようにすることによって影響を排除する

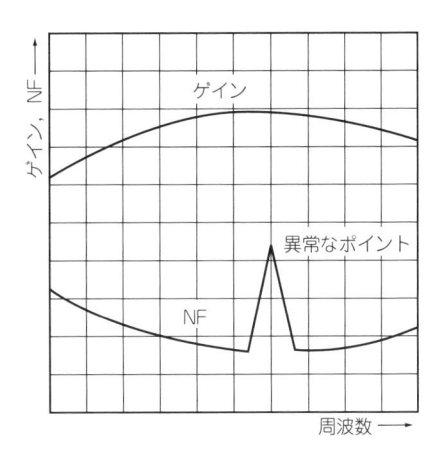

[図11-18] 測定周波数帯内に異常なNFのポイントが生じた例

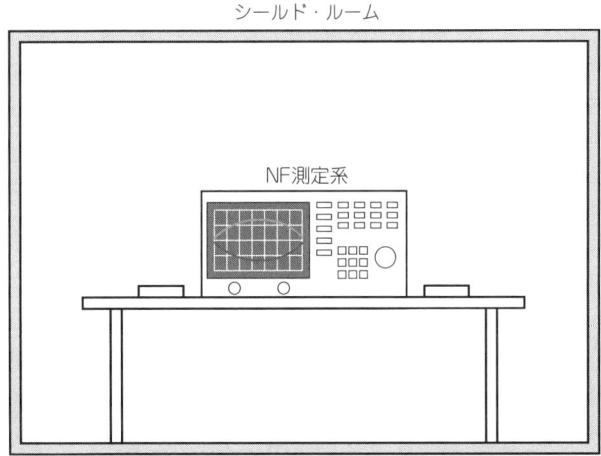

[図11-19] 周囲のノイズの影響を受けずに正確なNFを測定するためには，NF測定系をシールド・ルームなどに設置し，外部から飛び込んでくる信号やノイズを遮断する

11-5 NF測定の注意点 | **185**

● 周囲温度の影響

　NFの値は，周囲温度の影響を受けるので，可能な限り一定の温度(常温)に管理された場所で測定を行う必要があります．短時間の間に温度が変化するような場所で測定する場合には，測定系付近の気温を常にチェックし，気温が数℃程度変化したら測定系の校正をやり直し，温度補正もしっかり行う必要があります．

はじめての高周波測定

第12章
スイッチング・スピードの測定
~信号の立ち上がり/立ち下がりを捉えて正しく評価~

　高周波回路においても，スイッチをはじめさまざまな回路で，スイッチング・スピードの測定が求められます．一般に低周波回路やディジタル回路の場合，電圧振幅で信号を伝えるので，スイッチング・スピードの測定は，電圧の立ち上がり/立ち下がりで行います．従ってオシロスコープを使って簡単に測定できます．
　ところが高周波回路の場合には，電力で信号を伝えるので，スイッチング・スピードの測定は，高周波電力の立ち上がり/立ち下がりで行う必要があります．
　本章では，高周波電力のスイッチング・スピード（立ち上がり/立ち下がり）の測定方法を紹介します．

　図12-1にスイッチング・スピード測定のフローチャートを示します．
　スイッチング・スピードの測定は次の評価で必要になります．
● 高周波スイッチの特性評価
　PINダイオード・スイッチの場合：数百n～数μs程度

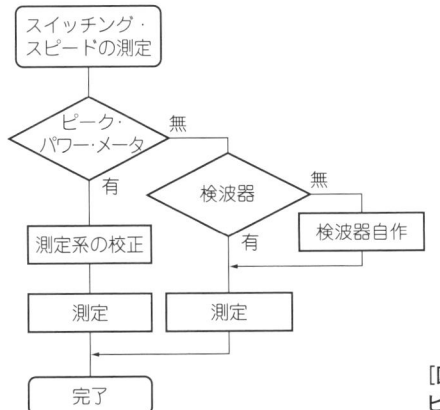

[図12-1] スイッチング・スピード測定のフローチャート

FETスイッチの場合：数n～数百ns程度
- アンプのスイッチング特性評価
LNA（Low Noise Amplifier，低雑音増幅器）などの小信号アンプの場合：数百n～数μs程度
PA（パワー・アンプ）などの大信号アンプの場合：数μ～数十μs程度

12-1　ピーク・パワー・メータによる測定

　高周波電力を測定するパワー・メータには，短い時間内でのパワー変化も測定可能な，ピーク・パワー・メータという測定器があります．このピーク・パワー・メータと，専用のパワー・センサを使い，スイッチング・スピードの測定が可能です．
　ただし，メーカや機種によって測定可能な立ち上がり/立ち下がり時間に大きな差があるので注意が必要です．

● 測定手順
① 図12-2に示すように，ピーク・パワー・メータとピーク・パワー・センサを接続し校正を行う

[図12-2] ピーク・パワー・メータの校正

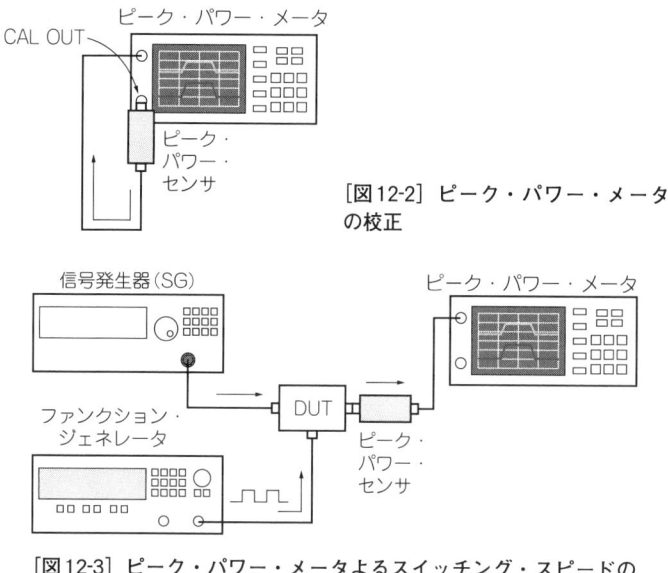

[図12-3] ピーク・パワー・メータよるスイッチング・スピードの測定系

② 図12-3に示すように，信号発生器(SG)，ファンクション・ジェネレータ，被測定回路(DUT)，ピーク・パワー・センサ，ピーク・パワー・メータを接続する
③ 信号発生器の出力周波数を設定し，出力レベルはDUTの通常動作レベルに設定する
④ DUTをON/OFF制御するための信号をファンクション・ジェネレータから出力する(方形波)
⑤ ピーク・パワー・メータで出力波形を観測する
⑥ ファンクション・ジェネレータの出力信号の立ち上がり/立ち下がりでトリガをかけ，DUT出力信号の立ち上がり/立ち下がりを測定する

12-2　検波器を使った測定

　スイッチング・スピードの測定は，検波器(同軸検波器，第1章参照)を使えばもっと手軽にできます．検波器は入力された高周波の電力を，それに比例した電圧に変換する素子です．従って検波器から出力される電圧信号をオシロスコープで観測することにより，入力された高周波信号の立ち上がり/立ち下がりを測定できます．

● 測定手順
① 図12-4に示すように信号発生器(SG)，ファンクション・ジェネレータ，被測定回路(DUT)，検波器，そしてオシロスコープを接続する
② 信号発生器の出力周波数を設定し，出力レベルはDUTの通常動作レベルに設定

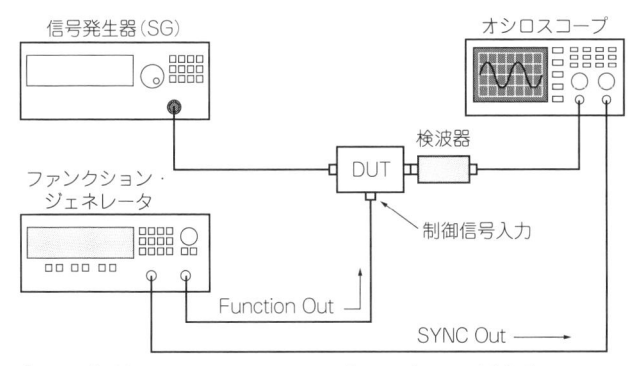

[図12-4] 検波器によるスイッチング・スピードの測定系

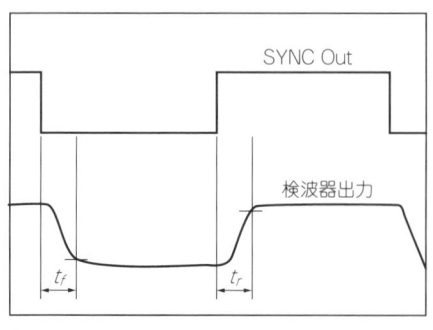

[図12-5] 検波器を通した信号の立ち上がり/立ち下がり時間

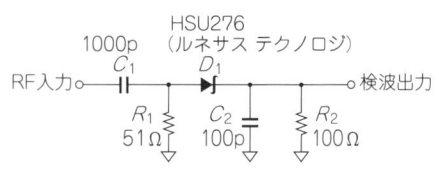

[図12-6] 検波器の回路例

する
③ DUTをON/OFF制御するための信号をファンクション・ジェネレータから出力する(方形波)
④ オシロスコープで検波器の出力電圧波形を観測する
⑤ ファンクション・ジェネレータの出力信号の立ち上がり/立ち下がりでトリガをかけ，**図12-5**に示すようにDUT出力信号の立ち上がり/立ち下がりを測定する

● 広帯域検波器を自作

　検波器は簡単な回路なので，スイッチング・スピード測定用に自作することもできます．**図12-6**に検波器の回路例を示します．ダイオードD_1には，検波用のショットキー・バリア・ダイオードを使います．入力のR_1を51Ωにすることにより，広帯域なマッチングを可能にしています．出力のC_2は，D_1出力側の高周波信号をバイパスさせるためのコンデンサです．R_2は負荷抵抗です．出力のR_2，C_2の時定数によって測定可能なスイッチング・スピードが決まります．**図12-6**に示す回路定数で，入力周波数は数GHz程度，立ち上がり/立ち下がりは100ns程度まで観測可能です．C_2，R_2の値を小さくすることにより，もっと速い立ち上がり/立ち下がりの測定が行えます．

● 実測例

　写真12-1に示すPINダイオード HVC132を用いたSPST (Single Pole Single Throw，単極単投) スイッチのスイッチング・スピードを，自作検波回路を使って

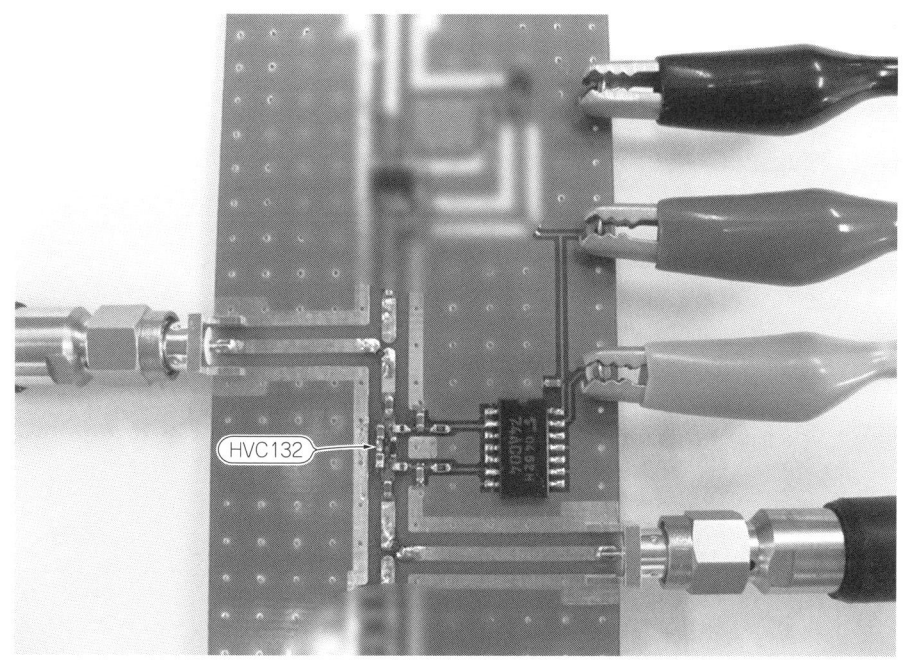

[写真12-1] PINダイオードHVC132（ルネサス テクノロジ）を用いたSPST（Single Pole Single Throw，単極単投）スイッチ

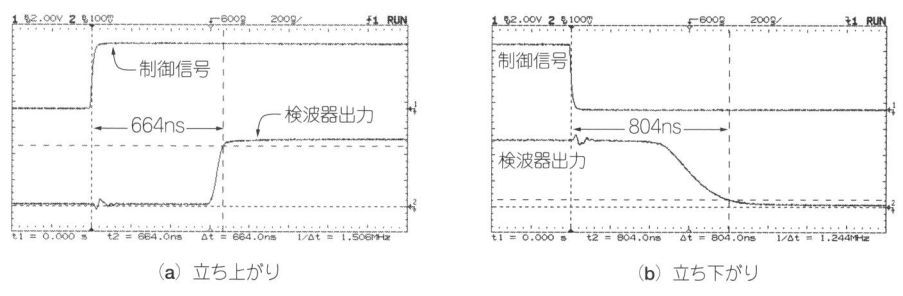

(a) 立ち上がり

(b) 立ち下がり

[図12-7] PINダイオードを用いたSPSTスイッチのスイッチング・スピードを自作検波回路を使って測定した結果（2V/div，100mV/div）

測定した結果を**図12-7**に示します．**図(a)**はスイッチがOFF→ONになったときの立ち上がり，**図(b)**はスイッチがON→OFFになったときの立ち下がりの測定結果です．

はじめての高周波測定

第13章
フィルタに関係する測定
~カットオフ，帯域幅，中心周波数，群遅延などを正しく評価~

フィルタ回路の評価は，通過特性（第5章参照）と反射特性（第4章参照）の測定で行われます．その際に，フィルタ回路特有のいくつかの評価項目の測定が必要になります．
本章ではフィルタ回路特有の特性評価項目と，その測定方法を紹介します．

図13-1にフィルタ測定のフローチャートを示します．

13-1 カットオフ周波数（Cutoff Frequency，遮断周波数）の測定

第5章の通過特性の測定を行い，フィルタの種類に応じて，以下に示す点の周波数を測定します．

● LPFの場合

LPF（Low Pass Filter，低域通過フィルタ）は低い周波数帯域を通過させて，周波数の高い帯域を減衰させる特性のフィルタです．図13-2に示すように，通過特性の減衰量が3dBの点がカットオフ周波数f_cになります．

● HPFの場合

HPF（High Pass Filter，高域通過フィルタ）は高い周波数帯域を通過させて，周波数の低い帯域を減衰させる特性のフィルタです．図13-3に示すように，通過特性の減衰量が3dBの点がカットオフ周波数f_cになります．

● BPFの場合

BPF（Band Pass Filter，帯域通過フィルタ）はある特定の周波数帯域だけを通過させ，その上下の帯域の信号は減衰させる特性のフィルタです．BPFには，図

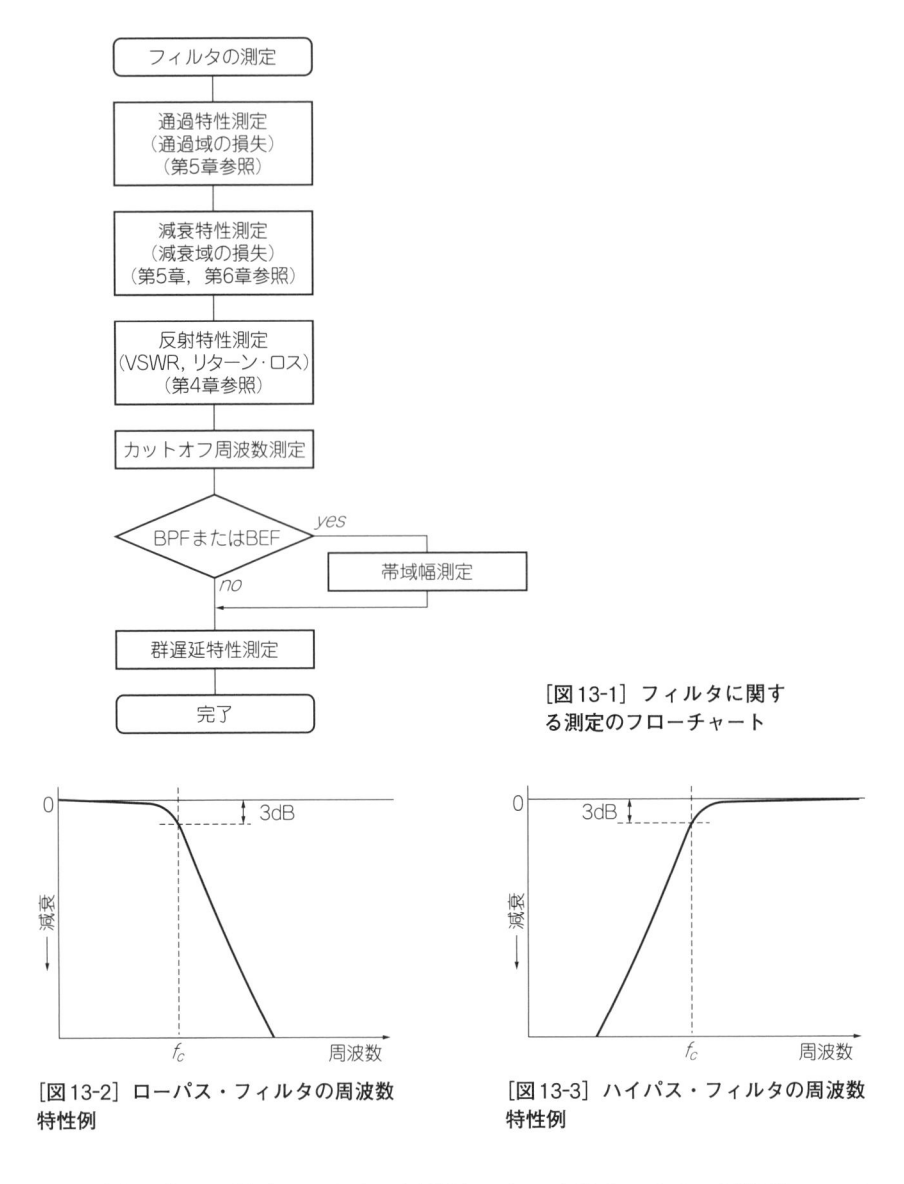

```
フィルタの測定
    ↓
通過特性測定
(通過域の損失)
(第5章参照)
    ↓
減衰特性測定
(減衰域の損失)
(第5章, 第6章参照)
    ↓
反射特性測定
(VSWR, リターン・ロス)
(第4章参照)
    ↓
カットオフ周波数測定
    ↓
BPFまたはBEF --yes--> 帯域幅測定
    ↓ no                  |
群遅延特性測定 <-----------+
    ↓
完了
```

[図13-1] フィルタに関する測定のフローチャート

[図13-2] ローパス・フィルタの周波数特性例

[図13-3] ハイパス・フィルタの周波数特性例

13-4に示すように，低域カットオフ周波数f_Lと，高域カットオフ周波数f_H，二つのカットオフ周波数があります．BPFの場合，カットオフ周波数の定義がいくつかあります．一般的には①が用いられます．

① 通過特性の減衰量が3dBの点をカットオフ周波数とする[図13-5(a)]

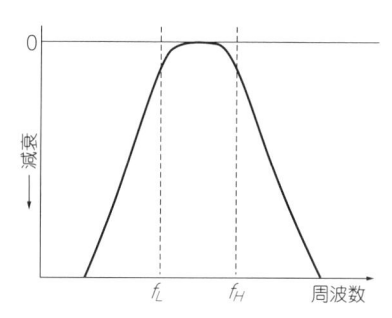

[図13-4] バンドパス・フィルタの周波数特性例

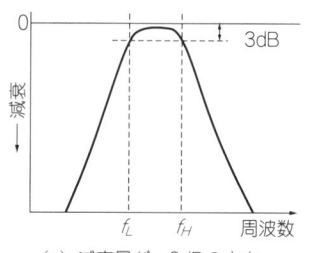

(a) 減衰量が−3dBの点をカットオフとするケース

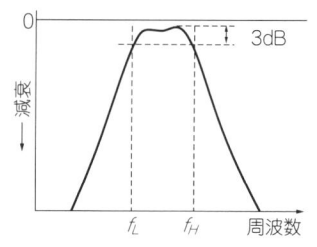

(b) 通過域内で最も小さい損失に対して−3dBの点をカットオフとするケース

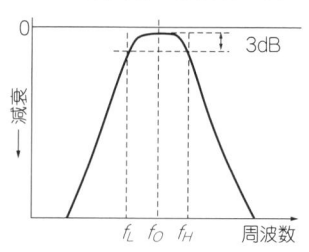

(c) 中心周波数に対して−3dBの点をカットオフとするケース

[図13-5] BPFの場合，カットオフ周波数の定義がいくつかある

② 通過帯域内で最も小さな損失に対して3dB減衰する点をカットオフ周波数とする[図13-5(b)]
③ 通過帯域の設計中心周波数f_0での減衰量に対して3dB減衰する点をカットオフ周波数とする[図13-5(c)]

● BEFの場合

　BEF（Band Elimination Filter，帯域除去フィルタ）はある特定の周波数帯域だ

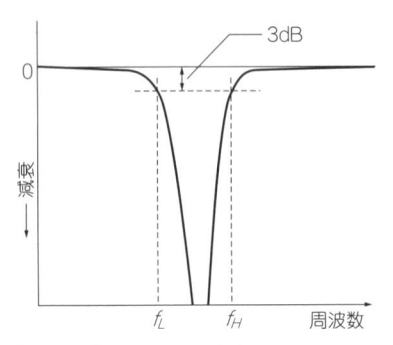

[図13-6] バンドエリミネーション・フィルタの周波数特性例

けを減衰させ，その上下の帯域の信号は通過させるフィルタです．BEFには図13-6に示すように，低域カットオフ周波数 f_L と，高域カットオフ周波数 f_H，二つのカットオフ周波数があります．通過特性の減衰量が3dBの点がカットオフ周波数になります．BEFはバンド・ストップ・フィルタ（Band Stop Filter），ノッチ・フィルタ（Notch Filter）とも呼ばれます．

13-2　帯域幅と中心周波数の測定

　BPFの場合には，信号を通過させる帯域があります．また，BEFの場合には，信号を減衰させる帯域があります．この帯域の幅を表すものとして，帯域幅（BW，Band Width）があります．13-1節で求めた二つのカットオフ周波数 f_H と f_L の差が帯域幅になります．BPFの場合には通過帯域幅（**図13-7**），BEFの場合には減衰帯域幅（**図13-8**）になります．

　中心周波数 f_0 には相加平均によるものと，相乗平均によるものがあります．

- 相加平均：

$$f_0 = \frac{f_H + f_L}{2}$$

- 相乗平均：

$$f_0 = \sqrt{f_H \cdot f_L}$$

BPFの通過帯域幅またはBEFの減衰帯域幅が狭く，f_L と f_H の差が小さい場合には，相加平均と相乗平均はほぼ同じ値になりますが，f_L と f_H が大きく離れている場合には，相加平均と相乗平均で値が大きく異なります．

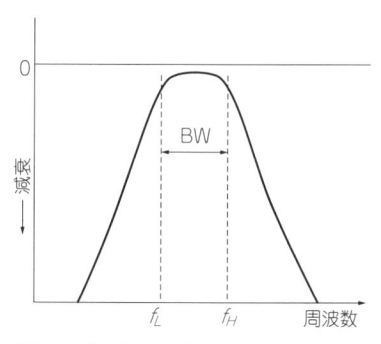

[図13-7] バンドパス・フィルタの通過帯域幅

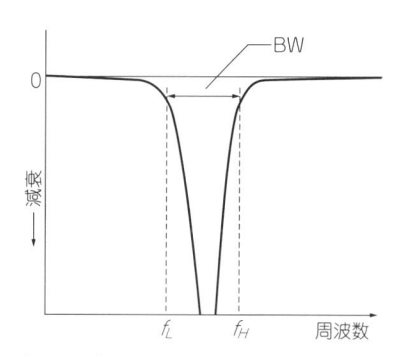

[図13-8] バンドエリミネーション・フィルタの減衰帯域幅

13-3　群遅延特性の測定

● 群遅延特性

　群遅延(Group Delay)は，被測定回路(DUT)の挿入位相特性(通過位相特性，図13-9)を周波数で微分して算出したもので，次式で表されます．

$$群遅延 = \frac{-d\phi \, [\text{rad}]}{d\omega \, [\text{rad/s}]} = -\frac{1}{360} \times \frac{d\theta \, [°]}{df \, [\text{Hz}]} \quad \cdots\cdots (13\text{-}1)$$

つまり群遅延とは，通過位相特性の傾きを測定することで，測定周波数において信号がDUTを通過するのに要する時間を表し，図13-10のようになります．

　通過位相特性に点線で示したリニアな特性は，群遅延では定数 t_0 に変換され，DUTの平均的な信号通過時間を示します．一方，通過位相特性のリニア特性からの偏移は，一定群遅延 t_0 からの偏移に変換されます．群遅延特性の変動は信号のひずみにつながります．

● 測定方法

　群遅延特性は位相特性が基になるので，ベクトル・ネットワーク・アナライザで測定を行います．第5章に従ってベクトル・ネットワーク・アナライザで通過特性を測定し，表示フォーマットでGroup Delayを選ぶだけで測定できます．

● LPFの実測例

　写真13-1(下側)に示すLPF(ここではLCで構成)のカットオフ周波数の測定結

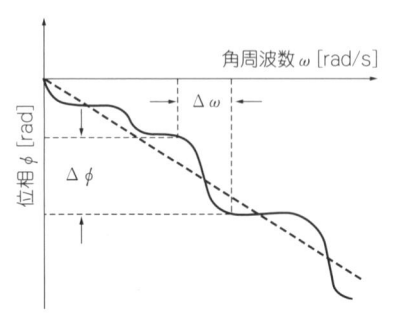

[図13-9] ある被測定回路の通過位相特性の例

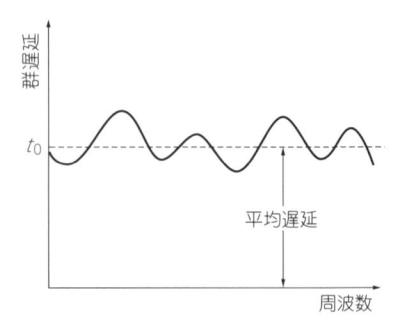

[図13-10] 群遅延…図13-9を周波数で微分して算出したもの

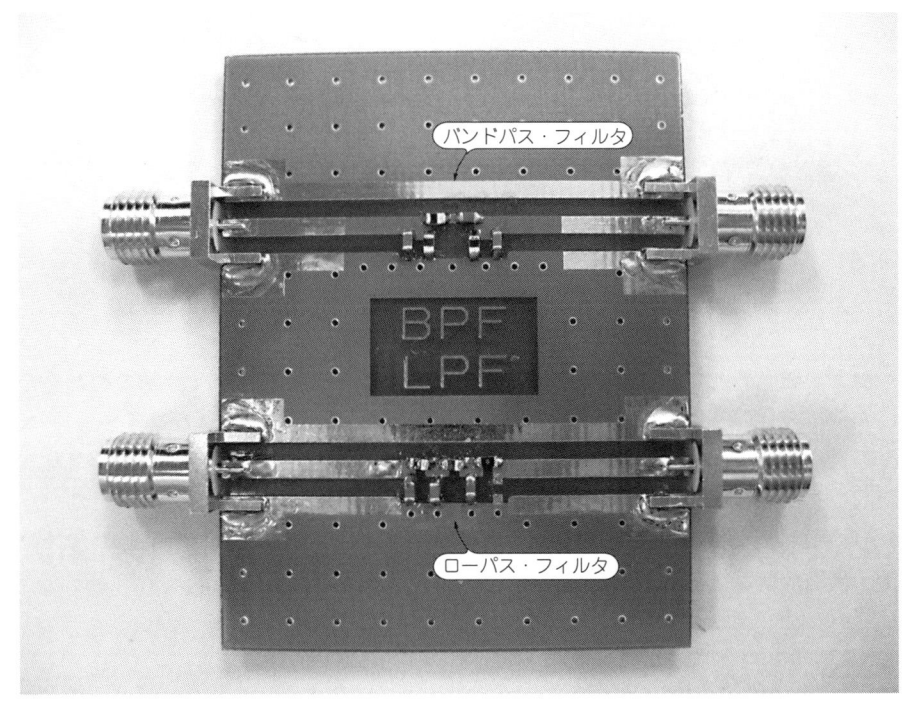

[写真13-1] 著者の製作したフィルタ

果を図13-11に示します．図(a)は縦軸のスケールを10dBに設定した場合で，図(b)は縦軸のスケールを1dBに設定した測定結果です．ベクトル・ネットワーク・アナライザのマーカの機能を使えば，対象となる−3dB減衰する周波数を簡単に測定で

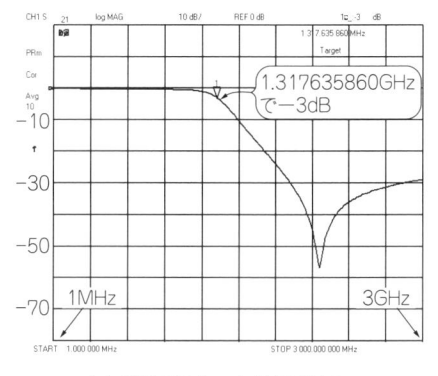

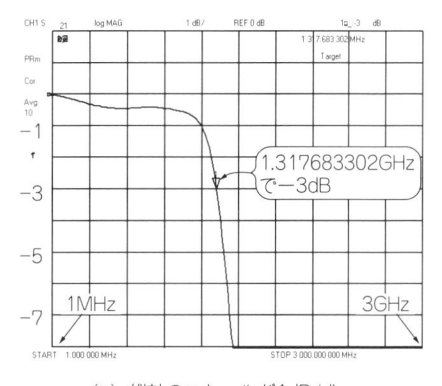

[図13-11] 1GHzのLPF（*LC*で構成）の周波数特性測定結果

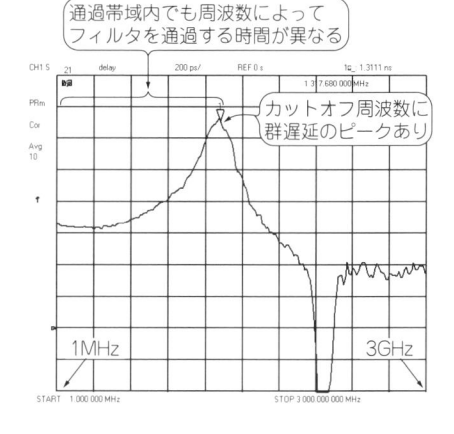

(a) 縦軸のスケールが10dB/div
(b) 縦軸のスケールが1dB/div

[図13-12] 1GHzのLPF（*LC*で構成）の群遅延特性測定結果（200ps/div）

きます．

図13-12に群遅延特性を示します．このフィルタの場合，カットオフ周波数付近にピークを生じていることが分かります．

● BPFの実測例

写真13-1（上側）に示す1GHzのBPF（*LC*で構成）の測定結果を**図13-13**に示します．図(a)は減衰量が3dBのポイントで測定した結果です．図(b)は通過帯域内の最も小さな損失に対して3dB減衰するポイントを測定した結果です．図(c)は設計中心周波数1GHzでの損失に対して3dB減衰するポイントを測定した結果です．ベ

(a) 通過量が入力から−3dBの点

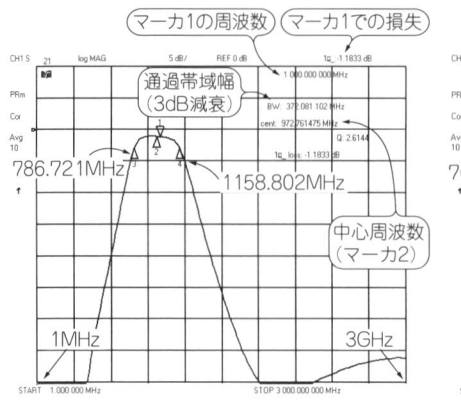

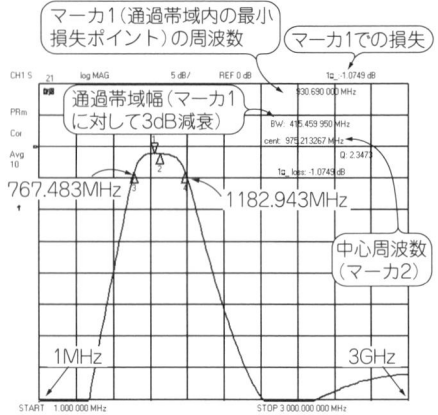

(b) 通過帯域内の最も小さな損失に対して−3dBの点

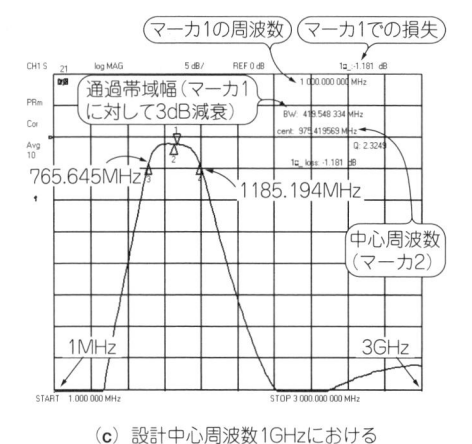

(c) 設計中心周波数1GHzにおける損失に対して−3dBの点

[図13-13] 1GHzのBPF（LCで構成）の周波数特性測定結果（5dB/div）

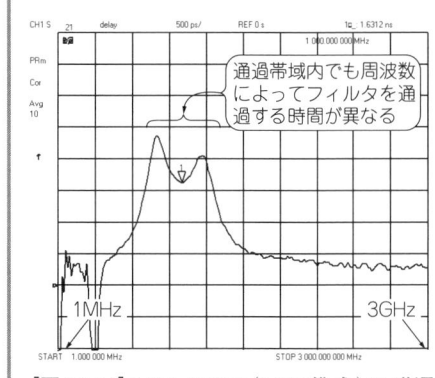

[図13-14] 1GHzのBPF（LCで構成）の群遅延特性測定結果（500ps/div）

クトル・ネットワーク・アナライザのマーカの機能を使えば，低域と高域のカットオフ周波数，帯域幅，中心周波数を簡単に測定できます．帯域幅は相加平均になっています．カットオフ周波数の定義のしかたによる中心周波数に大きな差はありませんが，帯域幅は大きく異なっています．

図13-14に群遅延特性を示します．このフィルタの場合，低域と高域のカットオフ周波数付近にピークを生じていることが分かります．

第13章 フィルタに関係する測定

はじめての高周波測定

第14章

アンプに関係する測定
~ロード・プル，ソース・プル，効率などパワー・アンプの諸特性を正しく評価~

> アンプ回路の評価では，反射特性（第4章参照），通過特性（第5章参照），P1dB（第9章参照）などの測定が行われますが，送信回路で使われるパワー・アンプの場合には，それ以外にも特有のいくつかの評価項目があります．
> 本章ではアンプ回路（パワー・アンプ回路）特有の特性評価項目と，その測定方法を紹介します．

図14-1にアンプ測定のフローチャートを示します．

14-1　効率の測定

　アンプ回路を外から見ていると，入力した信号を増幅する回路ですが，実際にはトランジスタやFETに供給した直流電力を，高周波の電力に変換する回路がアンプ回路です．
　アンプ回路に供給した直流バイアスの電力のうち，高周波電力に変換できなかった部分はすべて熱に変わってしまいます．パワー・アンプ回路の場合，大きな出力電力を取り出すために，それに応じた大きな直流バイアス電力を供給しているので，直流電力から高周波電力への変換効率がとても重要になります．
　アンプ回路の効率が低いと，さまざまな悪い影響が起こります．特に携帯電話のように電池で駆動される小型機器の場合，以下のような影響が問題になります．
- 発熱による温度上昇
- 電池寿命の低下

● アンプの効率の定義
　アンプの効率 η （図14-2）は，直流供給電力と高周波の出力電力の比として，次式で表されます．

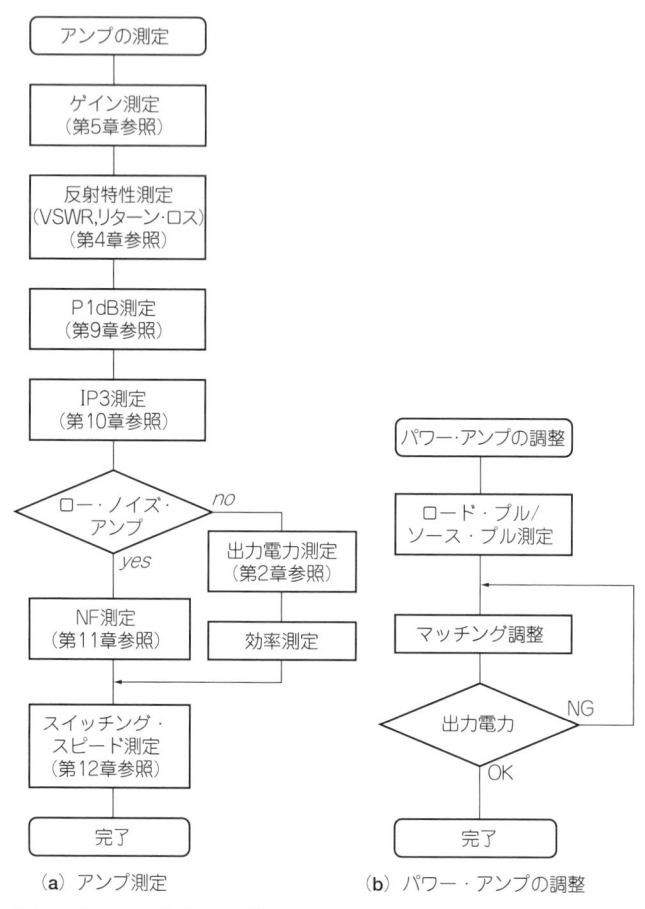

[図14-1] アンプに関する測定のフローチャート

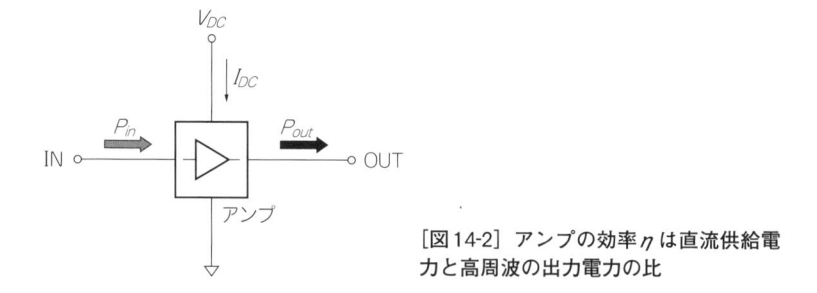

(a) アンプ測定

- アンプの測定
- ゲイン測定（第5章参照）
- 反射特性測定（VSWR,リターン・ロス）（第4章参照）
- P1dB測定（第9章参照）
- IP3測定（第10章参照）
- ロー・ノイズ・アンプ？
  - yes → NF測定（第11章参照） → スイッチング・スピード測定（第12章参照） → 完了
  - no → 出力電力測定（第2章参照） → 効率測定 → （合流）

(b) パワー・アンプの調整

- パワー・アンプの調整
- ロード・プル/ソース・プル測定
- マッチング調整
- 出力電力
  - NG → マッチング調整へ戻る
  - OK → 完了

[図14-2] アンプの効率ηは直流供給電力と高周波の出力電力の比

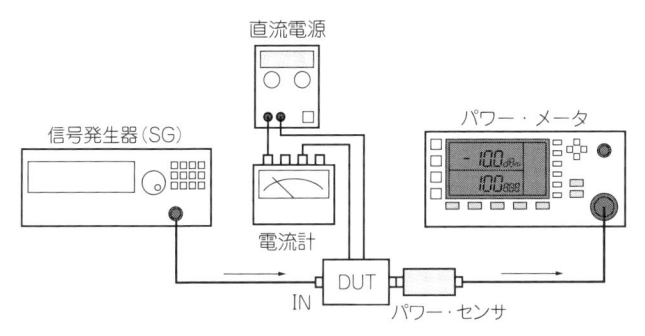

[図14-3] アンプ効率測定のための接続図

$$\eta = \frac{\text{RF 出力電力}}{\text{直流供給電力}} = \frac{P_{out}}{P_{DC}} = \frac{P_{out}}{V_{DC} \times I_{DC}} \quad \cdots\cdots\cdots\cdots (14\text{-}1)$$

式(14-1)で表される効率は，ドレイン効率と呼ばれています．この式の場合，アンプに入力された高周波電力の影響が含まれていないので，より実用的な効率の定義として，次式で表される電力付加効率 η_{PAE} (power-added efficiency, PAE) が一般に使われています．

$$\eta_{PAE} = PAE = \frac{\text{RF 出力電力} - \text{RF 入力電力}}{\text{直流供給電力}} = \frac{P_{out} - P_{in}}{P_{DC}} = \frac{P_{out} - P_{in}}{V_{DC} \times I_{DC}} \quad \cdots\cdots (14\text{-}2)$$

アンプのゲインを G とすると，式(14-2)は以下のように表せます．

$$\eta_{PAE} = \frac{P_{out} - P_{in}}{P_{DC}} = \left(1 - \frac{1}{G}\right) \frac{P_{out}}{P_{DC}} = \left(1 - \frac{1}{G}\right) \eta \quad \cdots\cdots\cdots\cdots\cdots (14\text{-}3)$$

● 測定手順
① 図14-3に示すように，信号発生器(SG)，被測定アンプ(DUT)，パワー・センサ＋パワー・メータ(またはスペクトラム・アナライザ)，直流電源，電流計を接続する
② 規定の出力電力(または入力電力)のときの入力電力 P_{in}，出力電力 P_{out}，直流バイアス電圧 V_{DC}，直流バイアス電流 I_{DC} を測定する
③ 式(14-1)または式(14-2)を使ってドレイン効率または電力付加効率を計算する

14-2　ロード・プル，ソース・プルの測定

アンプ回路は入力のインピーダンス・マッチングと出力のインピーダンス・マッ

チングによって，ゲイン，NFなどのさまざまな特性が大きく変化します．

　特にパワー・アンプ回路では，入力と出力のインピーダンス・マッチングを最適化し，できるだけ大きな電力を効率良く取り出すことが重要になります．しかし，やみくもにカット＆トライを行い，試行錯誤の調整をしていたのでは，最適なポイントを見つけ出すことはできません．

　そこで，その最適なポイントを測定で見つけ出す方法として，ロード・プル（Load Pull），ソース・プル（Source Pull）と呼ばれる測定が行われます．

● ロード・プルとソース・プル

　ロード・プルは，アンプの出力に接続されるインピーダンス（出力の負荷インピーダンス）を変化させて，アンプの諸特性（出力電力，ゲインなど）を測定し，最適な出力負荷インピーダンスを求めるものです．

　ソース・プルは，アンプの入力に接続されるインピーダンス（信号源のインピーダンス）を変化させて，アンプの諸特性（出力電力，ゲインなど）を測定し，最適な信号源側インピーダンスを求めるものです．

　どちらの測定も**図14-4**に示すように，スミス・チャート上の広い範囲でインピーダンスを変化させて，アンプ特性を測定します．しかし，インピーダンスを細かく変化させて測定すると，非常に時間がかかってしまいます．そのため，ロード・プルやソース・プルの測定を自動で短時間に行うための専用機器（オート・チュー

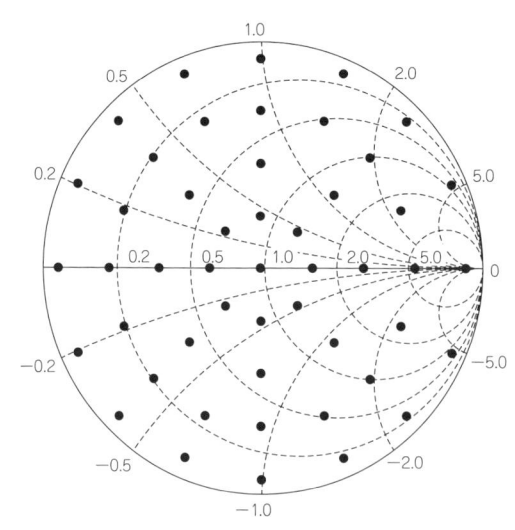

[図14-4] ロード・プル測定とソース・プル測定，どちらもスミス・チャート上の広い範囲でインピーダンスを変化させて特性を測定する

ナなどと呼ばれる)が市販されています．本書では，高価な専用機器ではなく，測定用小物を組み合わせた測定方法(評価項目：出力電力)を紹介します．

● 測定準備
① ベクトル・ネットワーク・アナライザの測定周波数範囲を，ロード・プル測定を行う周波数帯域を含むように設定する
② ポート・パワーを設定する(Preset状態でOK)
③ 測定ポイント数を設定する(Preset状態でOK)
④ 測定に使用するポートを決める
⑤ 1ポート校正を行う(**図14-5**，第3章 3-1節)
 - ポート・ケーブル端にOPENを接続し，OPEN校正を行う
 - ポート・ケーブル端にSHORTを接続し，SHORT校正を行う
 - ポート・ケーブル端にLOAD(終端)を接続し，LOAD校正を行う
⑥ 校正が完了したポート・ケーブルに方向性結合器，スライディング・ショート，終端器を接続する(**図14-6**)
⑦ スライディング・ショートの位置(目盛り)を動かし，ベクトル・ネットワーク・アナライザで，各位置における入力インピーダンスを測定し，スミス・チャートにプロットする．**図14-7**に示すようにスミス・チャート上で測定ポイントが均等になるように，スライディング・ショートを変化させる
⑧ 方向性結合器とスライディング・ショートの間に，固定アッテネータ(またはス

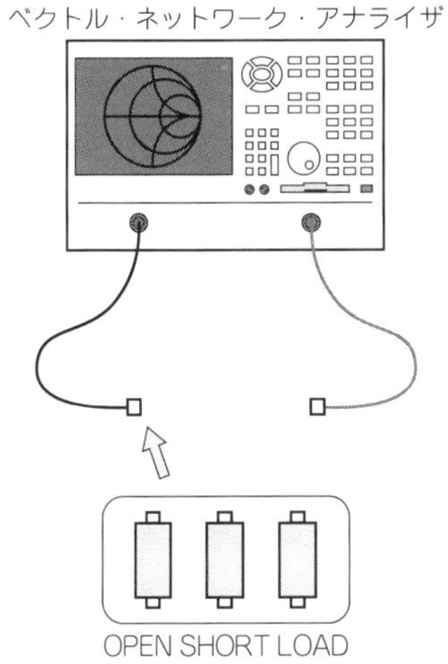

[図14-5] ベクトル・ネットワーク・アナライザのポート1の校正

14-2 ロード・プル，ソース・プルの測定

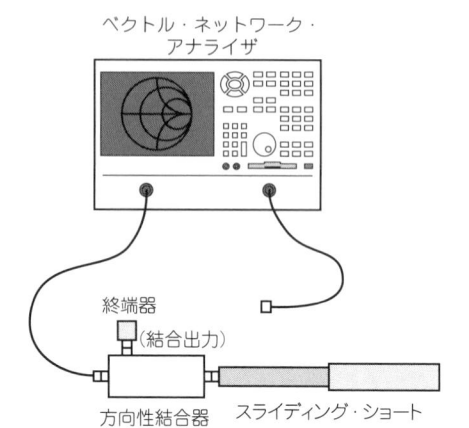

[図14-6] 校正が完了したポート・ケーブルに方向性結合器，スライディング・ショート，終端器を接続する

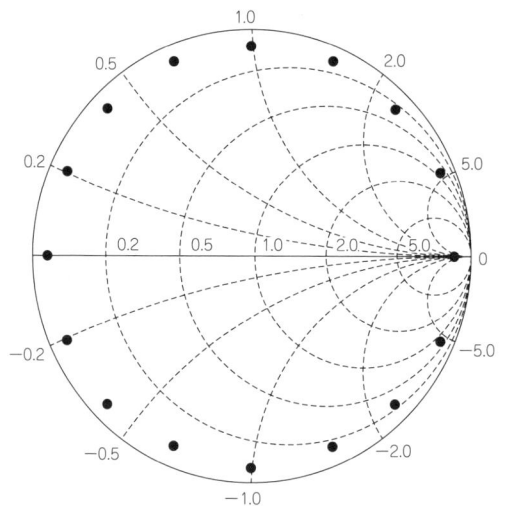

[図14-7] スミス・チャート上で測定ポイントが均等になるように，スライディング・ショートを変化させる

テップ・アッテネータ)を挿入する(図14-8)．アンプの出力電力以上の耐電力を持つアッテネータを使用すること

⑨ アッテネータの減衰量を変化させながら⑧の測定を繰り返し行う
⑩ 図14-9に示すようにスライディング・ショートの位置＋アッテネータの減衰量と，入力インピーダンスとの関係をプロットする(⑥はアッテネータの減衰量が0dBの状態)

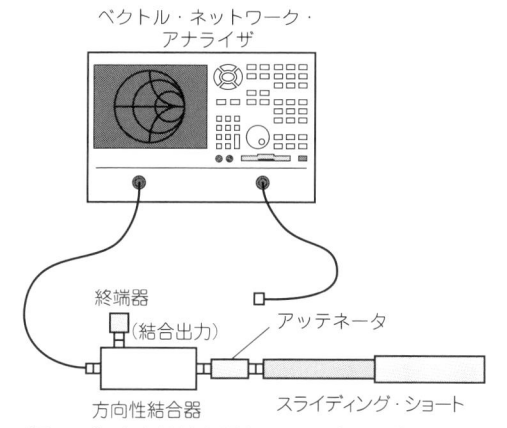

[図14-8] 方向性結合器とスライディング・ショートの間に，固定アッテネータ（またはステップ・アッテネータ）を挿入する

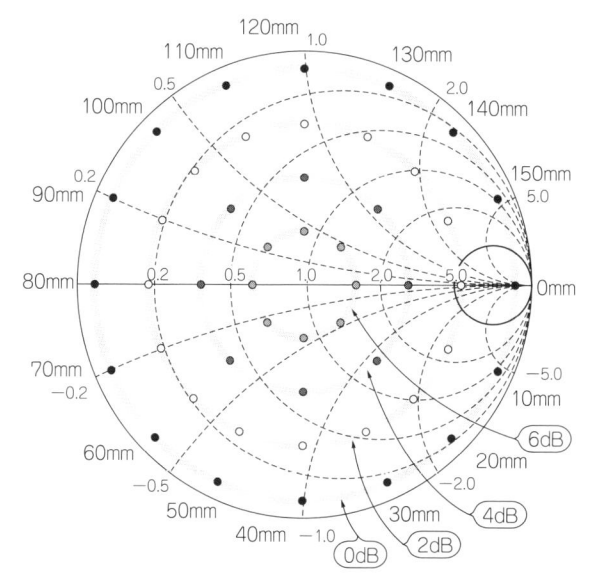

[図14-9] スライディング・ショートの位置＋アッテネータの減衰量と入力インピーダンスとの関係をプロット

● 測定手順（ロード・プル）
① 図14-10に示すように，信号発生器（SG），被測定アンプ（DUT），測定準備の項で示した回路（方向性結合器＋アッテネータ＋スライディング・ショート），パワー・センサ＋パワー・メータ（またはスペクトラム・アナライザ）を接続す

る
② 信号発生器の出力周波数を測定周波数に設定し，アンプに規定レベルの信号が入力されるように出力レベルを設定する
③ 図14-9の各ポイントの設定に，アッテネータとスライディング・ショートを合わせながら，方向性結合器の結合出力を測定する
④ 測定レベルに方向性結合器の結合度を加え，アンプの出力レベルを求める
⑤ スミス・チャート上の図14-9の各測定ポイントに，アンプの出力レベルを記入し，出力レベルの等高線図を作図する（図14-11）
⑥ 最も出力レベルが高くなるインピーダンスが，被測定アンプの最適な負荷イン

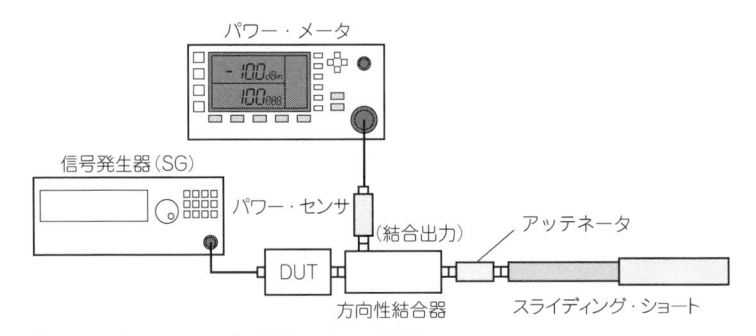

[図14-10] ロード・プル測定のための接続

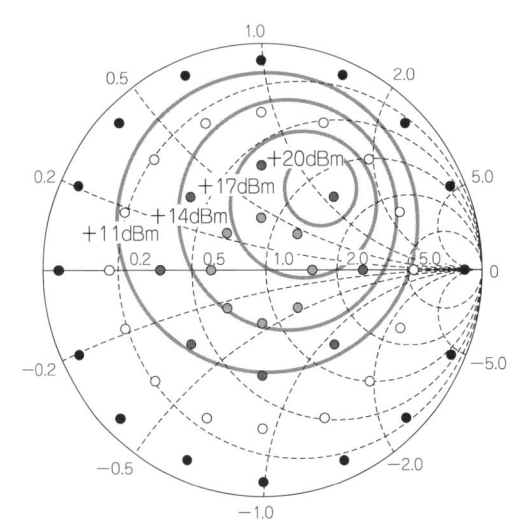

[図14-11] 図14-9の各測定ポイントにアンプの出力レベルを記入し，出力レベルの等高線図を作図する

ピーダンスになる(入力に50Ω負荷を接続した場合,出力電力に対して).アンプ出力から見たときに,このインピーダンスとなるようにマッチング回路を構成すれば,入力に50Ω負荷を接続した状態で,最も大きな出力電力を取り出せる

● 測定手順(ソース・プル)
① 図14-12に示すように信号発生器(SG),被測定アンプ,測定準備の項で示した回路(方向性結合器+アッテネータ+スライディング・ショート),パワー・センサ+パワー・メータ(またはスペクトラム・アナライザ)を接続する.アンプの出力レベルがパワー・センサ(またはスペクトラム・アナライザ)の測定レベルを超えてしまう場合には,図14-13に示すように,出力電力以上の耐電力を持つアッテネータをアンプの出力に挿入する
② 信号発生器の出力周波数を測定周波数に設定し,アンプに規定レベルの信号が

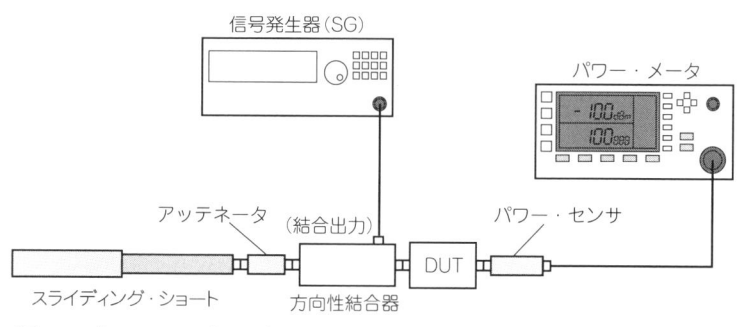

[図14-12] ソース・プル測定のための接続

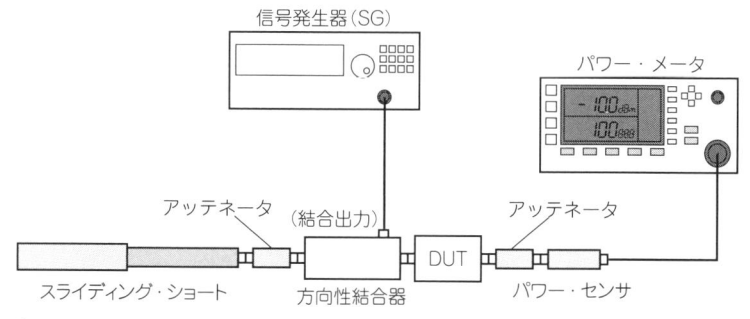

[図14-13] アンプの出力レベルがパワー・センサの測定レベルを超えてしまう場合には出力電力以上の耐電力を持つアッテネータをアンプの出力に挿入する

入力されるように，その出力レベルを設定する
③ 図14-9の各ポイントの設定に，アッテネータとスライディング・ショートを合わせながら，出力レベルを測定する
④ スミス・チャート上の図14-9の各測定ポイントに，アンプの出力レベルを記入し，出力レベルの等高線図を作図する（図14-11）
⑤ 最も出力レベルが高くなるインピーダンスが，被測定アンプの最適な信号源インピーダンスになる（出力に50Ω負荷を接続した場合，出力電力に対して）．アンプ入力から見たときに，このインピーダンスとなるようにマッチング回路を構成すれば，出力に50Ω負荷を接続した状態で，最も大きな出力電力を取り出せる

● 測定手順（ロード・プル＋ソース・プル）
　ロード・プル測定は，アンプの入力に接続される信号源インピーダンスが50Ωの場合の特性です．また，ソース・プル測定は，アンプの出力に接続される負荷インピーダンスが50Ωの場合の特性です．従ってロード・プルとソース・プルの測定を別々に行ったのでは，本当に最適なポイントは見つかりません．もっと適したポイントを見つけるためには，ロード・プル測定とソース・プル測定を組み合わせて行う必要があります．
　入力側と出力側の，すべてのインピーダンスの組み合わせで測定を行うと，膨大な時間がかかってしまいます．そこで，最初はランダムにインピーダンスの組み合わせを変えて測定を行い，その中から大きな出力が得られる部分を見つけ，その周辺で細かくインピーダンスの組み合わせを変えて測定を行えば，より短時間で最適なポイントを見つけることができます．

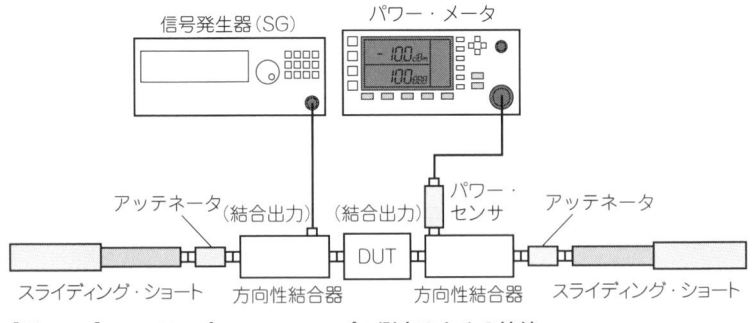

［図14-14］ロード・プル＋ソース・プル測定のための接続

① 図14-14に示すように信号発生器(SG)，被測定アンプ，測定準備の項で示した回路(方向性結合器＋アッテネータ＋スライディング・ショート)：2セット，パワー・センサ＋パワー・メータ(またはスペクトラム・アナライザ)を接続する．測定の準備回路は，それぞれ別々にインピーダンス測定を行っておく
② 信号発生器の出力周波数を測定周波数に設定し，アンプに規定レベルの信号が入力されるように，その出力レベルを設定する
③ 入力側と出力側のインピーダンス設定の組み合わせをランダムに変えて，出力レベルを測定し，大きな出力レベルが得られる組み合わせを見つける
④ 大きな出力レベルが得られた周辺で，細かくインピーダンスを変えて測定を行い，最適な組み合わせを見つける

● 実測例(ロード・プル)

　写真14-1に示すミニサーキット製の広帯域アンプ ZJL-7G (20M ～ 7000MHz, ゲイン：10dB, 出力VSWR：1.5)の，1GHzにおけるロード・プル特性を測定してみます．既に完成されたアンプで，しかも出力VSWRが低いので，出力の負荷を変化させても，出力レベルの変化は小さいかもしれません．

▶測定条件と測定系
- 1GHz, －10dBmの信号を入力
- 写真14-2に示す方向性結合器(ミニサーキット製，ZFDC-20-5)を使用
- スライディング・ショートなし(手持ちなし)
- 写真14-3に示すように，アッテネータ端にSMAの変換コネクタを接続
- SMA変換コネクタをつなぎ足して位相を変化させる(変換コネクタ7個でほぼ360°変化⇒0 ～ 6個で測定)
- 変換コネクタ端はショートではなくオープン状態で測定

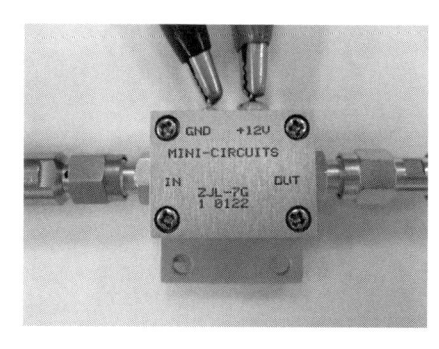

[写真14-1] ミニサーキット製の広帯域アンプ ZJL-7G

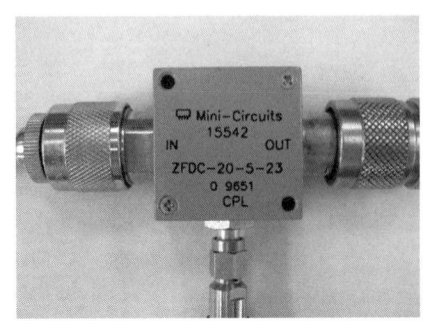

[写真14-2] ミニサーキット製の方向性結合器 ZFDC-20-5

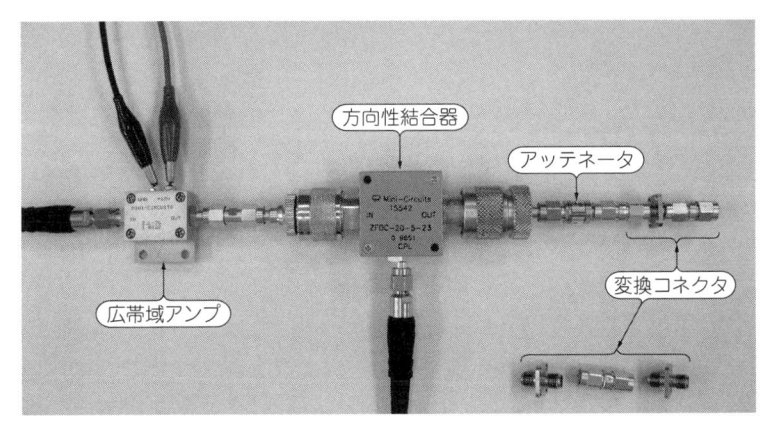

[写真14-3] スライディング・ショートが無かったためアッテネータ端にSMAの変換コネクタを接続し位相を変化させた

- アッテネータ設定値：なし，2dB，6dB

▶測定結果

　アッテネータ無しの状態で変換コネクタの数を変化させた場合，**図14-15**の@で示したように負荷のインピーダンスが変化し，マークの脇に示した数値の出力レベルが得られました．位相の回転が見やすくなるように，POLARチャート上に表示しています．

　2dBのアッテネータを挿入して変換コネクタの数を変化させた場合，**図14-15**の⑥に示したように負荷のインピーダンスが変化し，マークの脇に示した数値の出力レベルが得られました．

　6dBのアッテネータを挿入して変換コネクタの数を変化させた場合，**図14-15**の©に示したように負荷のインピーダンスが変化し，マークの脇に示した数値の出

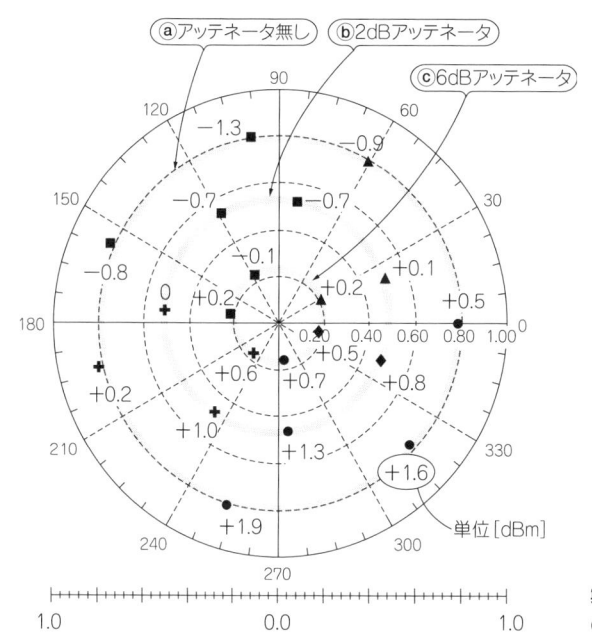

ⓐアッテネータ無し
ⓑ2dBアッテネータ
ⓒ6dBアッテネータ

単位[dBm]

[図14-15] ミニサーキット製の広帯域アンプ ZJL-7G のロード・プル測定結果

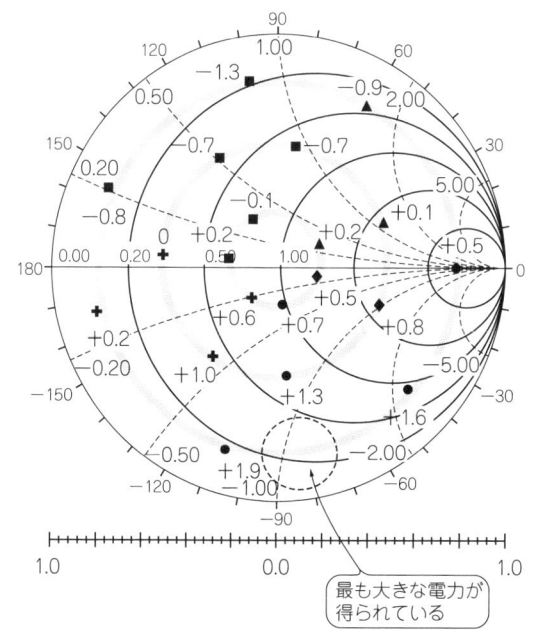

[図14-16] 破線で囲った領域付近（$Z_L = 10 - j50\,\Omega$ 前後）の負荷を接続したときに，最も大きな出力が得られることが分かった

最も大きな電力が得られている

14-2 ロード・プル，ソース・プルの測定

力レベルが得られました.

負荷のインピーダンスによって,出力レベル(またはゲイン)が3dB以上も変化することが分かります.また,図14-16中の破線で囲った領域付近($Z_L = 10 - j50\Omega$前後)の負荷を接続したときに,最も大きな出力(またはゲイン)が得られることが分かります.

はじめての高周波測定

第15章

ミキサに関係する測定
~変換ゲインや変換損失，アイソレーションなどの諸特性を正しく評価~

アンプやフィルタなどの回路では，入力信号と出力信号は同じ周波数です．しかしミキサは二つの周波数の異なる信号を入力し，内部で周波数変換を行う回路のため，入力信号の周波数と出力信号の周波数が異なります．そのためミキサのゲインまたは損失や，P1dB，IP3などの測定方法は他の回路と異なります．

　ミキサは周波数変換を行うための回路です．本章では，ミキサ回路特有の特性評価項目と，その測定方法を紹介します．
　図15-1にミキサ測定のフローチャートを示します．
　ミキサの測定は次のような場面で必要になります．
- 自作ミキサの特性評価
- 実使用条件における市販ミキサの特性評価
- 市販ミキサの特性比較

```
┌──────────────────┐
│   ミキサの測定    │
└────────┬─────────┘
┌────────┴─────────┐
│   変換ゲイン／    │
│   変換損失測定    │
└────────┬─────────┘
┌────────┴─────────┐
│   反射特性測定    │
│ (VSWR, リターン・ロス) │
│   (第4章参照)     │
└────────┬─────────┘
┌────────┴─────────┐
│    P1dB測定      │
│   (第9章参照)     │
└────────┬─────────┘
┌────────┴─────────┐
│    IP3測定       │
│   (第10章参照)    │
└────────┬─────────┘
┌────────┴─────────┐
│ アイソレーション測定 │
│ ・LO-RFアイソレーション │
│ ・LO-IFアイソレーション │
└────────┬─────────┘
┌────────┴─────────┐
│       完了       │
└──────────────────┘
```

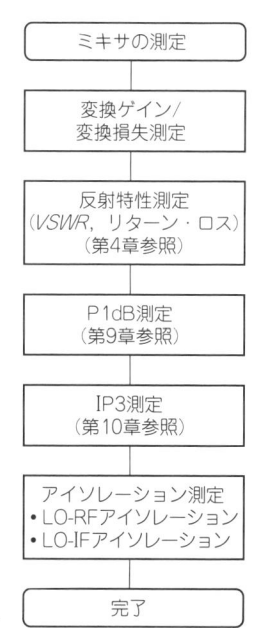

[図15-1] ミキサに関する測定のフローチャート

[図15-2] ミキサの回路記号

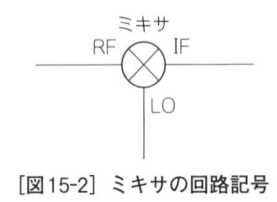

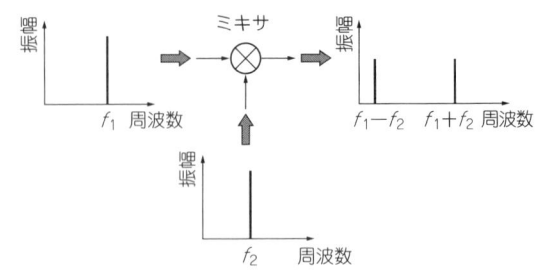

[図15-3] ミキサの動作概要

15-1　ミキサの役割

図15-2の回路記号に示すように，ミキサにはRF，LO，IFの三つの端子があります．このうちの二つの端子に別の周波数の信号(f_1, f_2)を入力すると，残りのもう一つの端子から，二つの周波数の和($f_1 + f_2$)と差($f_1 - f_2$, $f_1 > f_2$)の信号を取り出すことができます(図15-3)．

新しく発生した周波数成分は，f_1, f_2の持つ情報(振幅，位相，周波数などの変化，変調情報)を引き継いでいます．つまりミキサを使うと周波数変換を行えます．

ミキサで入力信号を高い周波数の信号に変換することを，アップ・コンバージョン(Up-conversion)と呼びます．その逆に，低い周波数の信号に変換することを，ダウン・コンバージョン(Down-conversion)と呼びます．

15-2　変換ゲイン，変換損失の測定

ミキサを使って周波数変換を行うと，周波数変換された信号の出力レベルは，入力信号レベルに対して変化します．

変換素子としてダイオードを使った受動ミキサ(passive mixer)の場合には，周波数変換された信号の出力レベルが減衰し，その信号レベルの減衰分のことを変換損失(conversion loss)と呼びます．一般的な受動ミキサの場合，6～7dB程度の変換損失があります．

変換損失 = |周波数変換出力電力[dbm] − 入力信号電力[dBm]| ……(15-1)
　　　　ただし，周波数変換出力電力 ≦ 入力信号電力とする．

一方，変換素子として能動素子(トランジスタやFET)を使った能動ミキサ(active

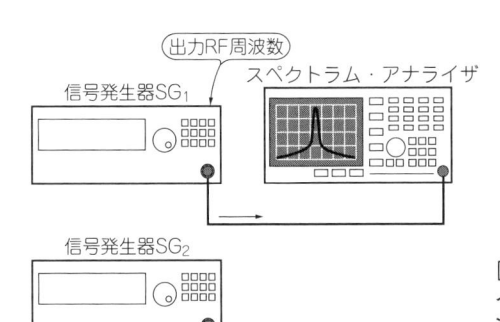

[図15-4] SG₁とスペクトラム・アナライザを接続し，出力周波数をRF信号周波数に設定する

mixer)の場合には，一般に周波数変換された信号の出力レベルが大きくなり，その増幅分のことを変換ゲイン(conversion gain)と呼びます．ただし，能動ミキサであっても，信号レベルが大きくならずに，減衰してしまう(変換損失を持つ)ものもあります．

変換ゲイン＝周波数変換出力電力[dbm]－入力信号電力[dBm] ……… (15-2)
ただし，周波数変換出力電力≧入力信号電力とする．

● 測定手順1…信号入力：RF，変換出力：IF
① 信号発生器(SG) 2台，被測定ミキサ，スペクトラム・アナライザを用意する．なおSG_1：RF信号，SG_2：LO信号とする
② 図15-4のようにSG_1とスペクトラム・アナライザを接続し，出力周波数をRF信号周波数に設定する
③ SG_1の出力レベルを，ミキサのP1dBよりも10dB以上低く設定し，スペクトラム・アナライザでレベルP_1[dBm]を測定する
④ 図15-5のようにSG_2とスペクトラム・アナライザを接続し，出力周波数をLO信号周波数に設定する
⑤ SG_2の出力レベルをスペクトラム・アナライザで確認し，被測定ミキサのLO信号推奨レベル(受動ミキサの場合，＋7dBm，＋10dBmなど)になるようにSG_2の出力レベルを設定する
⑥ 図15-6に示すようにSG_1，SG_2，ミキサ，スペクトラム・アナライザを接続する
⑦ スペクトラム・アナライザで，周波数変換された信号のIF端子への出力レベルP_2[dBm]を測定する

15-2 変換ゲイン，変換損失の測定 | **217**

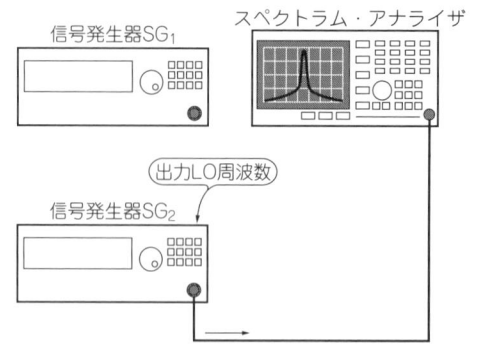

[図15-5] SG₂とスペクトラム・アナライザを接続し，出力周波数をLO信号周波数に設定する

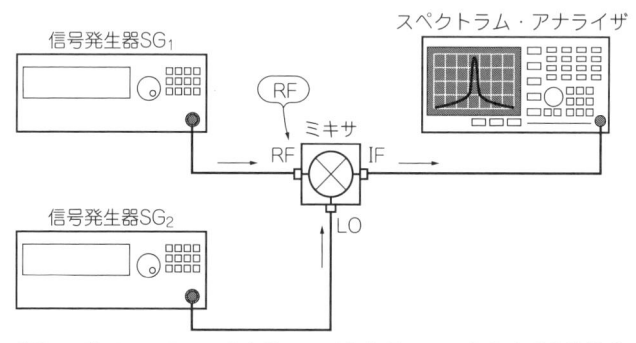

[図15-6] SG₁，SG₂，ミキサ，スペクトラム・アナライザを接続する
（信号入力：RF，変換出力：IF）

⑧ P_1とP_2の差 $|P_2 - P_1|$ が変換損失または変換ゲインになる

なお，ミキサの変換ゲイン/変換損失は，LO信号のレベルによって変化します．受動ミキサの場合，その変化が大きいのでLO信号レベルを変化させて測定を行う必要があります．

● 測定手順2…信号入力：IF，変換出力：RF
① 信号発生器2台とスペクトラム・アナライザを用意する．SG₁：IF信号，SG₂：LO信号とする
② 図15-4のようにSG₁とスペクトラム・アナライザを接続し，出力周波数をIF信号周波数に設定する
③ SG₁の出力レベルをミキサのP1dBよりも10dB以上低く設定し，スペクトラム・

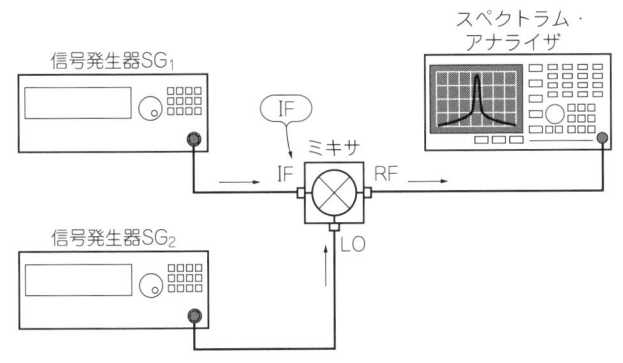

[図15-7] SG_1, SG_2, ミキサ, スペクトラム・アナライザを接続する(信号入力：IF, 変換出力：RF)

アナライザでレベル P_1 [dBm] を測定する
④ 図15-5のように SG_2 とスペクトラム・アナライザを接続し, 出力周波数をLO信号周波数に設定する
⑤ SG_2 の出力レベルをスペクトラム・アナライザで確認し, 被測定ミキサのLO信号推奨レベル(受動ミキサの場合, ＋7dBm, ＋10dBmなど)になるようにSG2の出力レベルを設定する
⑥ 図15-7に示すように SG_1, SG_2, 被測定ミキサ, スペクトラム・アナライザを接続する
⑦ スペクトラム・アナライザで, 周波数変換された信号のRF端子への出力レベル P_2 [dBm] を測定する
⑧ P_1 と P_2 の差 $|P_2-P_1|$ が変換損失または変換ゲインになる

なお, ミキサの変換ゲイン/変換損失は, LO信号のレベルによって変化します. 受動ミキサの場合, その変化が大きいのでLO信号レベルを変化させて測定を行う必要があります.

● 実測例

写真15-1に示す, ミニサーキット製のミキサ ZFM-15の, 変換損失の実測結果を図15-8, 図15-9に示します. 図15-8はRF信号入力：1GHz, LO信号入力：900MHzに設定して, LO信号レベルを－10dBmから＋12dBmまで変化させた場合の変換損失の特性です(IF出力周波数：100MHz). LOの信号レベルが大きいほど変換損失が少ないことが分かります.

[写真15-1] ミニサーキット製のミキサ ZFM-15の外観

[表15-1] ミキサ ZFM-15の電気的特性

LO 周波数範囲		10M ～ 3000MHz
RF 周波数範囲		10M ～ 3000MHz
IF 周波数範囲		10M ～ 800MHz
変換損失 (帯域中央※)	平均	6.13dB
	σ	0.14dB
	最大	8.0dB
変換損失 (全帯域)		最大 8.5dB

※ LO/RF：20M ～ 1500MHz

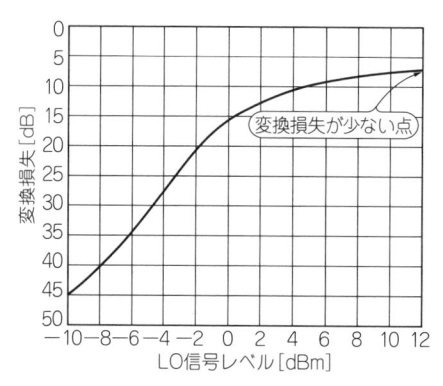

[図15-8] RF信号入力：1GHz，LO信号入力：900MHzに設定して，LO信号レベルを－10dBmから＋12dBmまで変化させた場合の変換損失の特性

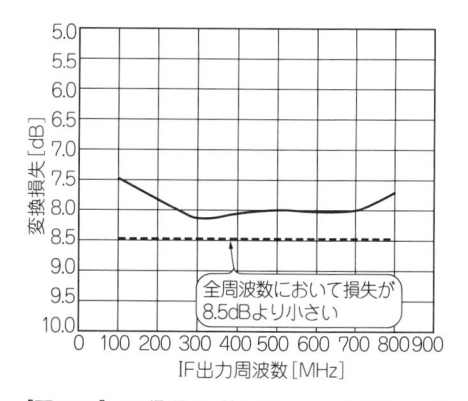

[図15-9] RF信号入力：1GHz，LO信号レベル：＋10dBmに設定して，LO信号周波数を900MHzから200MHzまで変化させた場合の変換損失の特性

　図15-9はRF信号入力：1GHz，LO信号レベル：＋10dBmに設定して，LO信号周波数を900MHzから200MHzまで変化させた場合の変換損失の特性です（IF出力周波数は100Mから800MHzまで変化）．**表15-1**にZFM-15の電気的特性を示します．変換損失が8.5dBより小さく，データシートのスペックどおりであることが分かります．

15-3　アイソレーションの測定

　ミキサのアイソレーション特性は，ミキサのLO端子に注入された局部発振信号（Local信号，LO信号）の，ほかの端子への漏れを測定したものです．

ミキサのアイソレーション特性には，LO-RFアイソレーション特性(RF端子へのLO信号の漏れ)とLO-IFアイソレーション特性(IF端子へのLO信号の漏れ)があります．

● LO-RFアイソレーション特性の測定手順
① 信号発生器とスペクトラム・アナライザを用意する
② 図15-10のように信号発生器とスペクトラム・アナライザを接続し，出力周波数をLO信号周波数に設定する
③ 信号発生器の出力レベルをスペクトラム・アナライザで確認し，被測定ミキサのLO信号推奨レベル(受動ミキサの場合，+7dBm，+10dBmなど)になるように，出力レベル P_1[dBm]を設定する
④ 図15-11に示すように信号発生器，スペクトラム・アナライザ，被測定ミキサを接続し，ミキサのIF端子を終端する
⑤ スペクトラム・アナライザで，RF端子へのLO信号の漏れレベル P_2[dBm]を測定する
⑥ P_1 と P_2 の差 $(P_1 - P_2)$ がLO-RFアイソレーションになる

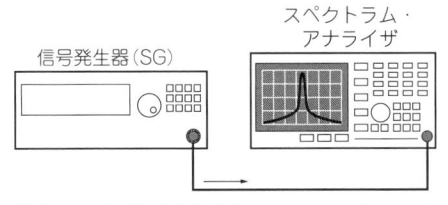

● LO-IFアイソレーション特性の測定手順
① 信号発生器とスペクトラム・アナライザを用意する
② 図15-10のように信号発生器とスペクトラム・アナライザを接続し，出力周波数をLO信号周波数に設定する
③ 信号発生器の出力レベルをスペクトラム・アナライザで確認し，被測定ミキサのLO信号推奨レベル(受動ミキサの場合，+7dBm，+10dBmなど)になるように，出力レベル P_1[dBm]を設定する
④ 図15-12に示すように信号発生器，スペクトラム・アナライザ，被測定ミキサ

[図15-10] 信号発生器とスペクトラム・アナライザを接続し，出力周波数をLO信号周波数に設定する

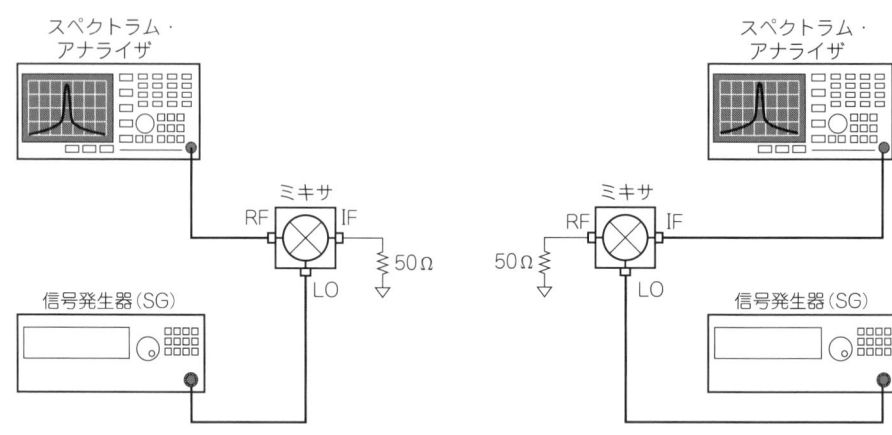

[図15-11] LO-RFアイソレーション特性の測定
信号発生器，スペクトラム・アナライザ，被測定ミキサを接続し，ミキサのIF端子を終端する

[図15-12] LO-IFアイソレーション特性の測定
信号発生器，スペクトラム・アナライザ，被測定ミキサを接続し，ミキサのRF端子を終端する

を接続し，ミキサのRF端子を終端する
⑤ スペクトラム・アナライザで，IF端子へのLO信号の漏れレベルP_2[dBm]を測定する
⑥ P_1とP_2の差$(P_1 - P_2)$がLO-IFアイソレーションになる

はじめての高周波測定

第16章

発振回路特有の測定
〜位相雑音特性，Pushing特性，Pulling特性などを正しく評価〜

> アンプやフィルタなどの回路は，外部から信号を入力して，反射特性や通過特性など，さまざまな特性を測定します．しかし発振回路の場合には，回路内部で自ら信号を作り出し，その信号を出力しています．そのため特性を評価するために，発振回路特有の測定が行われます．

本章では，発振回路特有の特性評価項目と，その測定方法を紹介します．

位相雑音特性は発振出力信号の純度を表す重要な特性です．

発振回路には信号純度とともに，発振周波数と出力レベルの安定も求められます．そこで外部要因(電源電圧や負荷)に対する安定を評価するために，Pushing特性，Pulling特性の測定が行われます．

それに加え，発振回路が接続される回路からみると，発振回路が負荷になるので発振回路の出力インピーダンスの評価が求められる場合もあります．

図16-1に発振回路測定のフローチャートを示します．

16-1 位相雑音特性の測定

発振回路の特性で最も重要なのが，位相雑音(Phase Noise)特性です．一般に発振回路の良し悪しは，まず位相雑音特性で比較されます．

● 位相雑音特性

位相雑音特性PN[dBc/Hz]は，

$$PN = N_{offset} - P_o \qquad (16\text{-}1)$$

ただし，N_{offset}：f_C(キャリア周波数)からf_{offset}離れた周波数における1Hz帯域のノイズ電力[dBm/Hz]，P_O：キャリア(発振回路出力)の信号電力[dBm]．

16-1 位相雑音特性の測定 | 223

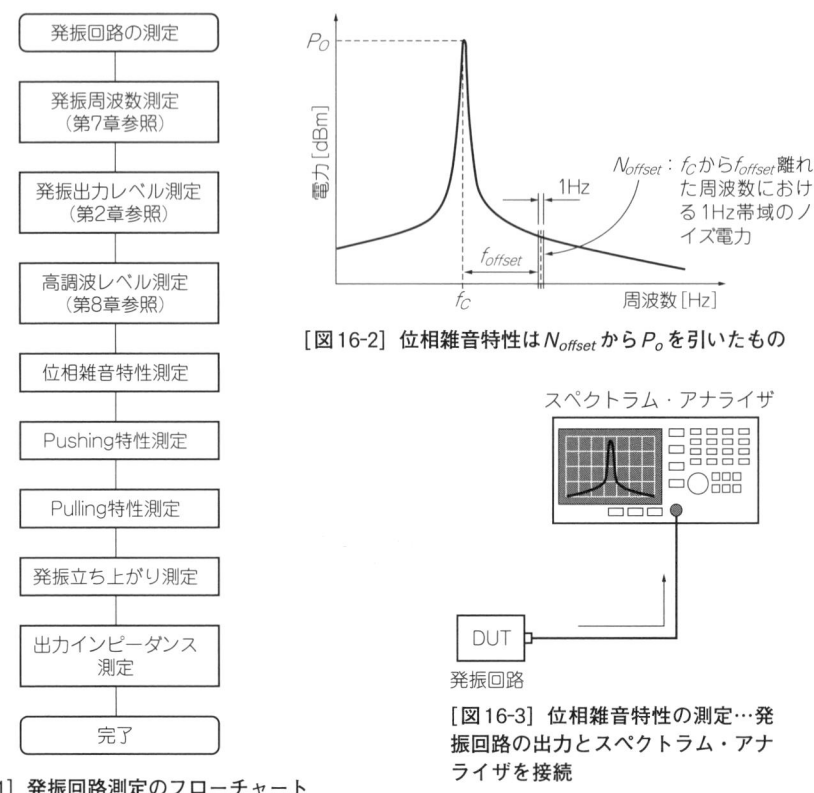

[図16-1] 発振回路測定のフローチャート

[図16-2] 位相雑音特性はN_{offset}からP_oを引いたもの

N_{offset}：f_Cからf_{offset}離れた周波数における1Hz帯域のノイズ電力

[図16-3] 位相雑音特性の測定…発振回路の出力とスペクトラム・アナライザを接続

図16-2にN_{offset}とP_oの関係を示します．位相雑音の単位はdBc/Hzになります．

一般に位相雑音特性は，10kHzあるいは1kHzオフセットした周波数で測定されます．位相雑音特性の値がマイナス側に大きければ大きいほど，周波数安定度が高く，きれいな信号を出力する発振回路です．

● 測定方法

一般には，スペクトラム・アナライザを用いた測定が行われます．以下に基本的な手順を示します．
① 図16-3に示すように，発振回路の出力とスペクトラム・アナライザを接続する
② 発振回路の電源を入れ，発振周波数が安定するまで，30分程度そのままにしておく
③ スペクトラム・アナライザでキャリアの電力を測定する

④ スペクトラム・アナライザの雑音測定機能を使い，キャリアからオフセットした周波数における，1Hz帯域内のノイズ電力を測定する．なお，雑音測定機能のないスペクトラム・アナライザもある
⑤ 式(16-1)を使って，位相雑音特性を求める．なお，位相雑音特性はキャリアに対して左右対称なので，キャリアの上側と下側どちらで測定しても良い

● そのほか測定方法

位相雑音測定システム E5052B（アジレント・テクノロジー，**写真16-1**）や信号源アナライザなど，位相雑音特性を評価する専用測定器や測定システムがあります．これらを使用すれば，より早く正確に測定評価を行えます．

● 実測例

スペクトラム・アナライザ MS2602A（アンリツ）を使って，1GHz発振回路の位相雑音特性を測定してみます．**写真16-2**が発振回路の出力スペクトルで，キャリアの出力電力は－1.53dBmです．

次にスペクトラム・アナライザの雑音測定機能を使い，キャリアから1kHzオフセットした周波数における，1Hz帯域内のノイズ電力を測定すると，**写真16-3**に示すように－97.86dBm/Hzです．従って，この発振回路の1kHzオフセットにおけ

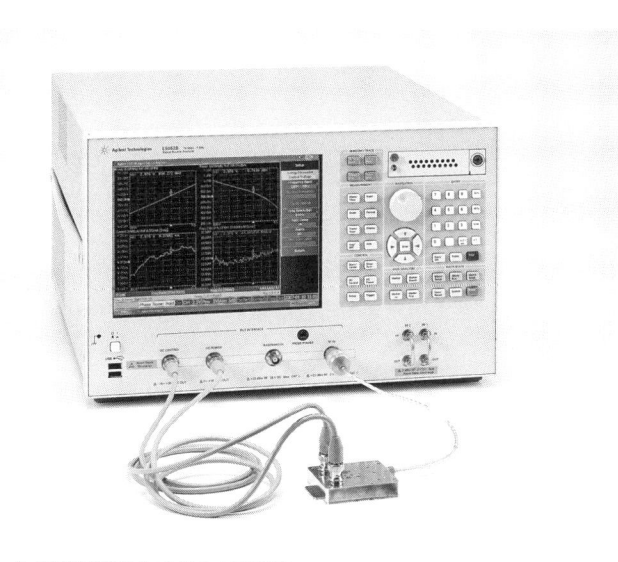

[写真16-1] 位相雑音測定システム E5052B

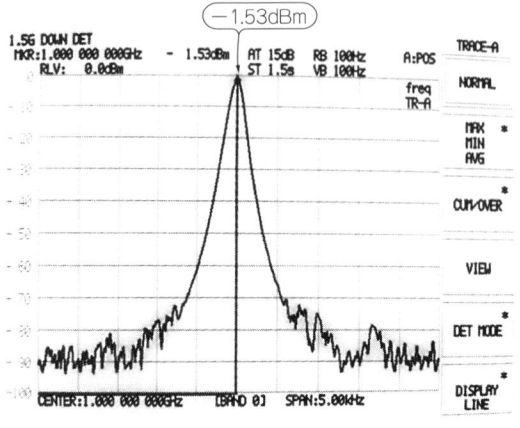

[写真16-2] 発振回路の出力スペクトル…キャリアの出力電力は－1.53dBm

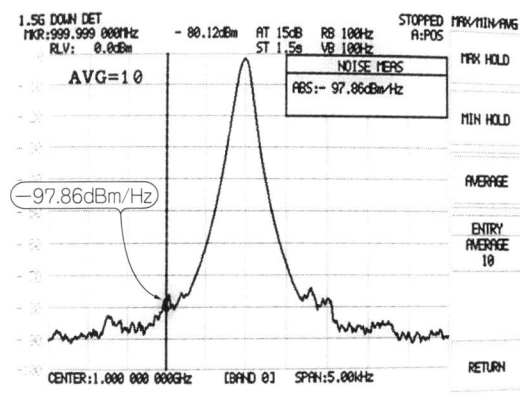

[写真16-3] キャリアから1kHzオフセットした周波数における，1Hz帯域内のノイズ電力を測定すると－97.86dBm/Hz

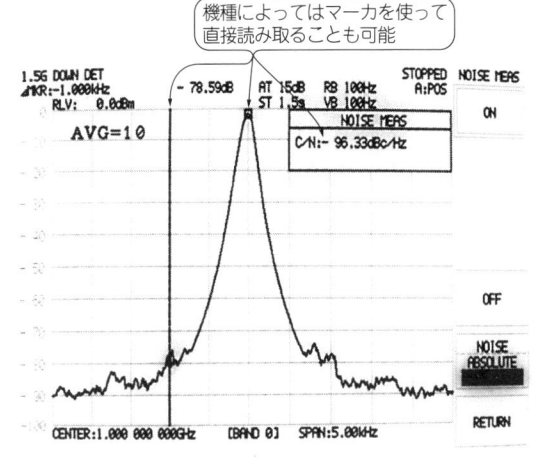

[写真16-4] 雑音測定機能が備わっているスペクトラム・アナライザの場合，デルタ・マーカを使い位相雑音の値を直接読み取ることもできる

る位相雑音特性 PN_{1k_offset} [dBc/Hz]は式(16-1)を使って，

PN_{1k_offset} = − 97.86 [dBm/Hz] − (− 1.53 [dBm]) = − 96.33 [dBc/Hz]

と求められます．

一般に雑音測定機能が備わっているスペクトラム・アナライザの場合，**写真16-4**に示すようにデルタ・マーカを使い，位相雑音の値を直接読み取ることもできます．

16-2 Pushing特性の測定

Pushing特性とは，発振回路の電源電圧を変化させたときの，発振周波数，発振出力レベルの変化を測定したものです．

● 測定方法
① **図16-4**に示すように，発振回路の出力をスペクトラム・アナライザに入力する
② 発振回路の電源を入れ，発振周波数が安定するまで待つ
③ 発振回路の仕様に示された電源電圧範囲内で電源電圧を変化させ，そのときの発振周波数，発振出力レベルを測定する

● 実測例
写真16-5に示すLC発振回路(約309.3MHz)のPushing特性を測定してみます．電源電圧V_{CC} = +5Vで設計された回路なので，電源電圧を ± 10% (± 0.5V)変化させて，測定を行ってみます．

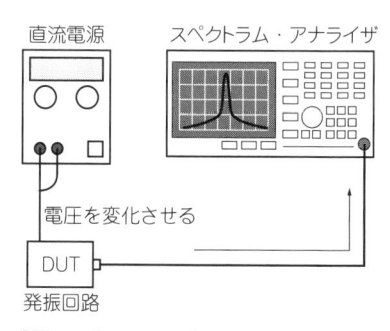

[図16-4] Pushing特性の測定…発振回路の出力をスペクトラム・アナライザに接続

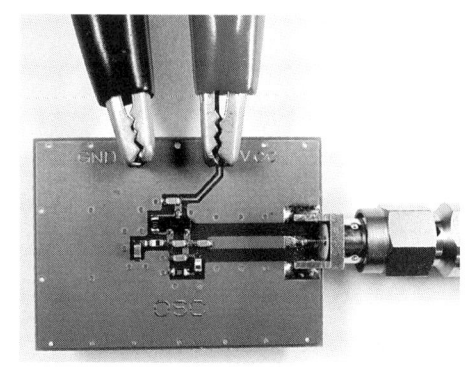

[写真16-5] LC発振回路(約309.3MHz)の外観

[図16-5] 発振周波数のPushing特性

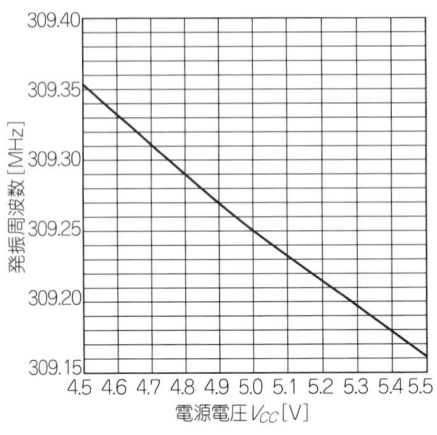

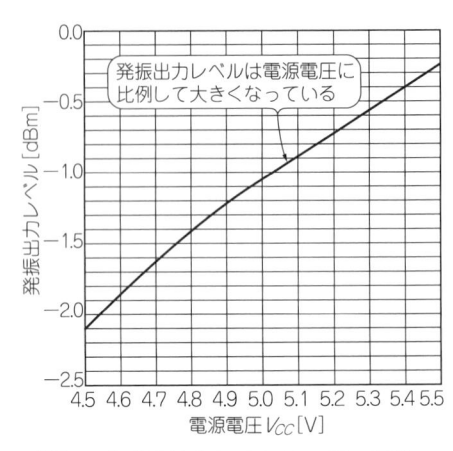

[図16-6] 発振出力レベルのPushing特性

　図16-5に発振周波数のPushing特性を，図16-6に発振出力レベルのPushing特性を示します．電源電圧の変化によって，発振周波数と出力レベルの両方が変化することが分かります．

16-3　Pulling特性の測定

　Pulling特性とは，発振回路の出力に反射係数の大きさは一定のまま，反射位相が可変できる素子を接続し，反射位相を変化させたときの発振周波数，発振出力レベルの変化を測定したものです．

　Pulling特性の測定には，リターン・ロスで12dBの反射量を持つ素子が使われます．一般に図16-7に示すように，6dBのアッテネータとスライディング・ショート（第1章参照）と呼ばれる素子を接続したものが使われます．

　スライディング・ショートは，その先端がショートになった同軸線路で，その物理的な長さが変えられるようになっています．従って反射係数の大きさは1で，その位相だけを自由に変化させることができます．6dBのアッテネータと組み合わせることによって12dBのリターン・ロスが得られ，反射位相が変えられます．

● 測定方法
① 図16-8（a）に示すように接続する
　　● 発振回路の出力に方向性結合器を接続する

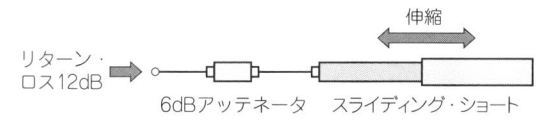

[図16-7] Pulling特性の測定にはリターン・ロスで12dBの反射量を持つ素子が必要，そこで6dBのアッテネータとスライディング・ショートを接続

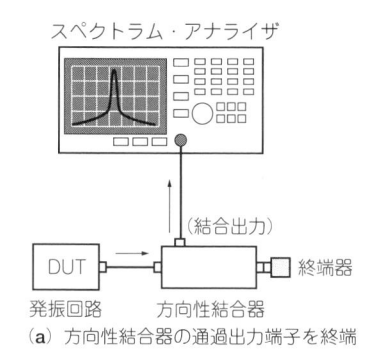

[図16-8] Pulling特性測定のための構成
(a) 方向性結合器の通過出力端子を終端
(b) 方向性結合器の通過出力端子に6dBのアッテネータとスライディング・ショートを接続

- 方向性結合器の結合出力端子とスペクトラム・アナライザを接続する
- 方向性結合器の通過出力端子を終端する(整合負荷)
② 発振回路の電源を入れ，発振周波数が安定するまで待ち，整合負荷の状態での発振周波数と発振出力レベルを測定する
③ 図16-8(b)に示すように，方向性結合器の通過出力端子に6dBのアッテネータとスライディング・ショートを接続する
④ スライディング・ショートの長さを変化させ，発振周波数と発振出力レベルの最大値，最小値を測定する
⑤ 最大値と最小値の差が変化幅を表し，②における測定値と最大値，最小値との差が変化量を表す

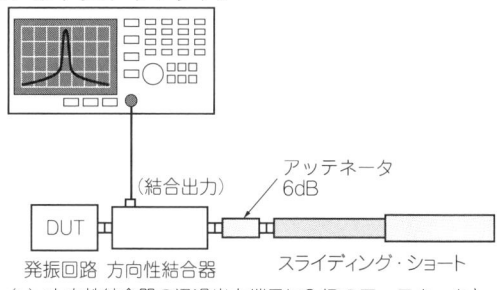

16-4 立ち上がり時間の測定

　立ち上がり時間の測定は検波器(同軸検波器，第1章参照)を使って行えます．検波器は入力された高周波の電力を，それに比例した電圧に変換する素子です．従って検波器の出力電圧をオシロスコープで観測することによって立ち上がり時間を測

定できます.

● 測定手順
① 外部からのディジタル信号で，発振回路の電源をON/OFFできるようにしておく
② 図16-9に示すように発振回路，ファンクション・ジェネレータ，検波器，そしてオシロスコープを接続する
③ 発振回路をON/OFF制御するための信号をファンクション・ジェネレータから出力する(方形波). 予想される発振回路の立ち上がり時間よりも，十分長い周期でON/OFFさせる
④ オシロスコープで検波器の出力電圧波形を観測する

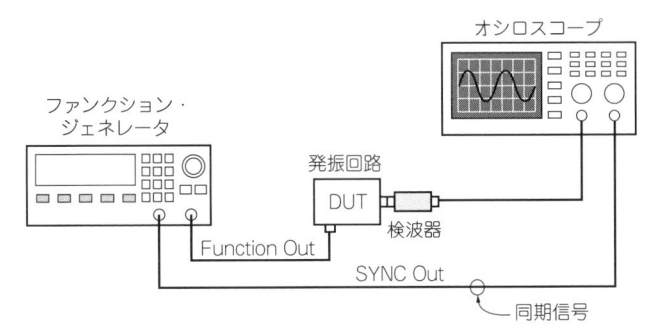

[図16-9] 立ち上がり時間の測定…発振回路，ファンクション・ジェネレータ，検波器，オシロスコープを接続

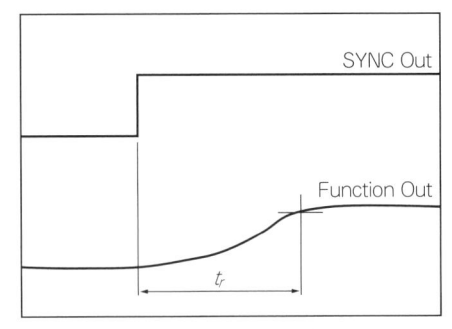

[図16-10] ファンクション・ジェネレータの出力信号でトリガをかけ，発振回路出力の立ち上がり時間を測定

⑤ ファンクション・ジェネレータの出力信号でトリガをかけ，**図16-10**に示すような発振回路出力の立ち上がり時間を測定する

16-5	出力インピーダンスの測定

　発振回路の動作状態における出力インピーダンス測定は，第3章 3-1節のインピーダンス測定のようには簡単にできません．ベクトル・ネットワーク・アナライザは，自分自身から信号を出力し，その反射信号を測定してインピーダンスを求めています．従って発振回路のように回路の内部から信号が出てきてしまう場合には，測定できません．

　「発振回路に電源を加えた状態で，発振を止めて測定すれば良いのでは？」と考えるかもしれません．しかし，発振回路は回路が飽和に近い状態で動作しているので，発振を止めてしまうと，全く違う状態になってしまいます．

　測定する手段がなさそうな発振回路の出力インピーダンスですが，16-3節のPulling特性の測定と似た方法で測定できます．

● 測定方法1…スライディング・ショートと方向性結合器を使った方法
① **図16-11**に示すように，方向性結合器，固定アッテネータ(3〜6dB程度)，スライディング・ショート，終端器を接続する
　● 方向性結合器の結合出力端子に終端器を接続する
　● 方向性結合器の通過出力端子に，固定アッテネータとスライディング・ショートを接続する
② ベクトル・ネットワーク・アナライザを準備し，1ポート校正を行う(第3章 3-1節参照)．中心周波数を発振回路の発振周波数に設定．周波数SPANは狭くて良い

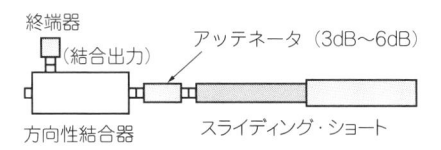

[図16-11] 出力インピーダンスの測定1…方向性結合器，固定アッテネータ(3〜6dB程度)，スライディング・ショート，終端器を接続

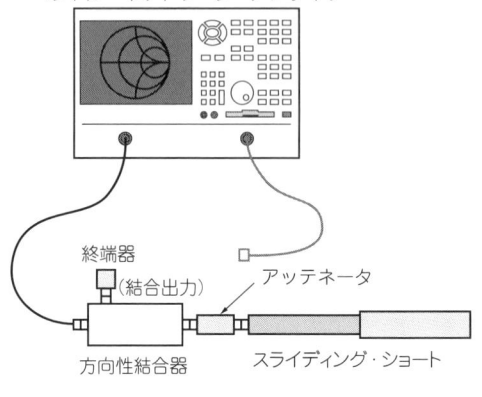

[図16-12] 校正が完了したベクトル・ネットワーク・アナライザのポート・ケーブルに図16-11の測定系を接続

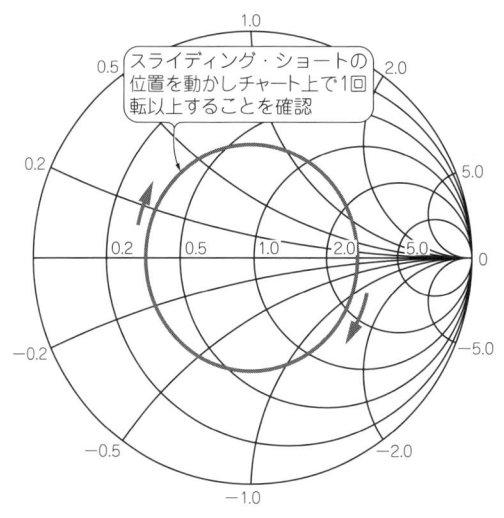

[図16-13] スライディング・ショートを動かし，スミス・チャート上で周波数軌跡が1回転以上することを確認

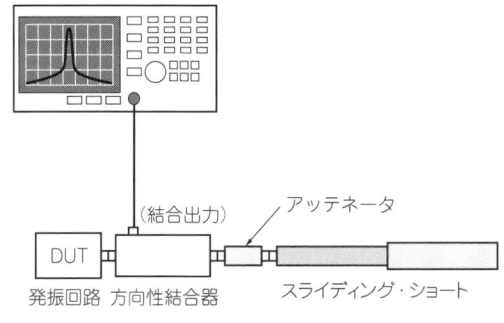

[図16-14] 発振回路の出力に図16-11の測定系を接続し，方向性結合器の結合出力端子の終端器を外し，スペクトラム・アナライザを接続

③ 図16-12に示すように，校正が完了したベクトル・ネットワーク・アナライザのポート・ケーブルに①の測定系を接続する
④ ベクトル・ネットワーク・アナライザの表示フォーマットをスミス・チャートにする
⑤ スライディング・ショートを動かし，スミス・チャート上で周波数軌跡が1回転以上することを確認する（図16-13）
⑥ スライディング・ショートを動かしながら中心周波数における反射係数の大きさ $|\varGamma|$ を確認し，平均的な値（$|\varGamma_2|$）を記録する
⑦ 図16-14に示すように，発振回路の出力に①の測定系を接続し，方向性結合器の結合出力端子の終端器を外し，スペクトラム・アナライザを接続する
⑧ スライディング・ショートを動かし，スペクトラム・アナライザで観測されるレベルの最大値 P_{max}[dBm]と最小値 P_{min}[dBm]を測定し，そのレベル差 ΔP[dB]を求める．周波数も変動するがレベルだけを測定する
⑨ レベルが最大となる位置にスライディング・ショートを固定する
⑩ 発振回路を取り外し，図16-15に示すようにベクトル・ネットワーク・アナライザに接続し，反射係数の位相角 θ を測定する
⑪ 式(16-2)を使って発振回路の出力反射係数の大きさ（$|\varGamma_1|$）を求める
⑫ 発振回路の出力反射係数 $\varGamma_1$ は，式(16-3)で表される
⑬ 発振回路の出力インピーダンス Z_{out} は，式(16-4)で求められる

$$|\varGamma_1| = \frac{10^{\Delta P/20} - 1}{|\varGamma_2|(10^{\Delta P/20}+1)} \quad\cdots\cdots\cdots\cdots\cdots\cdots\cdots\cdots\cdots\cdots\cdots\cdots\cdots (16\text{-}2)$$

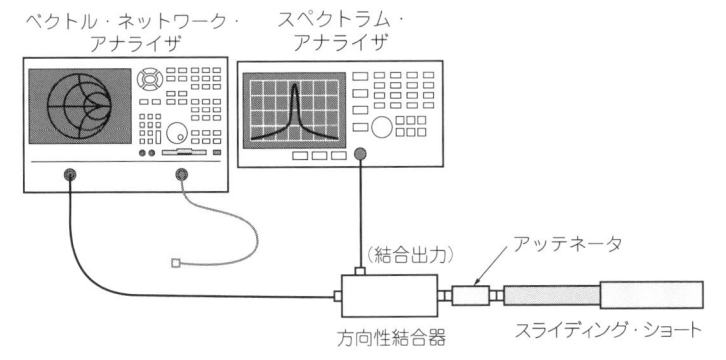

[図16-15] 発振回路を取り外し，その端子にベクトル・ネットワーク・アナライザを接続，反射係数の位相角 θ を測定

$$\varGamma_1 = |\varGamma_1| \angle -\theta \quad \cdots\cdots\cdots\cdots\cdots\cdots\cdots\cdots\cdots\cdots\cdots\cdots\cdots\cdots\cdots\cdots\cdots\cdots\cdots\cdots\cdots\cdots\cdots\cdots\cdots\cdots \quad (16\text{-}3)$$

$$Z_{out} = R_{out} + jX_{out} = \mathrm{Re}\left[Z_0 \frac{1+\varGamma_1}{1-\varGamma_1}\right] + j\mathrm{Im}\left[Z_0 \frac{1+\varGamma_1}{1-\varGamma_1}\right] \quad \cdots\cdots\cdots\cdots\cdots\cdots\cdots\cdots\cdots \quad (16\text{-}4)$$

● **測定方法2…ライン・ストレッチャと方向性結合器を使った方法**

① **図16-16**に示すようにライン・ストレッチャ，方向性結合器，固定アッテネータ（3 ～ 6dB程度），SHORT（またはOPEN），終端器を接続する
 - 方向性結合器の結合出力端子に終端器を接続する
 - 方向性結合器の通過出力端子に固定アッテネータとライン・ストレッチャ，SHORT（またはOPEN）を接続する．OPENはライン・ストレッチャの片端開放でもよい

② ベクトル・ネットワーク・アナライザを準備し，1ポート校正を行う（第3章 3-1節参照）．中心周波数を発振回路の発振周波数に設定する．周波数SPAN

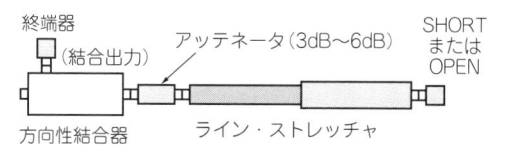

[図16-16] 出力インピーダンスの測定2…ライン・ストレッチャ，方向性結合器，固定アッテネータ（3 ～ 6dB程度），SHORT（またはOPEN），終端器を接続

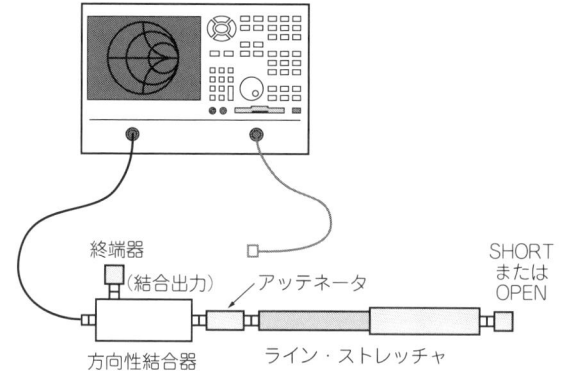

[図16-17] 校正が完了したベクトル・ネットワーク・アナライザのポート・ケーブルに図16-16の測定系を接続

は狭くて良い
③ 図**16-17**に示すように，校正が完了したベクトル・ネットワーク・アナライザのポート・ケーブルに①の測定系を接続する
④ ベクトル・ネットワーク・アナライザの表示フォーマットをスミス・チャートにする
⑤ ライン・ストレッチャを動かし，スミス・チャート上で周波数軌跡が1回転以上することを確認する（図**16-13**）
⑥ ライン・ストレッチャを動かしながら，中心周波数における反射係数の大きさ$|\Gamma|$を確認し，平均的な値（$|\Gamma_2|$）を記録する
⑦ 図**16-18**に示すように，発振回路の出力に①の測定系を接続し，方向性結合器の結合出力端子の終端器を外し，スペクトラム・アナライザを接続する
⑧ ライン・ストレッチャを動かし，スペクトラム・アナライザで観測されるレベルの最大値P_{max}[dBm]と最小値P_{min}[dBm]を測定し，そのレベル差ΔP[dB]を求める．なお，周波数も変動するが，レベルだけ測定する
⑨ レベルが最大となる位置にライン・ストレッチャを固定する
⑩ 発振回路を取り外し，図**16-19**に示すようにベクトル・ネットワーク・アナライザに接続し，反射係数の位相角θを測定する
⑪ 式(16-2)を使って発振回路の出力反射係数の大きさ（$|\Gamma_1|$）を求める
⑫ 発振回路の出力反射係数Γ_1は，式(16-3)で表される
⑬ 発振回路の出力インピーダンスZ_{out}は，式(16-4)で求められる

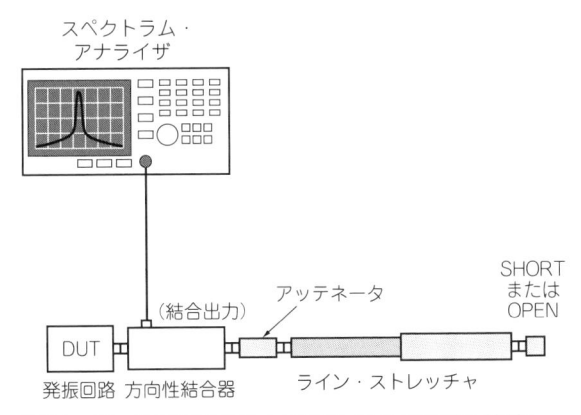

[図16-18] 発振回路の出力に図16-16の測定系を接続し，方向性結合器の結合出力端子の終端器を外し，スペクトラム・アナライザを接続

[図16-19] 発振回路を取り外し，その端子をベクトル・ネットワーク・アナライザに接続，反射係数の位相角θを測定

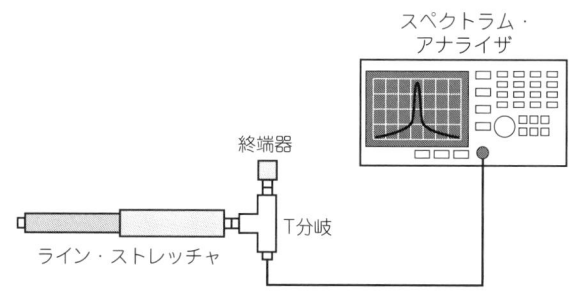

[図16-20] 出力インピーダンスの測定3…ライン・ストレッチャ，T分岐，終端器，スペクトラム・アナライザを接続

● 測定方法3…ライン・ストレッチャとT分岐を使った方法
① 図16-20に示すようにライン・ストレッチャ，T分岐，終端器，スペクトラム・アナライザを接続する
② ベクトル・ネットワーク・アナライザを準備し1ポート校正を行う（第3章 3-1節）．中心周波数を発振回路の発振周波数に設定．周波数SPANは狭くて良い
③ 図16-21に示すように，校正が完了したベクトル・ネットワーク・アナライザのポート・ケーブルに①の測定系を接続する
④ ベクトル・ネットワーク・アナライザの表示フォーマットをスミス・チャートにする
⑤ ライン・ストレッチャを動かし，スミス・チャート上で周波数軌跡が1回転以上することを確認する（図16-13）

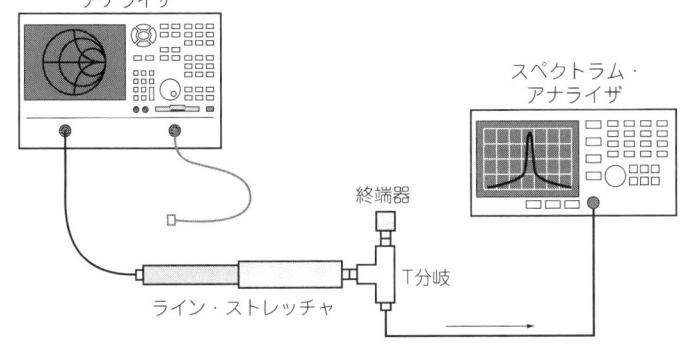

[図16-21] 校正が完了したベクトル・ネットワーク・アナライザのポート・ケーブルに図16-20の測定系を接続

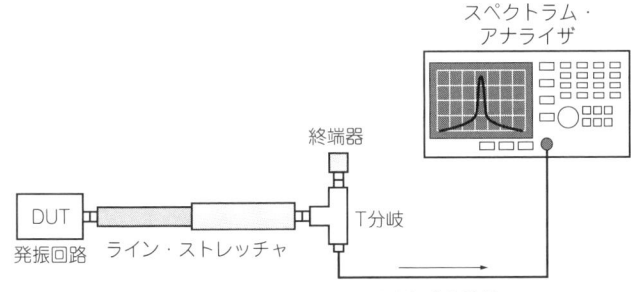

[図16-22] 発振回路の出力に図16-20の測定系を接続

⑥ ライン・ストレッチャを動かしながら，中心周波数における反射係数の大きさ $|\varGamma|$ を確認し，平均的な値（$|\varGamma_2|$）を記録する
⑦ **図16-22**に示すように，発振回路の出力に①の測定系を接続する
⑧ ライン・ストレッチャを動かし，スペクトラム・アナライザで観測されるレベルの最大値 P_{max}[dBm]と最小値 P_{min}[dBm]を測定し，そのレベル差 $\varDelta P$[dB]を求める．周波数も変動するが，レベルだけ測定する
⑨ レベルが最大となる位置にライン・ストレッチャを固定する
⑩ 発振回路を取り外し，**図16-21**に示すようにベクトル・ネットワーク・アナライザに接続し，反射係数の位相角 θ を測定する
⑪ 式(16-2)を使って発振回路の出力反射係数の大きさ（$|\varGamma_1|$）を求める
⑫ 発振回路の出力反射係数 $\varGamma_1$ は，式(16-3)で表される
⑬ 発振回路の出力インピーダンス Z_{out} は式(16-4)で求められる

16-5 出力インピーダンスの測定 | **237**

はじめての高周波測定

第17章

検波回路の測定
~変換特性,感度(TSS)などを正しく評価~

検波回路はRF端子に入力された高周波信号の電力に比例した電圧を出力する回路です.そのため変換出力である電圧信号と,入力された高周波信号電力との関係(変換特性)の評価が必要です.また,振幅変調された信号の復調回路として検波回路を使う場合には,復調回路としての感度(TSS)の測定が必要です.

本章では,検波回路特有の特性評価項目と,その測定方法を紹介します.図17-1に検波回路測定のフローチャートを示します.

17-1　検波回路の役割

検波回路に高周波信号を入力すると,その信号電力に比例した電圧が出力されます.検波回路に変調されていない信号(CW,Continuous Wave)が入力されると,その入力信号レベルに応じた一定の電圧が出力されます(図17-2).この場合,検

```
検波回路の測定
    ↓
反射特性測定
(VSWR, リターン・ロス)
(第4章参照)
    ↓
変換特性測定
    ↓
TSS測定
    ↓
  完了
```

[図17-1] 検波回路測定のフローチャート

17-1 検波回路の役割 | 239

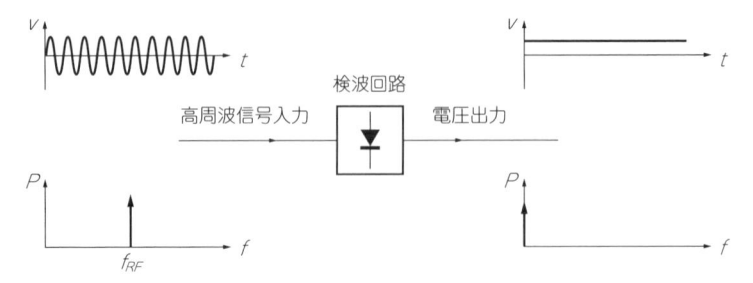

[図 17-2] 検波回路に変調されていない信号が入力されると，入力信号レベルに応じた一定の電圧が出力される

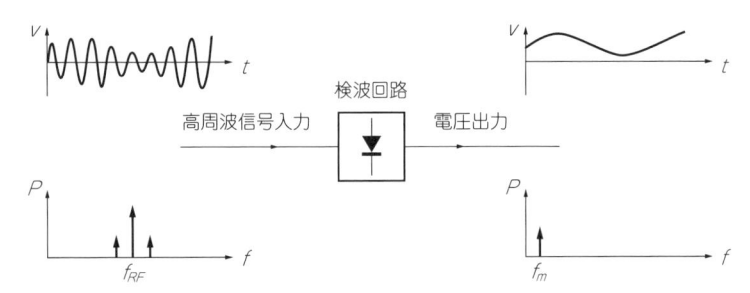

[図 17-3] 検波回路に振幅変調された信号が入力されると，入力信号のレベルに応じた電圧が出力される

波回路は高周波電力を直流電圧に変換する回路として働きます．

一方，検波回路に振幅変調された信号(Modulated Wave)が入力されると，入力信号のレベル変化に応じた電圧信号が出力されます(図 17-3)．この場合，検波回路はその名前が示すように，信号の検波(復調)を行う回路として働きます．ただし，検波回路単体で検波することができるのは，AM(Amplitude Modulation)，ASK(Amplitude Shift Keying)変調，そしてパルス変調(Pulse Modulation)された信号です．つまり，振幅変調された信号の復調を行えます．

17-2 　変換特性の測定

検波回路と言っても千差万別で，同じレベルの信号を入力しても，検波回路によって出力電圧には大きな差があります．また，出力電圧は入力される高周波信号のレベルに単純に比例したものではなく，入力される高周波信号のレベルによってその関係が変化します．そのため，入力した高周波信号の電力と，出力電圧との関係(変換特性)を測定する必要があります．

図17-4に変換特性の例を示します．入力信号電力の小さい領域Aでは，特性カーブの傾きがほぼ1になっています（対数グラフ上で）．そして，入力信号電力が-20dBm付近で特性カーブの傾きが変化し，入力信号電力の大きな領域Bでは，特性カーブの傾きがほぼ1/2になっています．Aの領域のことを2乗検波領域，Bの領域のことを線形検波領域と呼びます．入力信号レベルをBの領域よりもさらに大きくしていくと，検波回路も飽和してしまいます．

　2乗検波領域から線形検波領域へと変わるポイントのことを，Compression Pointと呼びます．

● 測定手順
① 信号発生器，被測定検波回路（DUT），電圧計（またはマルチメータ），パワー・センサ＋パワー・メータ（またはスペクトラム・アナライザ）を用意する
② 図17-5のように信号発生器とパワー・メータ＋パワー・センサを接続し，出力周波数をRF信号周波数に設定する
③ 信号発生器に表示された出力レベルと実測値との差を確認し，信号発生器側で出力レベルのオフセットをかける
④ 図17-6のように信号発生器とDUT，電圧計を接続する
⑤ 信号発生器の出力レベルを，低いレベル（-50dBm～-40dBm程度）から少しずつ上げながら，出力電圧レベルを測定する
⑥ 図17-4のように，入力信号レベルと出力電圧との関係をグラフにする

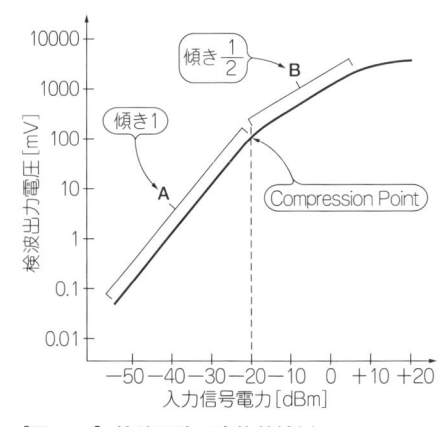

[図17-4] 検波回路の変換特性例

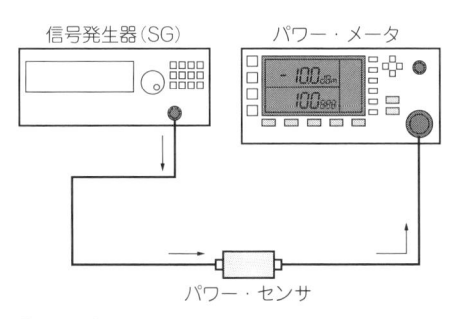

[図17-5] 変換特性の測定…信号発生器とパワー・メータ，パワー・センサを接続し，出力周波数をRF信号周波数に設定

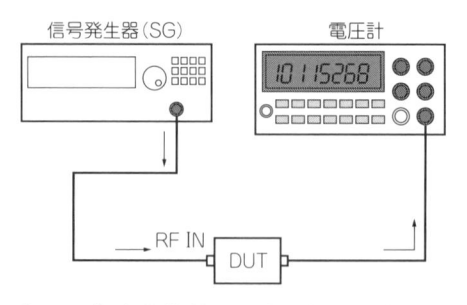

[図17-6] 変換特性の測定…信号発生器とDUT，電圧計を接続

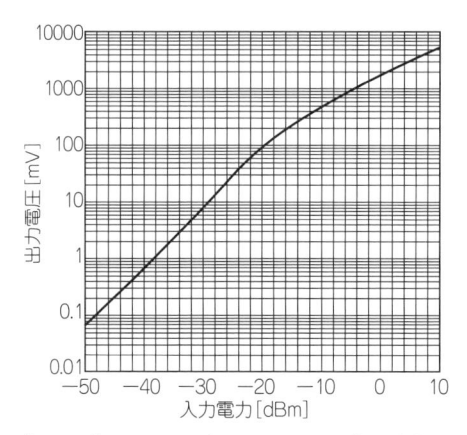

[図17-7] インフィニオン テクノロジーズ製の検波回路用ショットキー・バリア・ダイオード BAT62-03Wを使って作成した315MHz検波回路の変換特性

[写真17-1] インフィニオン テクノロジーズ製の検波回路用ショットキー・バリア・ダイオード BAT62-03Wを使って作成した315MHz検波回路

● 実測例

インフィニオン テクノロジーズ製の検波回路用ショットキー・バリア・ダイオード BAT62-03Wを使って作成した，315MHz検波回路（**写真17-1**）の変換特性を**図17-7**に示します．

17-3　TSSの測定

信号の復調を行うときに重要となるのが復調回路の感度です．検波回路を復調回路として使う場合には，感度の評価測定が必要になります．検波回路の感度評価として行われているのがTSS（Tangential Signal Sensitivity）の測定です．

● 測定手順
① 図17-8に示すように信号発生器，DUT，オシロスコープを接続する
② 信号発生器の出力周波数を設定し，パルス変調をかける．検波回路が信号のON/OFFに十分応答できるように，パルス周期などを設定する
③ オシロスコープで観測した出力波形がパルス状になるように(図17-9)，信号発生器の出力レベルを設定する
④ オシロスコープで出力波形を観測しながら，信号発生器の出力レベルを下げていく
⑤ 図17-10に示すように，ONのときの波形の下側(ノイズの下端)と，OFFのときの波形の上端(ノイズの上端)が同じになるように信号発生器の出力レベルを調整する
⑥ 信号発生器のパルス変調をOFFにする
⑦ 図17-11に示すように信号発生器とパワー・センサ＋パワー・メータ(または

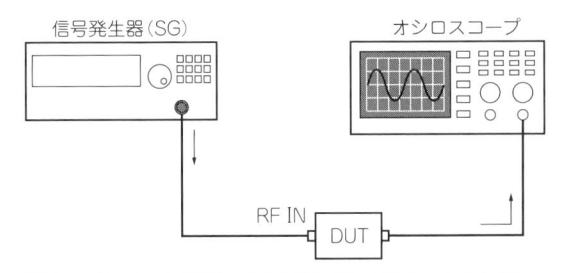

[図17-8] TSSの測定…信号発生器，DUT，オシロスコープを接続

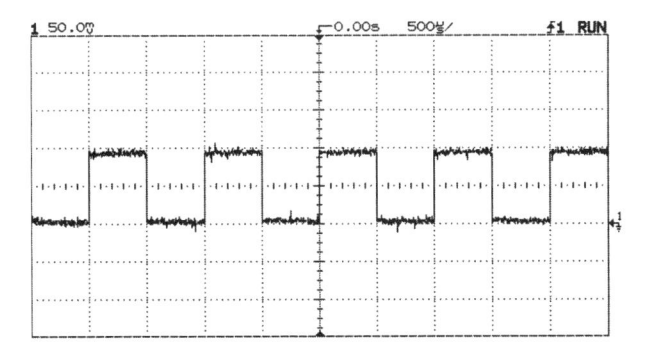

[図17-9] オシロスコープで観測した出力波形がパルス状になるように信号発生器の出力レベルを設定 (50mV/div, 500μs/div)

17-3 TSSの測定 | 243

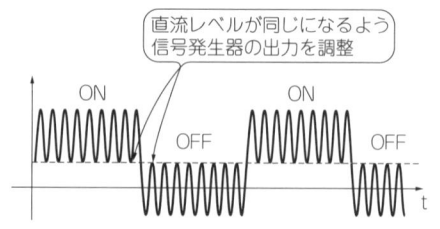

[図17-10] ONのときの波形の下側と，OFFのときの波形の上端が同じになるように信号発生器の出力レベルを調整

（吹き出し）直流レベルが同じになるよう信号発生器の出力を調整

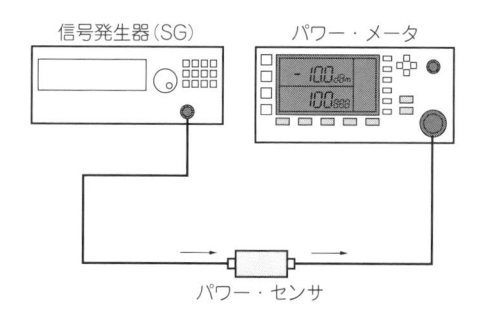

[図17-11] 信号発生器とパワー・センサ+パワー・メータ(またはスペクトラム・アナライザ)を接続し信号発生器の出力レベルを測定

スペクトラム・アナライザ)を接続し，信号発生器の出力レベルを測定する
⑧ ⑦で測定したレベルが検波器のTSSとなる

はじめての高周波測定

第18章

基板特性の簡易測定
～高周波回路の特性に影響を与える実効誘電率やtanδを評価～

> 高周波回路では，部品が実装される基板も回路の特性を左右する重要な部品の一つです．
> 　基板の材料が変われば必要な信号ラインの幅や長さが変わり，さらに信号ラインの損失も変わります．また，FR-4のような汎用の基板材料の場合，同じ呼び名であってもメーカが異なればその高周波特性は微妙に異なります．

　高周波回路を作成する場合，数GHz以上の回路では高周波回路用の基板が一般に使われていますが，数GHz以下の回路ではFR-4基板(ガラス・エポキシ基板)も使われています．

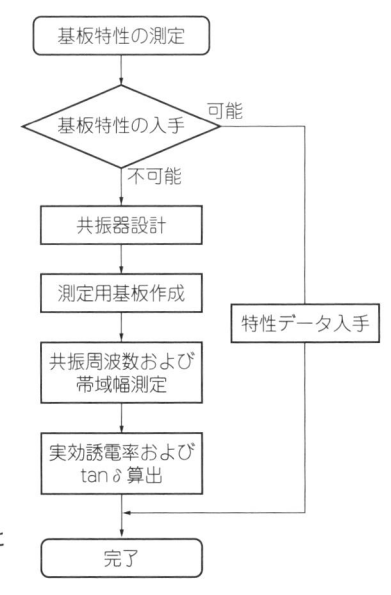

[図18-1] 基板特性を簡易的に測定するためのフローチャート

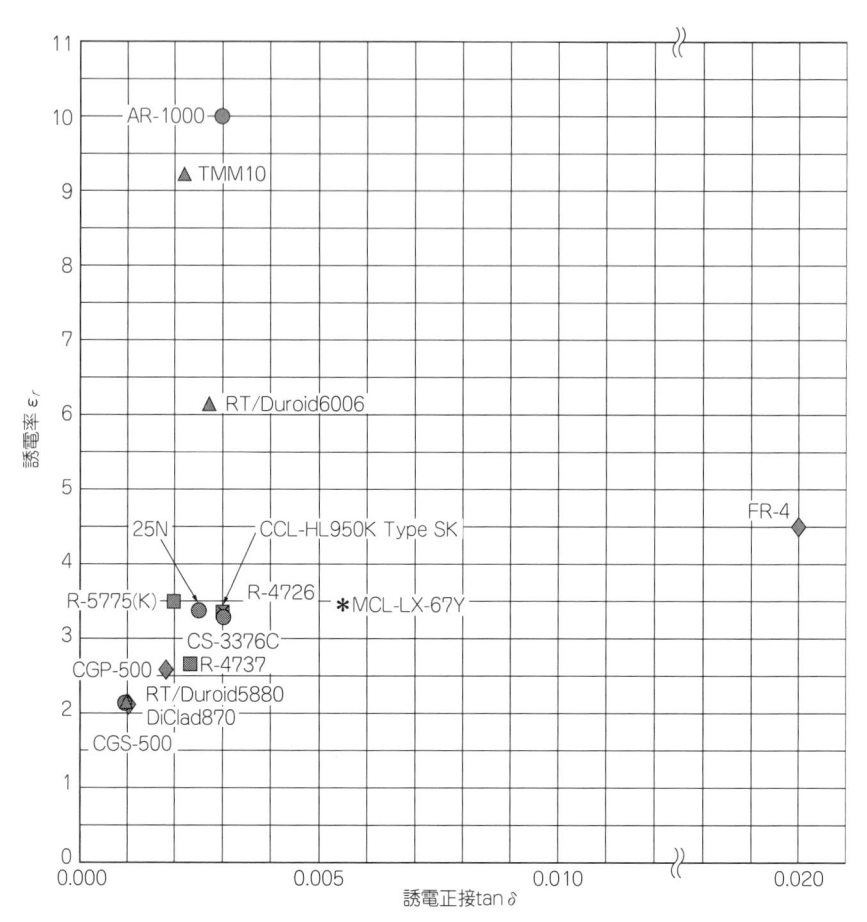

[図18-2] さまざまな基板材料の誘電率と誘電正接の比較

　FR-4基板の場合，同じFR-4でも基板材料メーカによってその特性（誘電率など）は微妙に違います．そのため全く同じパターンの回路でも，基板材料のメーカが変わったために，回路の特性まで変わってしまう場合もあります．
　本章では，高周波回路の設計で重要になる，基板の実効誘電率（ε_{eff}）と誘電正接（$\tan \delta$）の簡易測定方法を紹介します．**図18-1**に基板特性を簡易的に測定するためのフローチャートを示します．
　さまざまな基板材料の誘電率と誘電正接の比較を**図18-2**に示します．また，詳細特性とメーカを**表18-1**に示します．

[表18-1] さまざまな基板材料の誘電率と誘電正接の比較

メーカ	基板材料	誘電率	誘電正接
－	FR-4	4.50	0.0200
パナソニック電工	R-4737	2.60	0.0025@10GHz
	R-5775(K)	3.50	0.0020@2GHz
三菱ガス化学	CCL-HL950K Type SK	3.40	0.0030@1GHz
日立化成工業	MCL-LX-67Y	3.50	0.0055@1GHz
中興化成工業	CGP-500	2.60	0.0018@12GHz
	CGS-500	2.15	0.0010@12GHz
利昌工業	CS-3376C	3.30	0.0030@1GHz
ARLON	25N	3.38	0.0025@10GHz
	DiClad870	2.17	0.0009@10GHz
	AR1000	10.00	0.0030@10GHz
ROGERS	RT/Duroid5880	2.20	0.0009@10GHz
	RT/Duroid6006	6.15	0.0027@10GHz
	TMM10	9.20	0.0022@10GHz

18-1　実効誘電率と誘電正接の概要

実効誘電率 ε_{eff} (effective dielectric constant) は,

$$\varepsilon_{eff} = \left(\frac{\lambda_0}{\lambda_g}\right)^2 \quad\quad\quad\quad\quad\quad\quad\quad\quad\quad\quad\quad\quad\quad\quad\quad\quad (18\text{-}1)$$

ただし, λ_0：真空中での波長[m], λ_g：伝送線路上での波長[m]
と表されます.

図18-3に示す同軸ケーブルのように, 1種類の誘電体が均一に充填された伝送線路の場合には, 実効誘電率と比誘電率が等しくなります.

一方, 誘電体が均一ではない伝送線路の場合には, 実効誘電率と比誘電率は異なります. 例えば図18-4に示すマイクロストリップ・ラインの場合には, 信号パタ

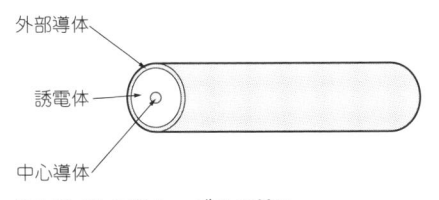

[図18-3] 同軸ケーブルの断面
1種類の誘電体が均一に充填された伝送線路の場合,
実効誘電率と比誘電率が等しい

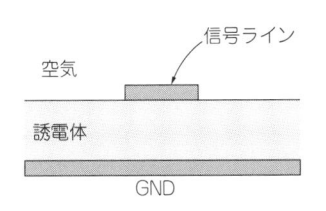

[図18-4] マイクロストリップ・ラインの断面
信号パターンの下は誘電体層だが, 上部が空気層になっているため, 実効誘電率は基板の比誘電率よりも小さい

ンの下は誘電体層ですが，上部が空気層になっているため，実効誘電率は基板の比誘電率よりも小さくなります．

誘電正接は$\tan\delta$とも呼ばれ，基板の誘電体部分での損失に関係します．$\tan\delta$の値が大きいほど，基板の誘電体部分での損失が大きくなります．伝送線路のQと$\tan\delta$との関係は，

$$Q = \frac{1}{\tan\delta} \quad \cdots\cdots\cdots\cdots\cdots\cdots\cdots\cdots\cdots\cdots\cdots\cdots\cdots\cdots\cdots\cdots\cdots\cdots\cdots\cdots\cdots\cdots\cdots \text{(18-2)}$$

で表されます．

18-2　測定に利用する共振器

基板の実効誘電率と誘電正接を簡易的に測定する場合には，パターンで作成した共振器が使われます．一般に次の二つの共振器のどちらかが使われます．

● リング共振器

リング共振器は，その名前が示す通り，リング状のパターンで構成した共振器です．マイクロストリップ・ラインで構成した場合，**図18-5**に示すようなパターンになります．

リング状パターンの中心での円周の長さが，1波長となる周波数で共振を起こします．このリング状のパターンを挟み込むような形で，入出力のパターンが配置さ

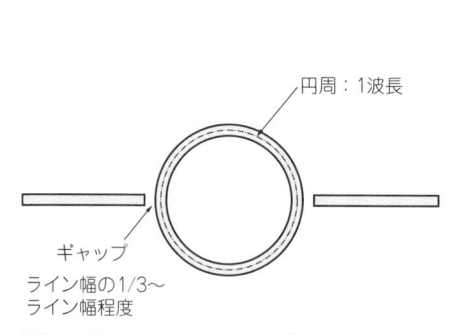

[図18-5] マイクロストリップ・ラインで構成したリング共振器

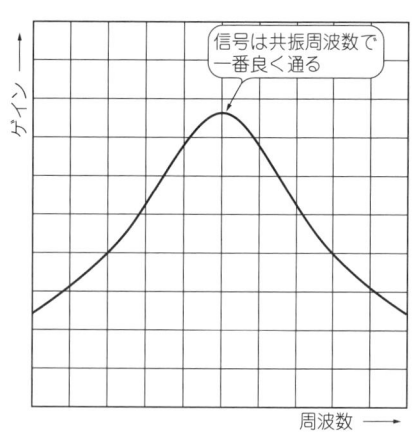

[図18-6] リング共振器や1/2波長共振器の通過特性例

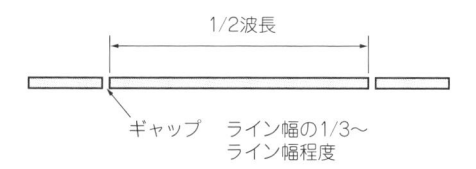

[図18-7] マイクロストリップ・ラインで構成した1/2波長共振器

（図中ラベル：1/2波長、ギャップ　ライン幅の1/3〜ライン幅程度）

れます．リング状のパターンと入出力のパターンは，物理的に切り離されており，電磁的に弱く結合を起こします．

この回路の通過特性を測定すると，**図18-6**に示すように，共振周波数でピークを生じます．一般に，リング状パターンと入出力のパターンの両方とも，特性インピーダンス50Ωのラインで作ります．

● 1/2波長共振器

1/2波長共振器は，直線状のパターンで構成した共振器です．マイクロストリップ・ラインで構成した場合，**図18-7**に示すようなパターンになります．共振器のパターンの長さが1/2波長となる周波数で共振を起こします．このパターンを挟み込むような形で，入出力のパターンが配置されます．共振器パターンと入出力のパターンは物理的に切り離されており，電磁的に弱く結合を起こします．

この回路の通過特性を測定すると，**図18-6**に示すように，共振周波数でピークを生じます．一般に，共振器のパターンと入出力のパターンの両方とも，特性インピーダンス50Ωのラインで作ります．

18-3　基板の実効誘電率と誘電正接の測定

基板の実効誘電率と誘電正接を測定するためには，**図18-5**または**図18-7**の共振器を用意する必要があります．ここでは**図18-5**のように，マイクロストリップ・ラインでリング共振器を製作するものとして，その測定手順を示します．

● 測定方法
① 伝送線路を設計する（パターン幅を決める）．基板材料の比誘電率ε_rが分かっている場合には，それを元に特性インピーダンス50Ωの伝送線路を設計する．基板材料の比誘電率ε_rが分からない場合には，基板の厚さの1.5倍〜2倍程度に

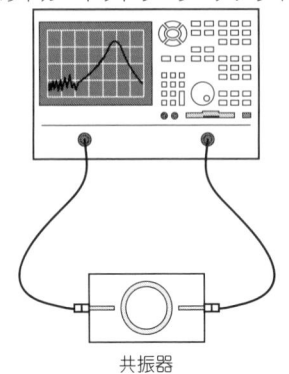

[図18-8] 実効誘電率と誘電正接の測定…製作したパターンの入出力にコネクタを取り付け通過特性を測定

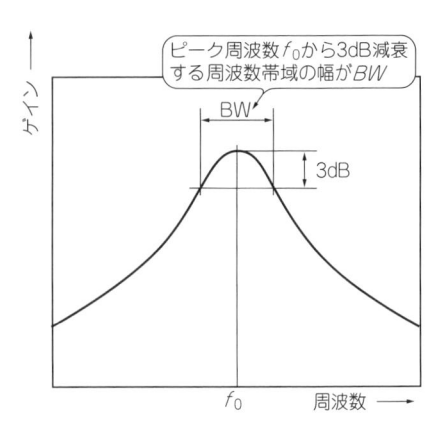

[図18-9] 通過特性のピークの周波数f_0（共振周波数）と，ピークから3dB減衰する帯域幅BWを測定

　パターン幅を決める
② 測定が容易な周波数帯で共振するように，円周Lを決める．基板材料の比誘電率ε_rが分からない場合には，$\varepsilon_r = 2$として円周Lを決める．一般に入手可能な基板材料の比誘電率は2以上で，実際の比誘電率は2よりも大きいため，共振周波数が下がる方向なので，問題なく測定が可能
③ **図18-5**のパターンを製作する
④ 製作したパターンの入出力にコネクタを取り付け，通過特性（第5章参照）を測定する（**図18-8**）
⑤ **図18-9**に示すように，通過特性のピークの周波数f_0（共振周波数）と，ピークから3dB減衰する帯域幅BWを測定する
⑥ 式(18-1)と共振周波数f_0，そして円周Lから実効誘電率を求める

$$\varepsilon_{eff} = \left(\frac{3\times 10^{11}[\mathrm{mm/s}]/f_0[\mathrm{Hz}]}{L[\mathrm{mm}]}\right)^2 = \left(\frac{3\times 10^{11}[\mathrm{mm/s}]}{f_0[\mathrm{Hz}]\times L[\mathrm{mm}]}\right)^2 \quad\cdots\cdots (18\text{-}3)$$

⑦ 式(18-2)と共振周波数f_0，そしてBWから$\tan\delta$を求める

$$Q = \left(\frac{f_0}{BW}\right) = \frac{1}{\tan\delta}, \quad \therefore \tan\delta = \frac{BW}{f_0} \quad\cdots\cdots (18\text{-}4)$$

▶参考…波長短縮率k

$$k = \frac{1}{\sqrt{\varepsilon_{eff}}} = \frac{f_0[\mathrm{Hz}]\times L[\mathrm{mm}]}{3\times 10^{11}[\mathrm{mm/s}]} \quad\cdots\cdots (18\text{-}5)$$

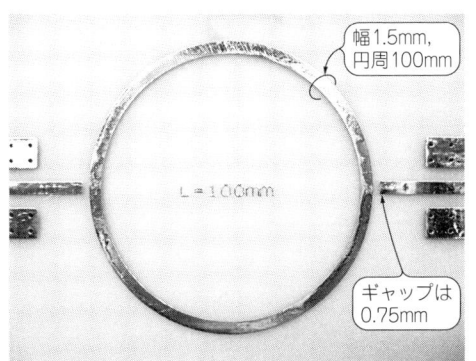

[写真18-1] リング共振器の製作例

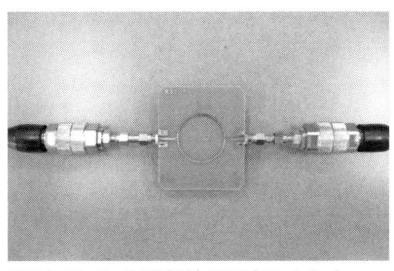

[写真18-2] 通過特性の測定のようす

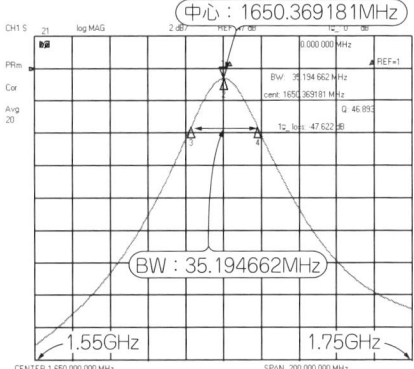

[図18-10] FR-4基板に円周100mmのリング共振器を配置し測定した通過特性

● 実測例

写真18-1に示すのはリング共振器の製作例です．一般の電子機器で使われているFR-4（ガラス・エポキシ）基板に，円周100mmのリング共振器を配置しています．厚さ0.8mmの基板を使っているので，パターン幅は1.5mm（特性インピーダンス50Ω）に設定しています．そしてリング共振器と入出力のパターンとのギャップは，パターン幅の1/2，0.75mmに設定しています．

写真18-2に通過特性を測定するようすを示します．また図18-10に通過特性の測定結果を示します．

- 中心周波数：1650.369181MHz
- 帯域幅：35.194662MHz

と測定できました．ここで式(18-3)を使って，実効誘電率を求めると，

$$\varepsilon_{eff} = \left(\frac{3 \times 10^{11}}{1650.369181 \times 10^6 \times 100} \right)^2 = 3.304$$

となります．式(18-4)を使って，誘電正接を求めると，

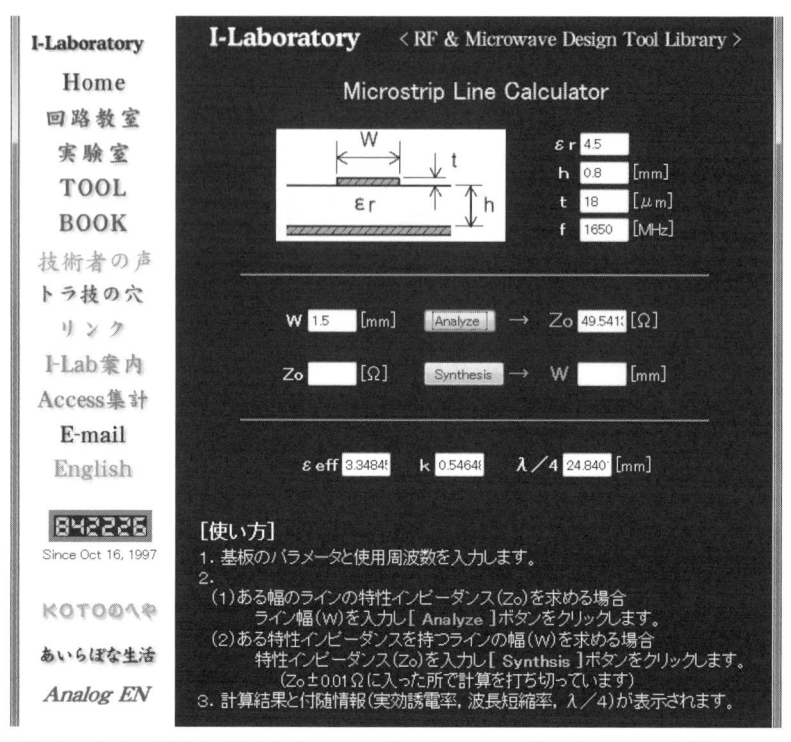

[図18-11] FR-4基板の誘電率を4.5としてマイクロストリップ・ラインの計算ツールで実効誘電率と波長短縮を求めた

著者のウェブ・ページ(http://www1.sphere.ne.jp/i-lab/ilab/ilab.htm)にあるツールを利用した

$$\tan \delta = \frac{35.194662 \times 10^6}{1650.369181 \times 10^6} = 0.0213$$

となります．式(18-5)を使って，波長短縮率を求めると，

$$k = \frac{1}{\sqrt{3.304}} = 0.550$$

となります．FR-4基板の誘電率を4.5として，マイクロストリップ・ラインの計算ツールで実効誘電率と波長短縮率を求めてみると，**図18-11**に示す結果が得られます．計算結果と実測結果がほぼ同じ値になっているので，精度良く測定できていることが分かります．

一般的なFR-4基板の誘電正接は1GHzで0.02前後なので，誘電正接も正しく測定できていると考えられます．

はじめての高周波測定

第19章

受動部品の寄生成分の測定
～小さなチップ部品にも付きまとう寄生成分が回路特性を変えてしまう～

高周波回路では，さまざまな目的でインダクタやコンデンサが使われています．低周波では，インダクタはインダクタンス成分を持つ素子，コンデンサはキャパシタンス成分を持つ素子と考えれば十分ですが，高周波では各部品が持っている寄生成分の影響が無視できなくなります．抵抗も，高周波になると抵抗成分以外の寄生成分の影響が現れてきます．

受動部品の測定に特化したLCRメータは，低周波での測定しかできないので，高周波での特性は別の方法を使わなければなりません．

本章では，受動部品の寄生成分の概略を説明した後，その測定方法を紹介します．図19-1に受動部品の寄生成分測定のフローチャートを示します．

19-1　受動部品の寄生成分の概要

インダクタ，コンデンサ，抵抗の各部品には，それぞれ寄生成分が存在します．

● インダクタ

インダクタの場合，図19-2に示すように，部品本来のインダクタンス成分と並列に寄生のキャパシタンス成分が存在します．このためリアクタンスの周波数特性は図19-3に示すようになります．図19-3においてリアクタンスがプラス無限大からマイナス無限大へと変化する周波数を，インダクタの自己共振周波数と呼びます．インダクタのインピーダンスZ_Lは次式で表されます．

$$Z_L = \frac{j\omega L_L \cdot \frac{1}{j\omega C_L}}{j\omega L_L + \frac{1}{j\omega C_L}} = \frac{j\omega L_L}{1-\omega^2 L_L C_L} \quad \cdots\cdots (19\text{-}1)$$

[図19-1] 受動部品の寄生成分測定のフローチャート

[図19-2] インダクタの場合，部品本来のインダクタンス成分と並列に寄生のキャパシタンス成分が存在

[図19-3] インダクタの自己共振周波数…リアクタンスがプラス無限大からマイナス無限大へと変化する周波数

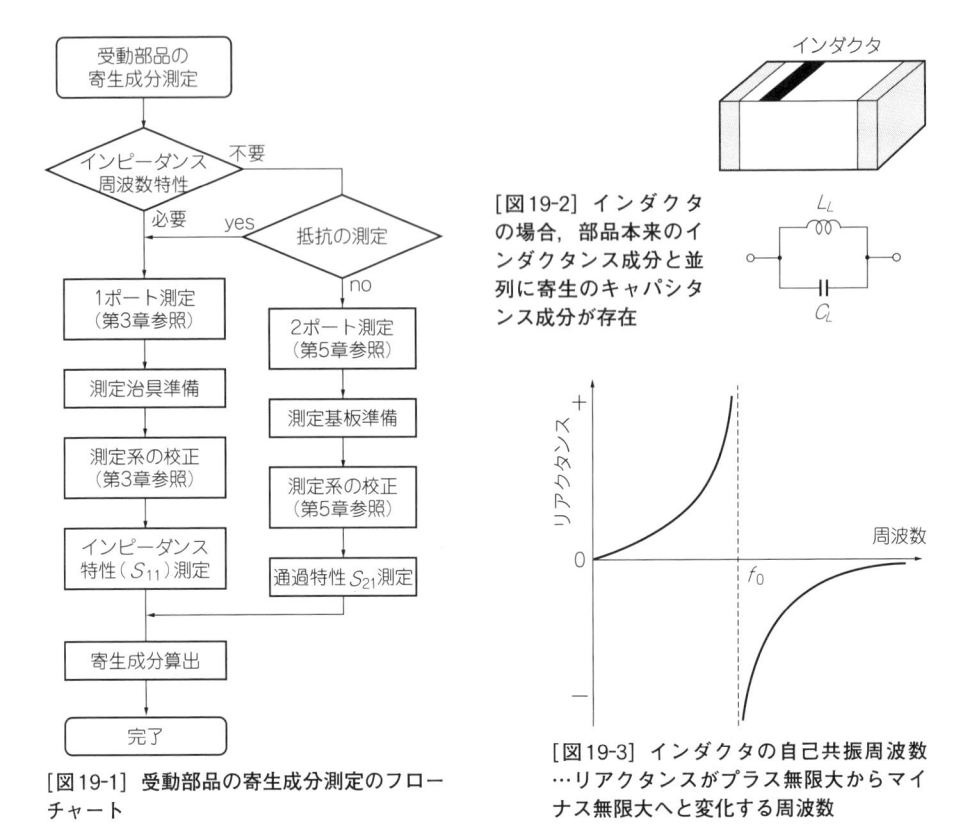

式(19-1)から，インダクタの自己共振周波数f_0は次式で表されます．

$$f_0 = \frac{1}{2\pi\sqrt{L_L C_L}} \quad \cdots\cdots (19\text{-}2)$$

自己共振周波数が分かれば，式(19-2)から寄生成分を求められます．

$$C_L = \frac{1}{(2\pi f_0)^2 L_L} \quad \cdots\cdots (19\text{-}3)$$

● コンデンサ

コンデンサの場合，**図19-4**に示すように，部品本来のキャパシタンス成分と直列に，寄生のインダクタンス成分が存在します．このためリアクタンスの周波数特性は**図19-4**に示すようになります．**図19-5**においてリアクタンスがゼロになる周波数を，コンデンサの自己共振周波数と呼びます．コンデンサのインピーダンスZ_Cは次式で表されます．

[図19-4] コンデンサの場合，部品本来のキャパシタンス成分と直列に寄生のインダクタンス成分が存在

[図19-6] 抵抗の場合，部品本来の抵抗成分と直列に寄生のインダクタンス成分が存在

[図19-5] コンデンサの自己共振周波数…リアクタンスがゼロになる周波数

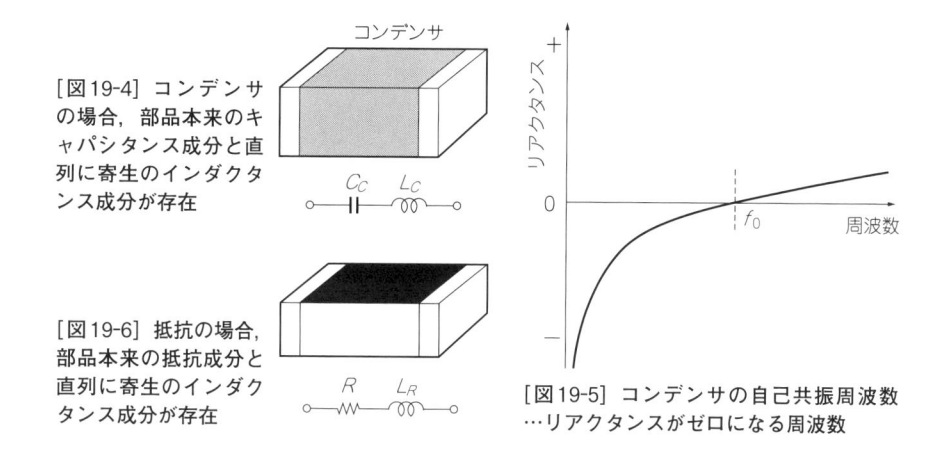

$$Z_C = \frac{1}{j\omega C_C} + j\omega L_c \quad \cdots\cdots (19\text{-}4)$$

式(19-4)から，コンデンサの自己共振周波数f_0は次式で表されます．

$$f_0 = \frac{1}{2\pi\sqrt{L_C C_C}} \quad \cdots\cdots (19\text{-}5)$$

自己共振周波数が分かれば，式(19-5)から寄生成分を求められます．

$$L_C = \frac{1}{(2\pi f_0)^2 C_C} \quad \cdots\cdots (19\text{-}6)$$

● 抵抗

抵抗の場合，図19-6に示すように，部品本来の抵抗成分と直列に寄生のインダクタンス成分が存在します．従って抵抗のインピーダンスZ_Rは次式で表されます．

$$Z_R = R + j\omega L_R \quad \cdots\cdots (19\text{-}7)$$

19-2　インピーダンス測定で寄生成分を求める方法

インピーダンスの周波数特性をベクトル・ネットワーク・アナライザで直接測定し，測定結果から寄生成分を求める方法を以下に示します．

インダクタとコンデンサの場合には，素子と寄生成分は両方ともリアクタンスなので，自己共振周波数を測定し，自己共振周波数から寄生成分を計算で求めます．抵抗の場合には，素子が抵抗で，寄生成分がリアクタンスなので，寄生成分を直接

測定できます．

● 測定治具

　チップ部品のインピーダンスを測定するためには，測定系のコネクタとチップ部品をつなぐための測定治具（テスト・フィクスチャ）が必要になります．チップ部品測定用の市販の治具もありますが，非常に高価です．そこで，測定治具として使え，かつ安価で入手が容易なものを紹介します．

　写真19-1(a)に示すSMA（Sub Miniature Type A）型レセプタクルは，通常は高周波機器のケースに取り付けて使うものですが，これを**写真19-1**(b)に示すように加工すれば，チップ部品の測定治具として使うことができます．6GHz程度まで問題なく測定できます．

● 測定方法

① ベクトル・ネットワーク・アナライザを準備する
② 測定周波数範囲を設定する．Start周波数は測定器の下限周波数に設定，Stop周波数は予想される自己共振周波数以上に設定する
③ ポート・パワー（測定用ポートから出力される測定用高周波信号のレベル）を設定する．Preset状態（一般に0dBm）の設定で問題ない
④ 測定ポイント数（②の周波数範囲内の測定ポイント数）を設定する
⑤ 測定に使用するポートを決める
⑥ 1ポート校正を行う（3章 3-1節参照）
　　● ポート・ケーブル端にOPENを接続し，OPEN校正を行う
　　● ポート・ケーブル端にSHORTを接続し，SHORT校正を行う
　　● ポート・ケーブル端にLOAD（終端）を接続し，LOAD校正を行う

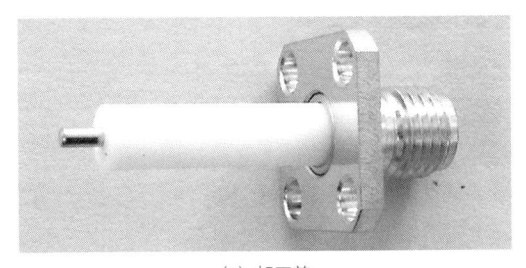

(a) 加工前　　　(b) 加工後

[**写真19-1**] SMA型レセプタクル

⑦ 校正が完了したポート・ケーブル端に，SMAのレセプタクルを加工した測定治具を接続する（**図19-7**）
⑧ 表示フォーマットをスミス・チャートにする
⑨ SMAのレセプタクルの中心導体の先端が測定の基準面となるように，Port Extension補正またはElectrical Lengthの補正を行う（第3章 3-2節参照）
⑩ SMAのレセプタクルをいったん取り外し，中心導体とフランジ間に測定するチップ部品をはんだ付けする（**写真19-2**）

▶インダクタの場合

⑪ 図19-8に示す自己共振周波数f_0をマーカで測定する
⑫ 自己共振周波数よりも十分に低い周波数（自己共振周波数の1/10程度）における部品本来のインダクタンス値L_Lを測定する
⑬ ⑪と⑫で測定した結果と，式(19-3)を使って，寄生のキャパシタンス成分C_Lを求める

▶コンデンサの場合

⑪ 図19-9に示す自己共振周波数f_0をマーカで測定する
⑫ 自己共振周波数よりも十分に低い周波数（自己共振周波数の1/10程度）における部品本来のキャパシタンス値C_Cを測定する
⑬ ⑪と⑫で測定した結果と，式(19-6)を使って，寄生のインダクタンス成分L_Cを求める

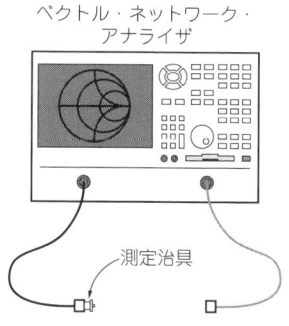

[図19-7] 校正が完了したポート・ケーブル端にSMAのレセプタクルを加工した測定治具を接続する

[写真19-2] SMAのレセプタクルをいったん取り外し，中心導体とフランジ間に測定するチップ部品をはんだ付けする

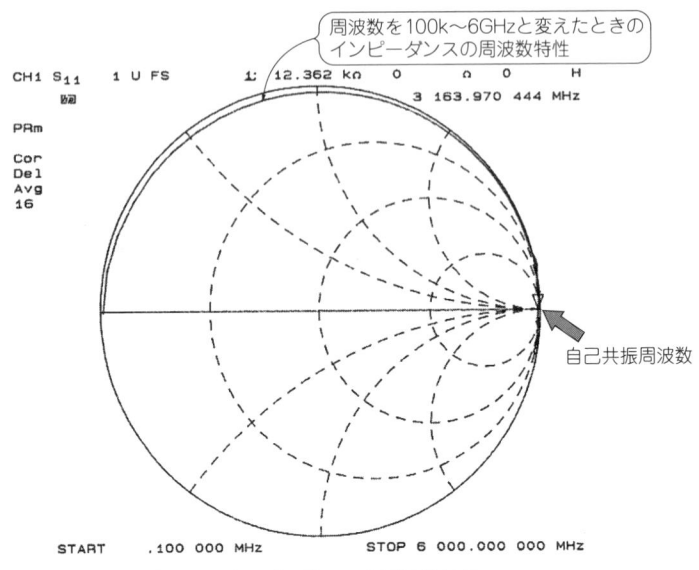

[図19-8] インダクタのインピーダンスの周波数特性

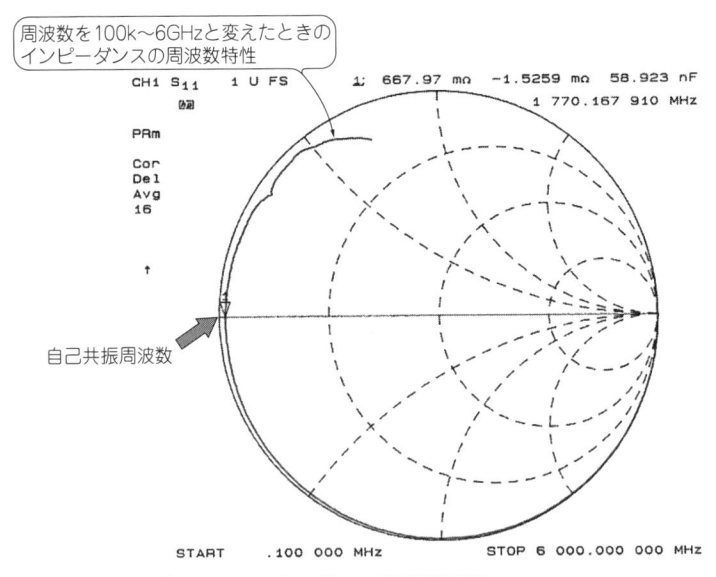

[図19-9] コンデンサのインピーダンスの周波数特性

▶抵抗の場合
⑪ マーカで寄生のインダクタンス成分を測定する

● 実測例

　この節で説明した方法で，チップ・インダクタ，チップ・コンデンサ，チップ抵抗の寄生成分を測定してみます．測定対象は以下の部品です．
- チップ・インダクタ HK1608 R12J（太陽誘電，1608サイズ，120nH）
- チップ・コンデンサ GRM1882C1H330J（村田製作所，1608サイズ，33pF）
- チップ抵抗 MCR03 240J（ローム製，1608サイズ，24Ω）

▶チップ・インダクタ
　図19-10にチップ・インダクタのインピーダンス測定結果を示します．自己共振周波数が836MHz（マーカ1），自己共振周波数よりも十分に低い周波数（80MHz）におけるインダクタンス値が123.14nH（マーカ2）です．式(19-3)にこれらの値を代入して，寄生のキャパシタンス成分C_Lを求めると，

$$C_L = \frac{1}{(2\pi \times 836 \times 10^6)^2 \times 123.14 \times 10^{-9}} = 2.94 \times 10^{-13} \text{F} = 0.294 \text{PF}$$

と求まります．

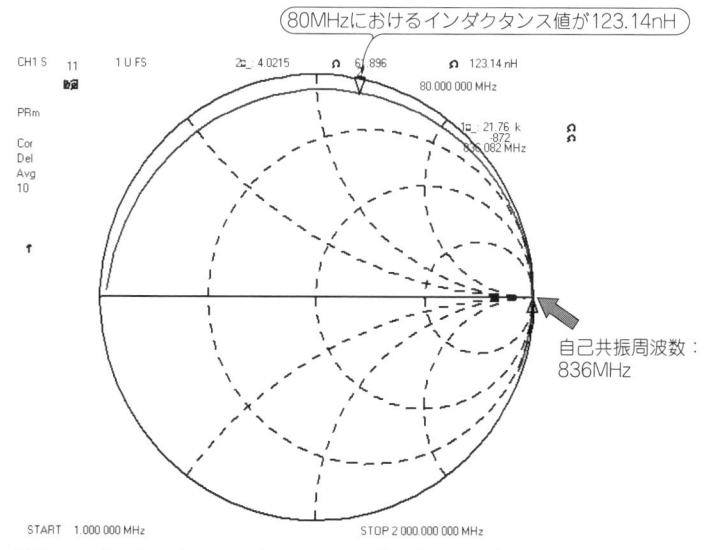

[図19-10] **チップ・インダクタのインピーダンス測定結果**

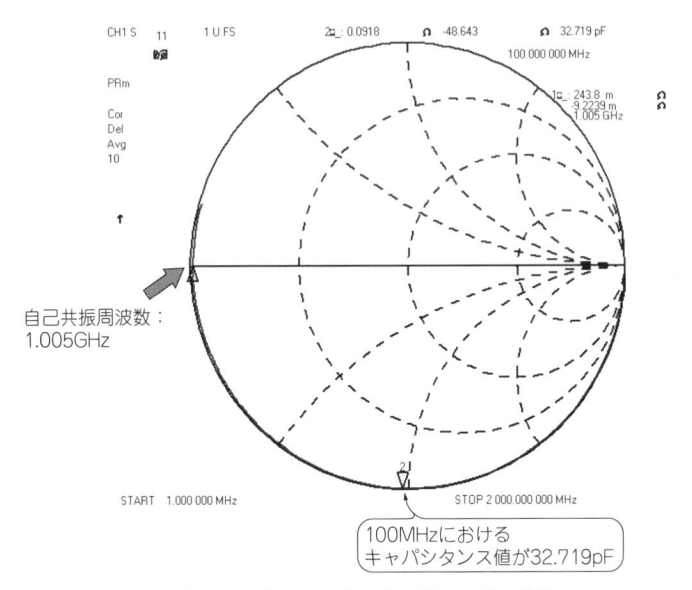

[図19-11] チップ・コンデンサのインピーダンス測定結果

▶チップ・コンデンサ

図19-11にチップ・コンデンサのインピーダンス測定結果を示します．自己共振周波数が1005MHz（マーカ1），自己共振周波数よりも十分に低い周波数（100MHz）におけるキャパシタンス値が32.719pF（マーカ2）です．式(19-6)にこれらの値を代入して，寄生のインダクタンス成分を求めると，

$$L_C = \frac{1}{(2\pi \times 1005 \times 10^6)^2 \times 32.719 \times 10^{-12}} = 7.66 \times 10^{-10} \mathrm{H} = 0.766 \mathrm{nH}$$

と求まります．

▶チップ抵抗

図19-12にチップ抵抗のインピーダンス測定結果を示します．測定結果からチップ抵抗の寄生成分は直列のインダクタンス成分で，その値は約0.86nHであることが分かります．

19-3　通過特性測定で寄生成分を求める方法

インダクタの等価回路は，図19-2に示すようにLC並列共振回路です．従って

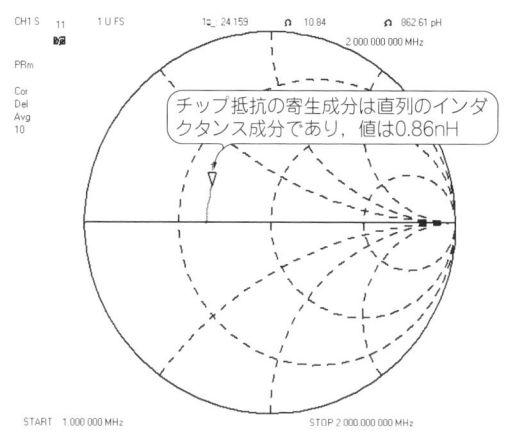

[図19-12] チップ抵抗のインピーダンス測定結果

図19-13に示すように，伝送線路と直列にインダクタを挿入すると，ポート1とポート2間の通過特性は，自己共振周波数付近で大きく減衰します(図19-14)．減衰のピークがインダクタの自己共振周波数になります．

コンデンサの等価回路は，図19-4に示すようにLC直列共振回路です．従って図19-15に示すように，伝送線路と並列にコンデンサを挿入すると，ポート1とポート2間の通過特性は，自己共振周波数付近で大きく減衰します(図19-14)．減衰のピークがコンデンサの自己共振周波数になります．

ベクトル・ネットワーク・アナライザなどで通過特性を測定し，自己共振周波数が分かれば，自己共振周波数から寄生成分を計算で求められます．ベクトル・ネットワーク・アナライザを使用した場合の測定方法を以下に示します．

● 測定方法
① ベクトル・ネットワーク・アナライザを準備する

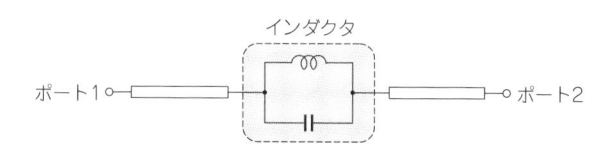

[図19-13] 伝送線路と直列にインダクタを挿入するとポート1とポート2間の通過特性は，自己共振周波数付近で大きく減衰する

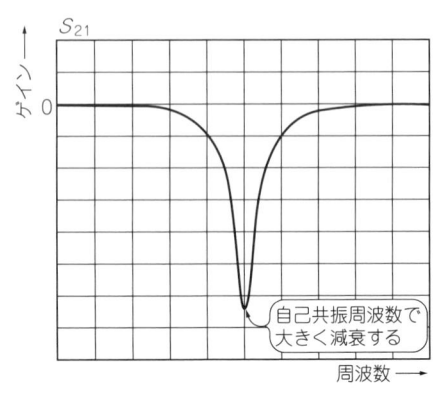

[図19-14] 図19-13と図19-15におけるポート1とポート2間の通過特性

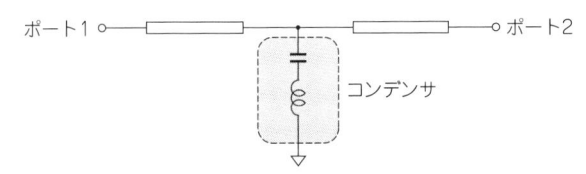

[図19-15] 伝送線路と並列にコンデンサを挿入するとポート1とポート2間の通過特性は，自己共振周波数付近で大きく減衰する

② 予想される自己共振周波数が測定周波数範囲内に入るように測定周波数範囲を設定する．自己共振周波数が全く予想できない場合には測定周波数範囲を最大に設定する（Start：下限周波数，Stop：上限周波数）．
③ ポート・パワー（測定用ポートから出力される測定用高周波信号のレベル）を設定する．Preset状態（一般に0dBm）の設定で問題ない
④ 測定ポイント数（②の周波数範囲内の測定ポイント数）を設定する．自己共振周波数をより正確に求めたい場合には測定ポイント数を増やす
⑤ 2ポートの校正を行う（第5章 5-1節参照）
⑥ 校正が完了したポートとケーブル間に，部品を実装した伝送線路を接続する（**図19-16**）
⑦ 通過特性（S_{21}またはS_{12}）を表示させ，減衰のピークの周波数をマーカで測定する

▶インダクタの場合

⑧ 式(19-3)を使って寄生のキャパシタンス成分C_Lを求める．L_Lはインダクタのカ

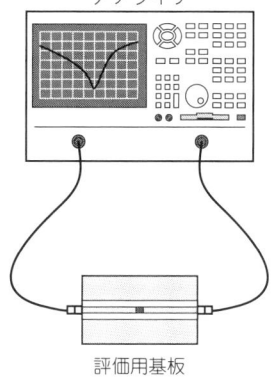

[図19-16] 校正が完了したポートとケーブル間に，部品を実装した伝送線路を接続する

タログ値を使って計算
▶コンデンサの場合
⑧ 式(19-6)を使って寄生のインダクタンス成分L_Cを求める．C_Cはコンデンサのカタログ値を使って計算

● 実測例

この節で説明した方法で，チップ・インダクタ，チップ・コンデンサの寄生成分を測定してみます．測定対象は以下の2点です．
- チップ・インダクタ：HK1608 R12J（太陽誘電，1608サイズ，120nH）
- チップ・コンデンサ：GRM1882C1H330J（村田製作所，1608サイズ，33pF）

▶チップ・インダクタ

チップ・インダクタの基板への実装のようすを，**写真19-3**に示します．マイクロストリップ・ラインの中央付近に，直列にチップ・インダクタを配置しています．**図19-17**に，この回路の通過特性の測定結果を示します．減衰のピーク＝自己共振周波数が890MHz（マーカ1）となっています．式(19-3)にインダクタの値(120nH)と周波数を代入して，寄生のキャパシタンス成分を求めると，

$$C_L = \frac{1}{(2\pi \times 890 \times 10^6)^2 \times 120 \times 10^{-9}} = 2.66 \times 10^{-13} \mathrm{F} = 0.266 \mathrm{pF}$$

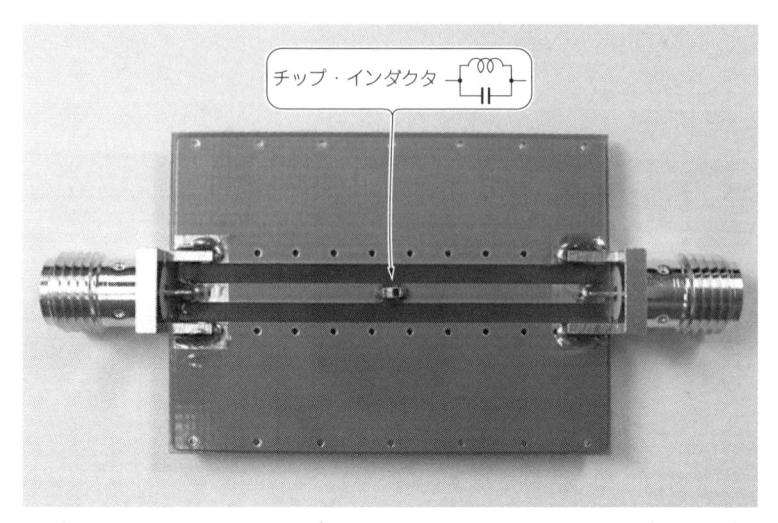

[写真19-3] マイクロストリップ・ラインの中央付近に直列にチップ・インダクタを配置

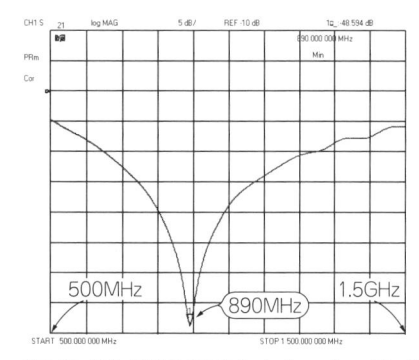

[図19-17] 基板に実装したチップ・インダクタ(写真19-3)の通過特性の測定結果

と求まります.
▶チップ・コンデンサ

チップ・コンデンサの基板への実装のようすを，**写真19-4**に示します．マイクロストリップ・ラインの中央付近に，並列にチップ・コンデンサを配置しています．**図19-18**に，この回路の通過特性の測定結果を示します．減衰のピーク＝自己共振周波数が848.75MHz(マーカ1)となっています．式(19-6)にコンデンサの値(33pF)と周波数を代入して，寄生のインダクタンス成分を求めると，

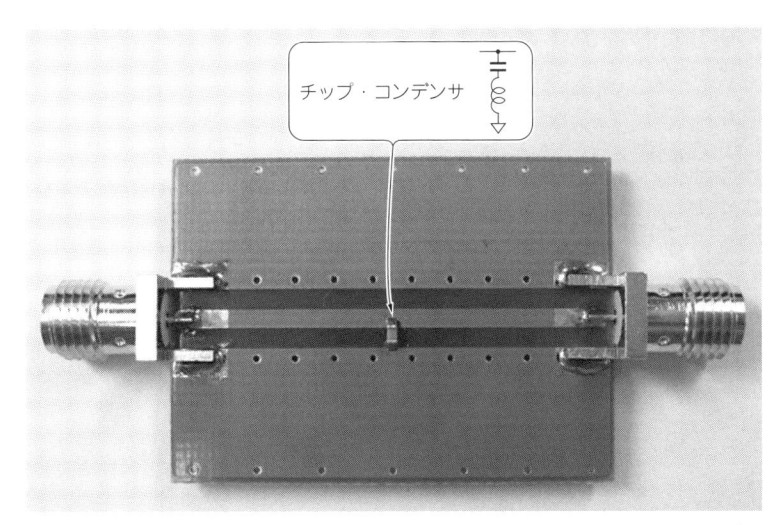

[写真19-4] マイクロストリップ・ラインの中央付近に並列にチップ・コンデンサを配置

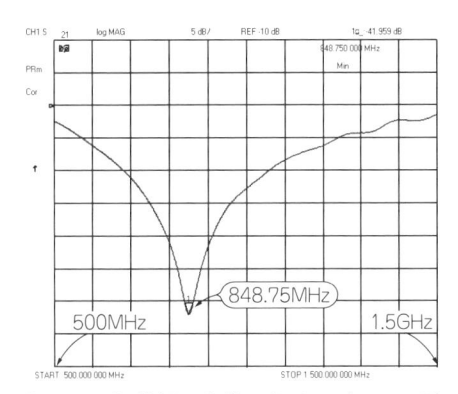

[図19-18] 基板に実装したチップ・コンデンサ（写真19-4）の通過特性の測定結果

$$L_C = \frac{1}{(2\pi \times 848.75 \times 10^6)^2 \times 33 \times 10^{-12}} = 1.066 \times 10^{-9} \mathrm{H} = 1.066 \mathrm{nH}$$

と求まります．

▶測定方法による寄生成分の値の相違

　基板上の伝送線路に部品を実装して測定するこの方法の場合，基板の影響を受けます．特にコンデンサを測定する場合，片側を基板のグラウンドに接続するので，

基板のグラウンドの状態によって測定値が変わる可能性があります．

　部品としての寄生成分の値は，19-2節のインピーダンス測定による方法がより正確に測定できます．しかし，実際に部品を使用する状態（基板上に実装）での寄生成分の値は，19-3節の方が正しく表していると考えられます．

はじめての高周波測定

第20章
伝送線路の損失測定
～周波数や基板材料，ケーブル種類で変わる損失を正しく評価～

高周波回路ではプリント基板や回路間を接続するケーブルも，回路やシステムの特性に影響を与える重要な部品の一つです．プリント基板上に配置された伝送線路や同軸ケーブルの損失は，周波数が高くなるに従って大きくなり，その影響が無視できなくなります．

　一般に高周波回路で使用する基板材料の特性・性能は，伝送線路の単位長さ当たりの損失で比較されます．同じように同軸ケーブルの特性・性能も単位長さ当たりの損失で比較されます．伝送線路の単位長さ当たりの損失の測定は，一見簡単そうに見えますが，いざ測定してみようとすると，難しい測定の一つです．
　本章では伝送線路の概略を説明した後，その損失の測定方法を紹介します．図20-1に伝送線路の損失測定のフローチャートを示します．

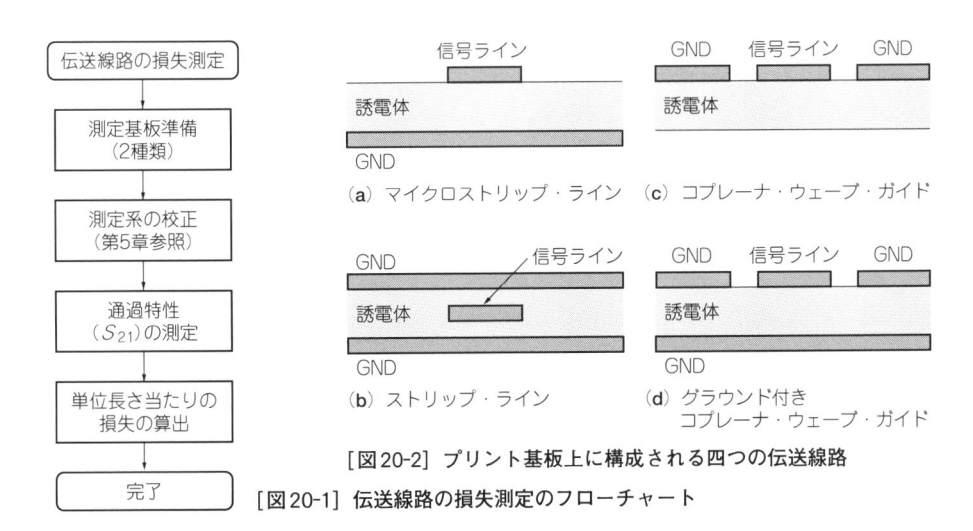

[図20-1] 伝送線路の損失測定のフローチャート

[図20-2] プリント基板上に構成される四つの伝送線路
(a) マイクロストリップ・ライン
(b) ストリップ・ライン
(c) コプレーナ・ウェーブ・ガイド
(d) グラウンド付きコプレーナ・ウェーブ・ガイド

267

| 20-1 | 損失要因と誤差要因 |

　高周波回路で使われる伝送線路(Transmission Line)には，さまざまなものがあります．同軸ケーブルのほかに，主に**図20-2**(p.267)に示す四つの伝送線路が使われています．いずれの伝送線路の損失も，主に以下に示す損失の影響が合わさったものになります．

● 誘電体部分での損失

　同軸ケーブルの中心導体と外部導体間の誘電体，基板を構成する誘電体，これらの誘電正接($\tan \delta$)の値が大きければ大きいほど，誘電体部分での損失が大きくなります．

● 導体部分での損失

　高周波信号は，基板導体の表面付近を伝わっていきます．そのときにわずかに信号の損失が起こります．損失は導体表面の状態，導体の種類によって変わります．

● コネクタの損失

　伝送線路の損失の内訳が分かったところで，**図20-3**のように，伝送線路の両端にコネクタを取り付けて，伝送線路の損失を測定しようとした場合，入出力に取り付けたコネクタの損失が問題になります．単純に測定してしまうと以下の三つの損失を足し合わせたものの評価になってしまいます．
① 伝送線路の損失
② コネクタの損失(2個)
③ コネクタと伝送線路の接続部分の損失(2か所)
では，どうやって①の伝送線路の損失だけを測定しましょうか．

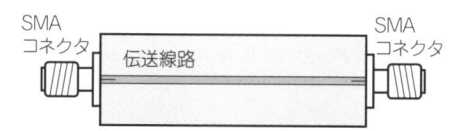

[図20-3] 伝送線路の両端に取り付けたコネクタの損失，接続部の損失が測定誤差要因となる

20-2　伝送線路の損失測定

コネクタの影響を排除して，簡単に伝送線路の損失を測定する方法を，マイクロストリップ・ラインを例として以下に示します．

● 測定準備

図20-4に示すように，同じ基板材料で作成した長さの違う伝送線路を二つ用意します．測定の精度を上げるためには，できるだけ長く，かつ長さの大きく違う伝送線路が必要です(例えば長さ10cmと20cm)．

用意した2本の伝送線路の両端に，同じメーカの同じ種類のコネクタを取り付けます．以下，短い伝送線路の長さをL_S，長い伝送線路の長さをL_Lとします．

● 測定原理

コネクタを取り付けた短い伝送線路の損失と長い伝送線路の損失を，それぞれIL_S，IL_Lとします．また，コネクタとその接続部分での損失をX，伝送線路の単位長さ当たりの損失をIL_0とすると，

$$IL_S = IL_0 \times L_S + X \quad \cdots\cdots\cdots (20\text{-}1)$$
$$IL_L = IL_0 \times L_L + X \quad \cdots\cdots\cdots (20\text{-}2)$$

と表すことができます．

式(20-1)，式(20-2)から，長さが違う2本の伝送線路の損失を測定し，その差を求めれば，コネクタとその接続部分の損失Xを除去できることが分かります．従って，式(20-1)と式(20-2)から，単位長さ当たりの損失IL_0は，次式で表すことができます．

$$IL_0 = \frac{IL_L - IL_S}{L_L - L_S} \quad \cdots\cdots\cdots (20\text{-}3)$$

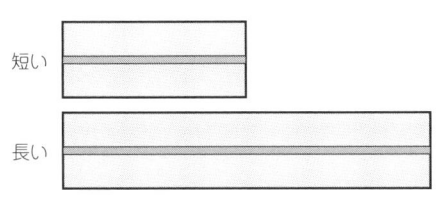

[図20-4] 同じ基板材料で作成した長さの違う伝送線路

● 測定方法
① ベクトル・ネットワーク・アナライザを準備する
② 測定周波数範囲を設定する
③ ポート・パワー（測定用ポートから出力される測定用高周波信号のレベル）を設定する．Preset状態（一般に0dBm）の設定で問題ない
④ 測定ポイント数（②の周波数範囲内の測定ポイント数）を設定する
⑤ 2ポート校正を行う（第5章 5-1節参照）
⑥ 校正が完了したポートとケーブル間に，短い伝送線路を接続する（図20-5）
⑦ 通過特性（S_{21}またはS_{12}）を表示させ，損失IL_Sを測定する．特定の周波数ポイントで測定する場合，マーカで各周波数の損失を測定する．測定周波数帯域全体で測定する場合，測定データをフロッピ・ディスクやUSBメモリに保存する
⑧ 長い伝送線路についても，同じようにして損失IL_Lを測定する
⑨ 式(20-3)を使って，単位長さ当たりの損失IL_0を求める

● 実測例
　写真20-1に示すのは，どちらもSHUNER製の高周波ケーブル SUCOTEST です．長さの違う2本のコネクタ付きケーブルを使い（914mmと1829mm），ケーブルの単位長さ当たりの損失を求めてみます．
　測定方法に従って2本のケーブルの通過特性を測定します．**図20-6(a)** に長さが914mmのSUCOTESTの通過特性実測データを示します．そして**図20-6(b)** に長さが1829mmのSUCOTESTの通過特性実測データを示します．
　式(20-3)を使い，同軸ケーブル SUCOTESTの単位長さ(1m)当たりの損失を求

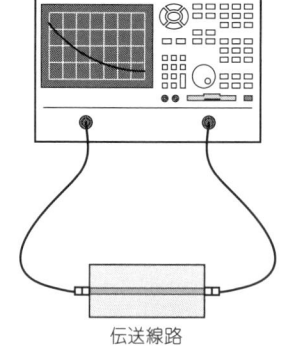

[図20-5] 校正が完了したポートとケーブル間に短い伝送線路を接続する

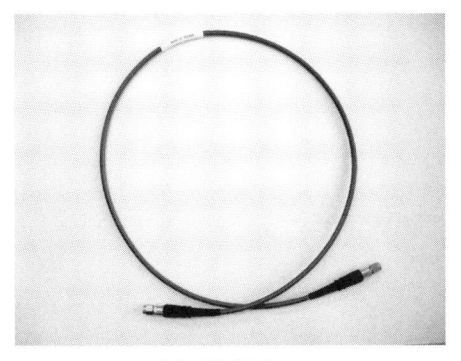

(a) 長さ914mm 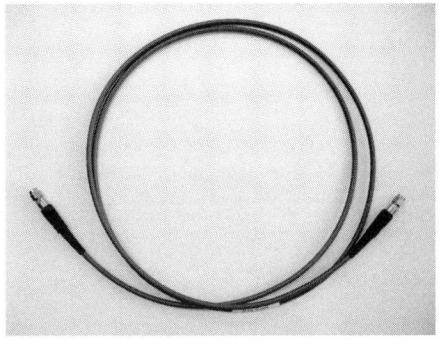　　　　　　　　　　(b) 長さ1829mm

[写真20-1] SHUNER製の高周波ケーブル SUCOTEST

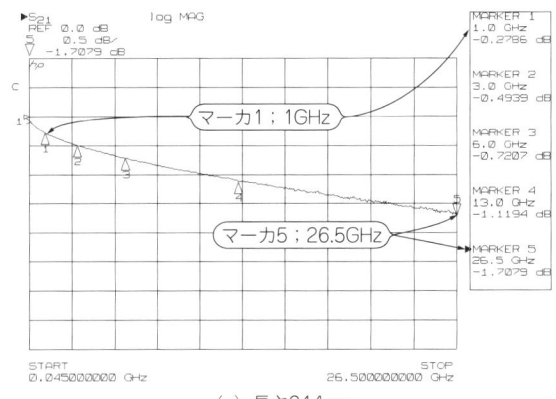

```
S21          log MAG
REF 0.0 dB
  5  0.5 dB/
▽ -1.7079 dB

MARKER 1
1.0 GHz
-0.2786 dB

MARKER 2
3.0 GHz
-0.4939 dB

MARKER 3
6.0 GHz
-0.7207 dB

MARKER 4
13.0 GHz
-1.1194 dB

MARKER 5
26.5 GHz
-1.7079 dB
```

マーカ1；1GHz
マーカ5；26.5GHz

START 0.045000000 GHz　　　　　　　STOP 26.500000000 GHz

(a) 長さ914mm

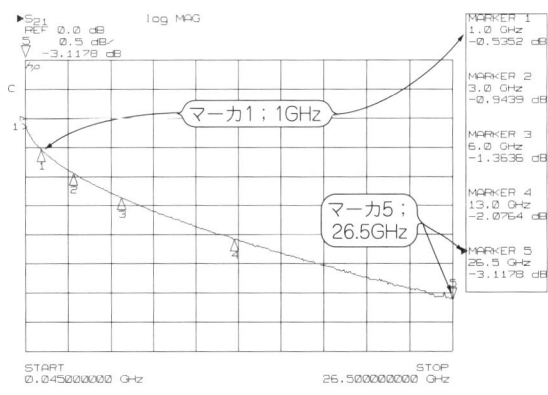

```
S21          log MAG
REF 0.0 dB
  5  0.5 dB/
▽ -3.1178 dB

MARKER 1
1.0 GHz
-0.5352 dB

MARKER 2
3.0 GHz
-0.9439 dB

MARKER 3
6.0 GHz
-1.3636 dB

MARKER 4
13.0 GHz
-2.0764 dB

MARKER 5
26.5 GHz
-3.1178 dB
```

マーカ1；1GHz
マーカ5；26.5GHz

START 0.045000000 GHz　　　　　　　STOP 26.500000000 GHz

[図20-6] SHUNER社製の高周波ケーブル SUCOTEST の通過特性実測データ

(b) 長さ1829mm

20-2 伝送線路の損失測定

めてみます.

$1\text{GHz}: IL_0 = \dfrac{0.5352 - 0.2786}{1.829 - 0.914} = 0.280 \text{dB/m}$

$3\text{GHz}: IL_0 = \dfrac{0.9439 - 0.4939}{1.829 - 0.914} = 0.492 \text{dB/m}$

$6\text{GHz}: IL_0 = \dfrac{1.3636 - 0.7207}{1.829 - 0.914} = 0.703 \text{dB/m}$

$13\text{GHz}: IL_0 = \dfrac{2.0764 - 1.1194}{1.829 - 0.914} = 1.046 \text{dB/m}$

$26.5\text{GHz}: IL_0 = \dfrac{3.1178 - 1.7079}{1.829 - 0.914} = 1.541 \text{dB/m}$

この結果をグラフにすると，**図20-7**のようになります.

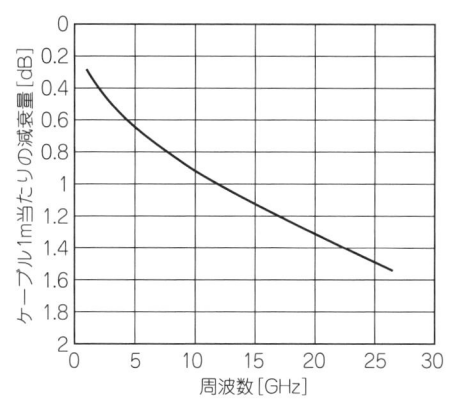

[図20-7] 同軸ケーブル SUCOTESTの単位長さ(1m)当たりの損失

第21章
伝送線路の不整合個所を特定する方法
~ TDR測定やタイム・ドメイン測定で不具合箇所を正確に特定~

　第4章で解説した反射特性の測定は，ある端子から回路を見た場合の反射を測定したものです．通常の反射特性の測定は，周波数軸上で行われている(周波数ドメイン，Frequency Domain)ため，特性の悪化している周波数帯を特定できます．しかし，その測定結果から，回路内のどこで反射が悪化しているのかは分かりません．

　本章では，反射が悪化している個所(不整合個所)を，測定で簡単に見つける方法を紹介します．

　図21-1に伝送線路の不整合個所特定のフローチャートを示します．

21-1　TDR測定用オシロスコープによる測定

　第3章 3-3節で紹介したTDR測定を利用すると，時間軸上で反射の変化を知ることができます．「時間≡観測点からの距離」を表すので，TDR測定の結果を見れば，ケーブルや基板上にパターンで配置した伝送線路のインピーダンスの変化が分かります．従って，ケーブルやパターン，パターンとコネクタとの接続個所などに不整合があれば，その位置を特定できます．

● 測定手順
① 図21-2に示すように，TDR測定用のオシロスコープに被測定回路(ケーブル，伝送線路など)を接続する
② ステップ・ジェネレータからステップ信号を送り込み，オシロスコープで電圧波形をモニタする
③ 観測波形から不整合個所を特定する

[図21-1] 伝送線路の不整合個所を特定するためのフローチャート

[図21-2] TDR測定用のオシロスコープに被測定回路(ケーブル,伝送線路など)を接続

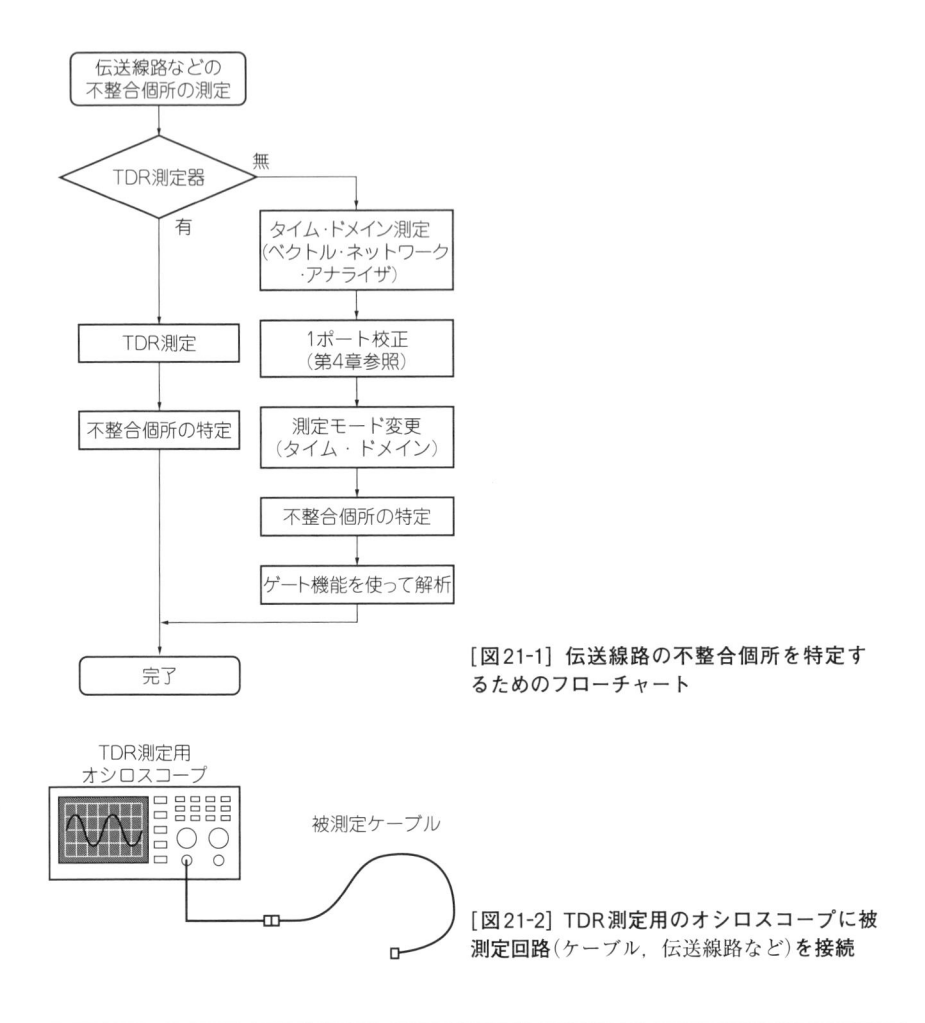

21-2　ベクトル・ネットワーク・アナライザによる測定(タイム・ドメイン測定)

　ベクトル・ネットワーク・アナライザのなかには,タイム・ドメイン(Time Domain)測定機能を持ったものがあります.この測定機能は,周波数軸上(周波数ドメイン)で行った測定結果から,時間軸上(タイム・ドメイン)での特性を求めるものです.ベクトル・ネットワーク・アナライザ内で逆フーリエ変換を行い,周波数軸上の特性から時間軸上の特性を求めています.

　タイム・ドメインの測定結果として得られる「時間」に,評価対象回路上での信

号の伝播速度を掛けることにより，基準位置(校正の基準面)からの距離が分かります．

ベクトル・ネットワーク・アナライザでタイム・ドメイン測定を行った場合，時間軸上での分解能は，周波数ドメインでの周波数スパンに反比例します．周波数スパンを広くすればするほど分解能は高くなり，時間軸上での小さな変化を見分けられます．

● 測定手順
① ベクトル・ネットワーク・アナライザの測定周波数範囲を設定する
　通常，使用するベクトル・ネットワーク・アナライザの最大SPANに設定する
② ポート・パワー，測定ポイント数を設定する
③ 測定に使用するポートを決める
④ 1ポート校正を行う
　● ポート・ケーブル端にOPENを接続しOPEN校正を行う
　● ポート・ケーブル端にSHORTを接続しSHORT校正を行う
　● ポート・ケーブル端にLOAD(終端)を接続しLOAD校正を行う
⑤ 校正が完了したポート・ケーブル端に，反射特性の測定を行う被測定回路(ケーブル，伝送線路など)を接続し，もう一端を終端する(**図21-3**)
⑥ 反射特性の表示フォーマットをVSWR，Linear Magnitudeなどに設定する

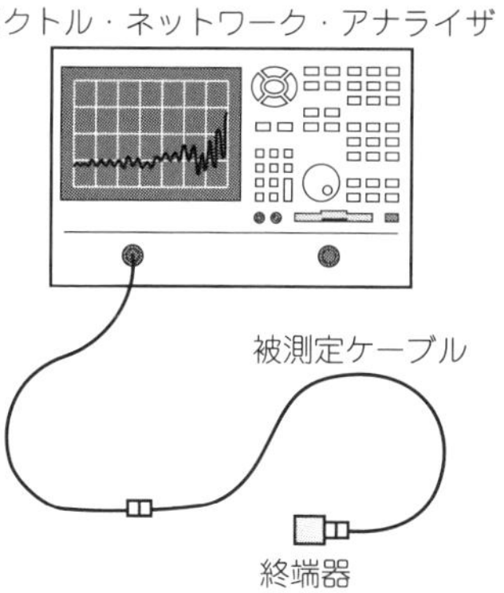

[図21-3] 校正が完了したポート・ケーブル端に，反射特性の測定を行う**被測定回路**(ケーブル，伝送線路など)**を接続する**

⑦ 測定モードでタイム・ドメインを選択する
⑧ タイム・ドメインの測定結果から，不整合個所を特定する

● 実測例

　長さ約17cmのセミフレキシブル・ケーブルの片端に，変換コネクタと終端器を接続したもの(**写真21-1**)の測定結果から，タイム・ドメイン測定におけるゲート機能の効果を見てみましょう．

▶ 反射位置の特定

　図21-4に周波数ドメインで測定したVSWR特性を示します(VSWRの周波数特性)．ネットワーク・アナライザの測定モードを周波数ドメインからタイム・ドメインにすると，**図21-5**に示す特性が表示されます．横軸が周波数軸から時間軸に変わります．一目盛りが250psなので，左から2目盛り目が0で，測定の基準位置になります(1ポート校正の基準面)．

　基準位置に見られる反射の山は，測定対象の入力部分における反射を表すので，**写真21-1**左側に示す部分と考えられます．**図21-5**右側に見える大きな反射の山は，測定対象の終端部分における反射を表すので，**写真21-1**の右側部分と考えられます．

▶ 反射の周波数特性

　このように，タイム・ドメインを使うと，反射の起こっている位置を知ることができます．しかし，**図21-5**の特性は，測定対象各部における測定周波数全体での

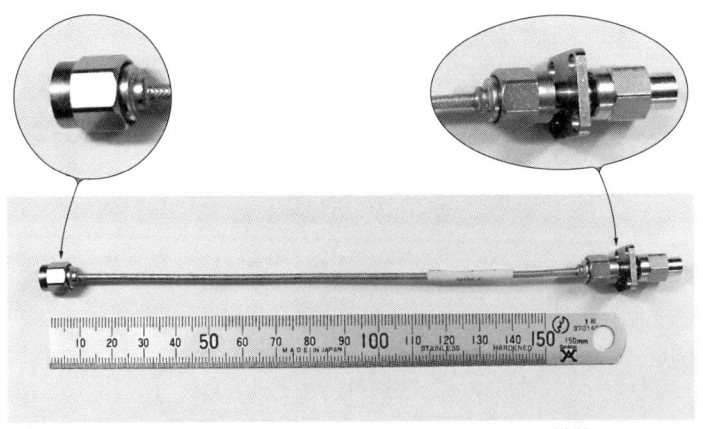

[写真21-1] 長さ約17cmのセミフレキシブル・ケーブルの片端に，変換コネクタと終端器を接続したもの

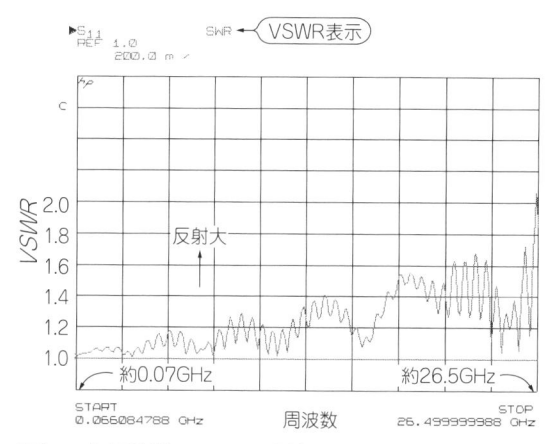

[図21-4] 周波数ドメインで測定したVSWR特性
写真21-1のケーブルを測定した

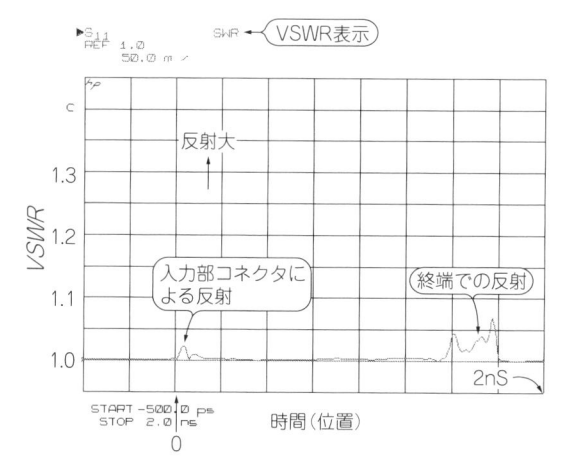

[図21-5] 図21-4に対して測定モードを周波数ドメインからタイム・ドメインに変更した

反射を表しているので，このままでは各部分での反射がどの周波数で起こっているのかは分かりません．そこで役に立つのが，タイム・ドメイン測定に備わるゲートと呼ばれる機能です．

タイム・ドメイン測定のゲート機能を使うと，特定の時間(位置)範囲内の反射だけを取り出すことができます．**写真21-1**右側部分の反射特性にゲート設定した例を**図21-6**に示します．ゲートをONにすると，ゲート範囲内に含まれない部分の

21-2 ベクトル・ネットワーク・アナライザによる測定(タイム・ドメイン測定) | 277

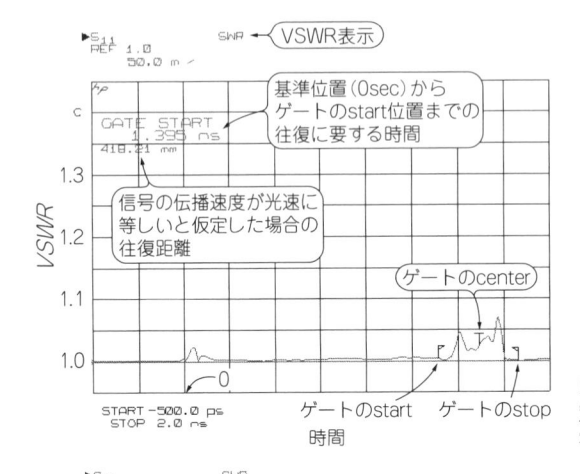

[図21-6] 図21-5に対してゲート設定した例
写真21-1右側部分の反射特性に注目した

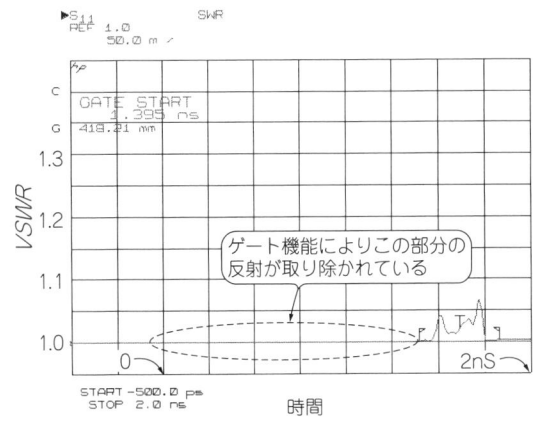

グラフ注釈:
- VSWR表示
- 基準位置(0sec)からゲートのstart位置までの往復に要する時間
- 信号の伝播速度が光速に等しいと仮定した場合の往復距離
- ゲートのcenter
- ゲートのstart
- ゲートのstop

[図21-7] 図21-6のようにゲート設定したことで，図21-5の波形からゲート範囲内に含まれない部分の影響が取り除かれた

グラフ注釈:
- ゲート機能によりこの部分の反射が取り除かれている

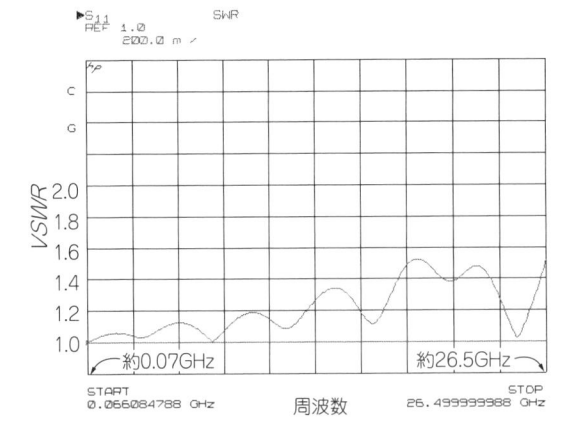

[図21-8] 図21-7の状態からゲートをONにしたままで，測定モードをタイム・ドメインから周波数ドメインに変えた結果
ゲート設定した範囲内の反射の周波数特性を確認できた

グラフ注釈:
- 約0.07GHz
- 約26.5GHz

第21章 伝送線路の不整合個所を特定する方法

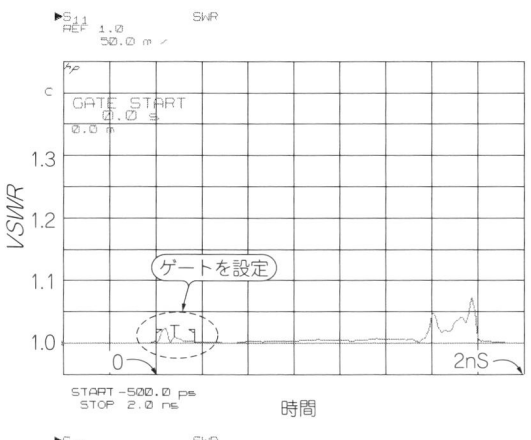

[図21-9] 図21-5の波形にゲートを設定

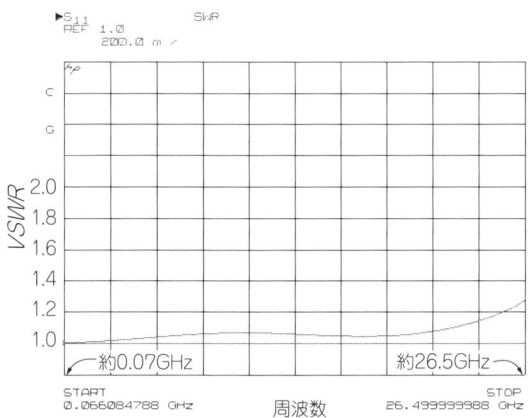

[図21-10] 図21-9の周波数特性
写真21-1に示したケーブルの左側コネクタの波形

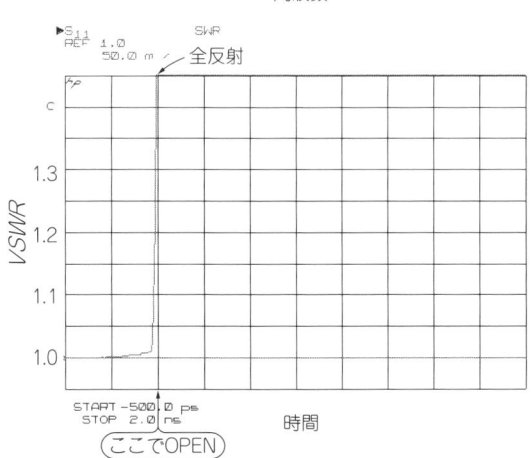

[図21-11] 図21-5の状態から写真21-1のケーブルを外したときの波形

21-2 ベクトル・ネットワーク・アナライザによる測定（タイム・ドメイン測定） | 279

影響が取り除かれます．ネットワーク・アナライザ内部での計算によって取り除かれ，**図21-7**に示す特性になります．ここで，ゲートをONにしたままで，測定モードをタイム・ドメインから周波数ドメインに変えると，**図21-8**に示すように，ゲート設定した範囲内で反射の周波数特性を確認できます．

　同じようにして，**写真21-1**左側部分について，**図21-9**に示すようにゲートを設定して周波数特性を確認すると，**図21-10**のようになります．このようにタイム・ドメインとゲート機能を使うことにより，どこで，そしてどの周波数帯で反射を生じているのかがはっきりと分かります．

　ケーブルを外すと，**図21-11**に示すように，基準位置で全反射になります．

はじめての高周波測定

第22章
アンテナ特性の簡易測定
~暗室やオープン・サイトがなくてもアンテナの特性は見える~

アンテナ特性を正確に測定するには，電波暗室やオープン・サイトなどの施設と，測定設備が必要になります．正確な測定は，お金と手間が掛かります．ならば簡易的な測定で特性の見極めをある程度行ってからでも，遅くはありません．

本章では，アンテナの基礎を説明した後，アンテナの簡易的な測定方法を紹介します．図22-1にアンテナ特性を簡易的に測定するためのフローチャートを示します．

22-1　アンテナの基礎

アンテナの各種測定方法の説明の前に，アンテナの基礎事項を見ておきましょう．

● 指向性

アンテナから放射される電磁界(電波)は，そのアンテナ固有の方向特性を持っています．この方向特性のことを指向性あるいは指向特性と言います．

一般に，その方向特性がすべての方向に対して均等でないものを，指向性があると言います．方向性が全くなく，すべての方向に均等なものを無指向性あるいは等方性(isotropic)と言います．一方，ある特定の方向に強い指向性を持つものを単一指向性と言います．図22-2にアンテナの指向性の違いを示します．

アンテナの放射電磁界の方向特性を，図22-3のように図に示したものを，放射パターンと言います．放射パターンには，放射電界強度を表した電界パターンと，放射電力強度を表した電力パターンがあります．

● ゲイン

アンテナのゲインは，そのアンテナからある方向へ放射される電波の電力密度と，

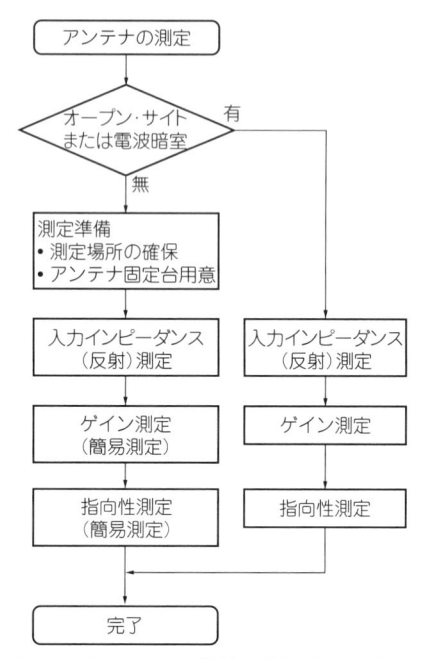

[図22-1] アンテナ特性を簡易的に測定するためのフローチャート

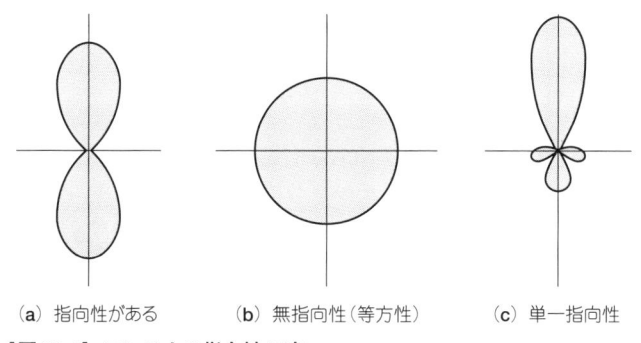

(a) 指向性がある　(b) 無指向性(等方性)　(c) 単一指向性
[図22-2] アンテナの指向性の違い

基準アンテナから同一距離の点に放射される電波の電力密度との比で定義されます．一般にゲインは，基準となるアンテナと比較して，アンテナの最大放射方向でその何倍になるかをデシベル単位で表します．

　基準アンテナには，アイソトロピック・アンテナ(等方性アンテナ，isotropic

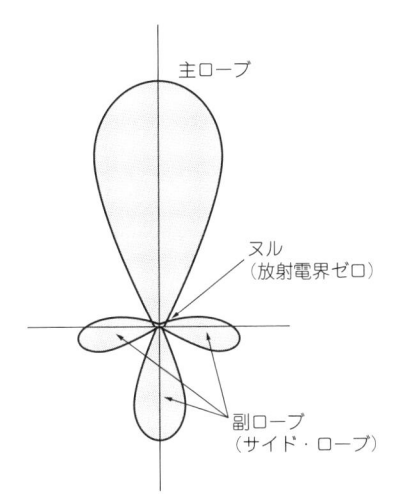

[図22-3] 放射パターン…アンテナの放射電磁界の方向特性を図に示したもの

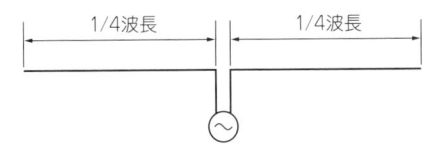

[図22-4] 理想的な半波長ダイポール・アンテナは1/4波長の2本の導体で構成される

antenna)と，理想的な半波長ダイポール・アンテナ(dipole antenna)があります．

　アイソトロピック・アンテナは理想的な無指向性アンテナで，すべての方向に対して均等な指向性(球状)を持ったアンテナです．完全な無指向性アンテナは存在しないので，アイソトロピック・アンテナは理論上のアンテナです．

　理想的な半波長ダイポール・アンテナは，図22-4に示すように中心周波数で1/4波長の長さを持つ2本の導体で構成されています．図22-4に示す配置の場合，導体の先端方向に全く放射しない8の字状の指向性を持っています．アイソトロピック・アンテナと同じように，理想的な半波長ダイポール・アンテナも存在しません．しかし，理想的な特性に近い半波長ダイポール・アンテナはあるので，一般に半波長ダイポール・アンテナが基準アンテナとして用いられています．

　アイソトロピック・アンテナと比較したゲインを絶対ゲインと呼び，単位はdBiで表します(添え字のiはisotropicのiです)．一方，理想的な半波長ダイポール・

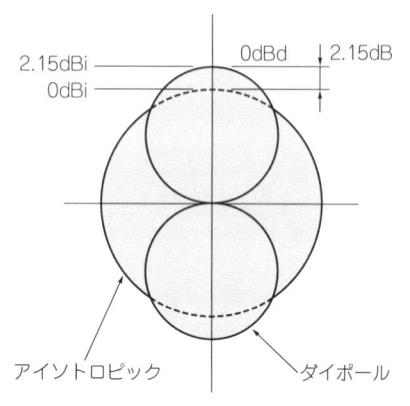

[図22-5] アイソトロピック・アンテナの指向性とダイポール・アンテナの指向性

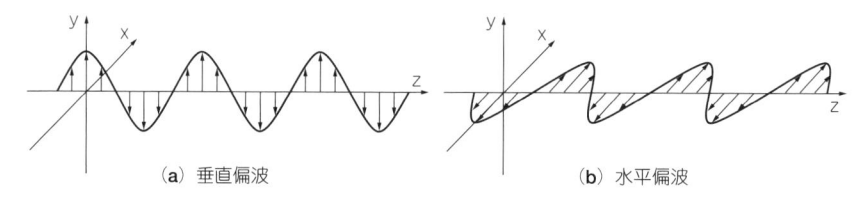

[図22-6] 偏波の基本は垂直偏波と水平偏波
偏波とは，アンテナから放射された電界のベクトルが，地面に対してどちらの方向を向いているかを表したもの

(a) 垂直偏波　　(b) 水平偏波

アンテナと比較したゲインを，相対ゲインと呼び，単位はdBdで表します（添え字のdはdipoleのdです）．絶対ゲインと相対ゲインの関係を次式に示します．

$$0\,\mathrm{dBd} \approx 2.15\,\mathrm{dBi} \tag{22-1}$$

また，絶対ゲインと相対ゲインの関係を図22-5に示します．

● 偏波

アンテナから放射される電波には偏波と呼ばれるものがあります．偏波とは，アンテナから放射された電界のベクトルが，地面に対してどちらの方向を向いているかを表したものです．偏波の基本は図22-6に示す垂直偏波と水平偏波です．垂直偏波は，電界のベクトルが地面に対して垂直方向を向いています．水平偏波は，電界のベクトルが地面に対して水平方向を向いています．

ダイポール・アンテナで垂直偏波を放射する場合には，図22-7(a)に示すように

(a) 垂直に配置　　(b) 水平に配置

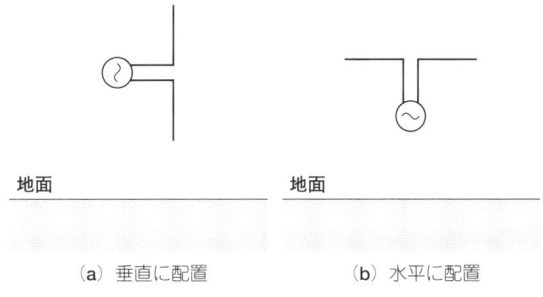

[図22-7] ダイポール・アンテナで水平/垂直偏波を放射する場合の配置

地面に対して垂直に配置します．水平偏波を放射する場合には，**図22-7(b)**に示すように地面に対して水平に配置します．

22-2　入力インピーダンス（反射）の測定

アンテナの入力インピーダンスの測定も，基本的にはほかの回路の入力インピーダンス測定と一緒です．ただしアンテナの場合，入力インピーダンスを測定するためにアンテナへ入力した信号のほとんどが，**図22-8**に示すようにアンテナから周囲の空間へ電波として放射されてしまいます．このため放射した信号のレベルが大きいと，その周囲で別の回路の測定評価を行っている場合に，外来ノイズとして影響を与えてしまうこともあります．

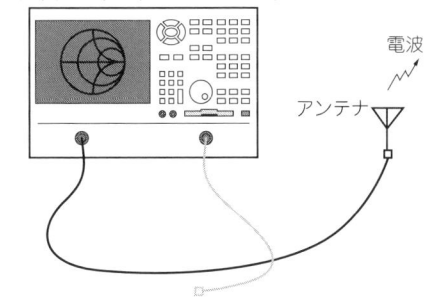

図22-8　アンテナの場合，入力した信号のほとんどが，アンテナから周囲の空間へ電波として放射されてしまう

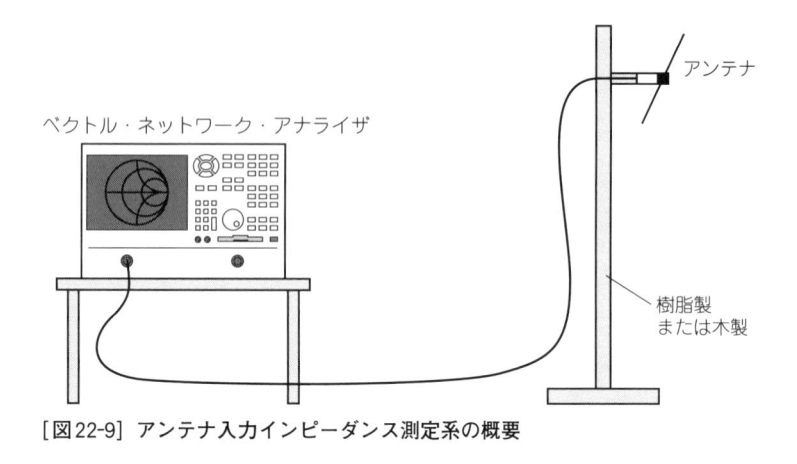

[図22-9] アンテナ入力インピーダンス測定系の概要

　また，アンテナは周囲の空間と回路との整合回路として働くので，その入力インピーダンスは周囲の空間の影響を大きく受けます．
　以上のことを踏まえて，アンテナの入力インピーダンスの測定を簡易的に行う方法を以下に示します．

● 測定準備

　アンテナの測定を行うためには，周囲の影響を受けにくい広い空間が必要になります．室内であれば空き部屋のようなところ，屋外であればグラウンドのようなところが適しています．
　また，測定を行うときに人が持っていたのでは，人体の影響を受けてしまうので，電気的な影響の少ないものにアンテナを固定して測定する必要もあります．具体的には樹脂製のポールや角材，あるいは段ボール箱などにアンテナを固定して測定します．このときアンテナが床面あるいは地面に近いと，その影響を受ける可能性があるので，床面あるいは地面からある程度の高さに設置する必要があります（1.5m前後）．
　測定にはベクトル・ネットワーク・アナライザを使用します．ベクトル・ネットワーク・アナライザのきょう体（ケース）は金属製なので，アンテナの近くに配置したのでは影響を及ぼす可能性があります．できれば，アンテナの指向性のない方向に，アンテナから離して配置します．図22-9に測定系の概要を示します．

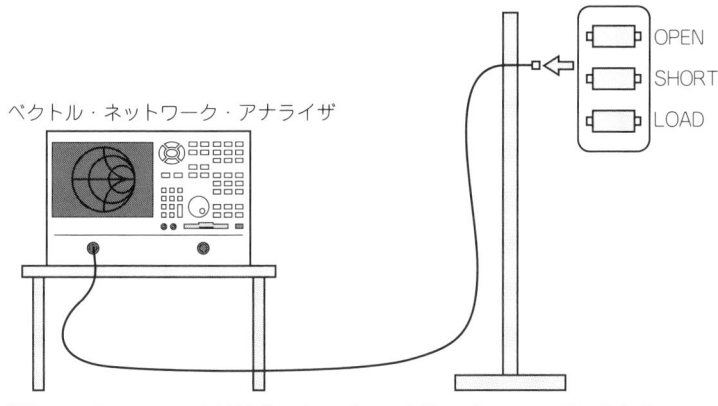

[図22-10] アンテナを接続するケーブルの先端でポート1の校正を行う

● 測定方法
① 図22-9のような測定系を設置する
② 測定周波数範囲を設定する
③ ポート・パワー（測定用ポートから出力される測定用高周波信号のレベル）を設定する．Preset状態（一般に0dBm）の設定で問題ない
④ 測定ポイント数（②の周波数範囲内の測定ポイント数）を設定する．一般にPreset状態で201ポイントに設定されている．細かく測定したい場合にはポイント数を増やす（201ポイント→401ポイント→801ポイント…）
⑤ アンテナを接続するケーブルの先端で，1ポートの校正を行う（図22-10，第3章 3-1節参照）
⑥ ケーブルにアンテナを接続する
⑦ 表示フォーマットをスミス・チャートやVSWR，LOG MAGにし，マーカを使って，所望の周波数の入力インピーダンスまたは反射特性を測定する

● 実測例
　写真22-1に示すのは，GPS信号受信用マイクロストリップ・アンテナの手作り試作品です．このアンテナの反射特性の実測結果を，図22-11～図22-13に示します．測定の中心周波数は1575.42MHz，周波数スパンは100MHzです（測定周波数範囲：1525.42M～1625.42MHz）．
　図22-11はスミス・チャート表示で，アンテナの入力インピーダンスの周波数特性を表しています．所望の周波数の入力インピーダンスをマーカを使って読み取

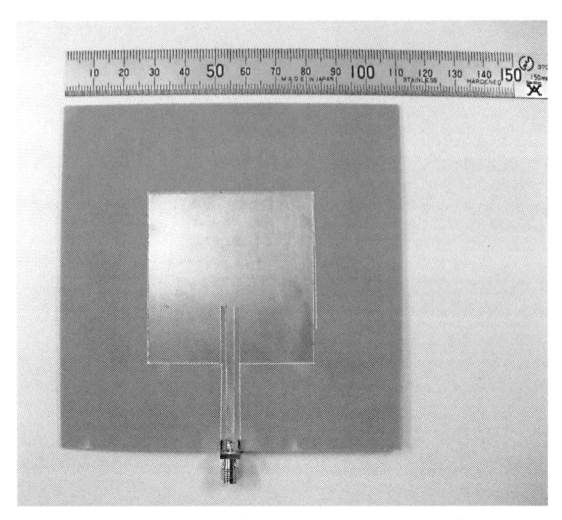

[写真22-1] GPS信号受信用マイクロストリップ・アンテナの手作り試作品

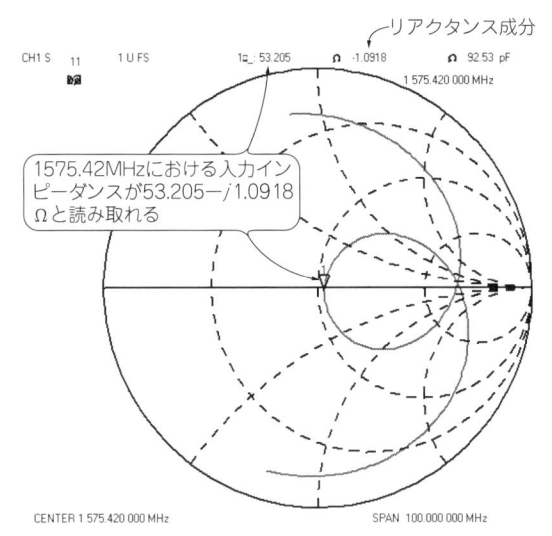

[図22-11] アンテナの入力インピーダンスの周波数特性

ることができます．

　図**22-12**はVSWR表示で，アンテナ入力におけるVSWRの周波数特性を表しています．

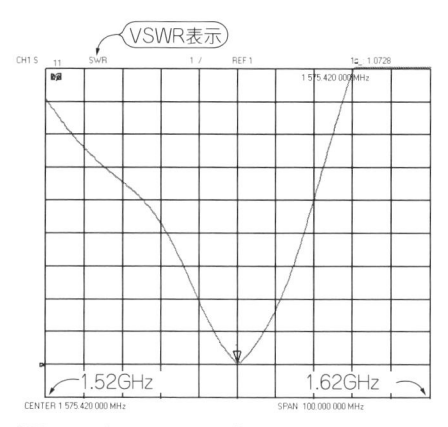

[図22-12] アンテナ入力におけるVSWRの周波数特性

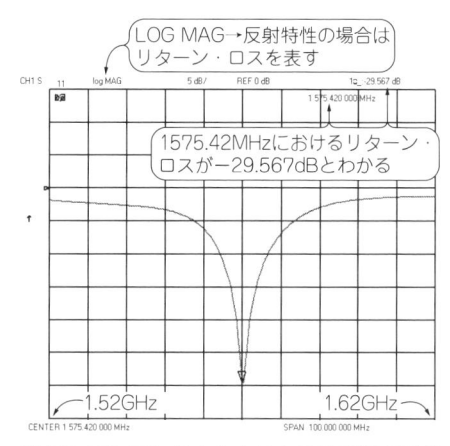

[図22-13] アンテナ入力における反射の周波数特性

　図22-13はLOG MAG表示で，VSWR表示と同じようにアンテナ入力における反射の周波数特性を表していて，リターン・ロス特性と呼ばれます．リターン・ロスは，入力信号電力に対する反射信号電力の比を表しています．

　図22-11から，中心周波数(マーカ1)における入力インピーダンスZ_{in}は，53.205 $-j1.0918\,\Omega$で，ほぼ$50\,\Omega$に整合がとれていることが分かります．

　図22-13から，中心周波数(マーカ1)でのリターン・ロスが-29.567dBなので，反射信号電力は入力信号電力の約1/1000であることが分かります．また，リターン・ロス特性から，-3dBの帯域幅は約40MHzなので，このアンテナが非常に狭帯域なアンテナであることが分かります．

　中心周波数におけるZ_{in}，リターン・ロスRL，VSWRの各値は，反射係数Γを仲立ちとして式(4-1)から式(4-3)に示す関係にあります．従って，

$$\Gamma = \frac{Z_{in}-50}{Z_{in}+50} = \frac{53.205-j1.0918-50}{53.205-j1.0918+50} = 0.0312 - j0.0102 \cong 0.033\angle-18.1°$$

$$VSWR = \frac{1+|\Gamma|}{1-|\Gamma|} = \frac{1+0.033}{1-0.033} \cong 1.07$$

$$RL = -20\log|\Gamma| = -20\log 0.033 \cong 29.6\text{dB}$$

と求まります．

22-2 入力インピーダンス(反射)の測定

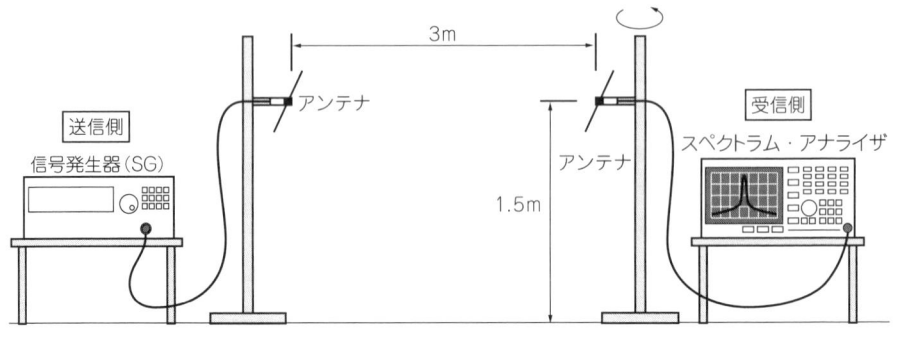

[図22-14] アンテナ・ゲインと指向性測定のための構成(水平偏波)

22-3　ゲインと指向性の測定

　ゲインと指向性の測定では，二つのアンテナを少なくとも3m離して配置する必要があります．また，その周囲と上方にも何もない空間が必要なので，屋外での測定が望まれます．

　この測定では，被測定アンテナのほかに，基準のアンテナとなる2本のダイポール・アンテナが必要です．

● 水平偏波の測定
① 図22-14のような測定系を設置する．アンテナを取り付ける支柱には，樹脂製のポールや角材などを使用する．段ボール箱を積み重ねてアンテナを固定しても良い
② 信号発生器(SG)の出力周波数，レベルを設定する
③ 二つのダイポール・アンテナを，地面と水平に高さ1.5mに固定する
④ 二つのダイポール・アンテナを対向させた状態から，受信側を左右に回転させ，受信レベルが最大となるポイントを探し，そのレベルを測定する(基準レベル：P_{H0} [dBm])
⑤ 受信側のダイポール・アンテナを被測定アンテナに交換し，実際に使われる際の地面に対する向きと同じように配置する
⑥ 被測定アンテナを左右に回転させ，受信レベルが最大となるポイントを探す
⑦ ⑥で最大となったポイントで，被測定アンテナの高さを上下に変化させ，受信レベルが最大となるポイントを探す

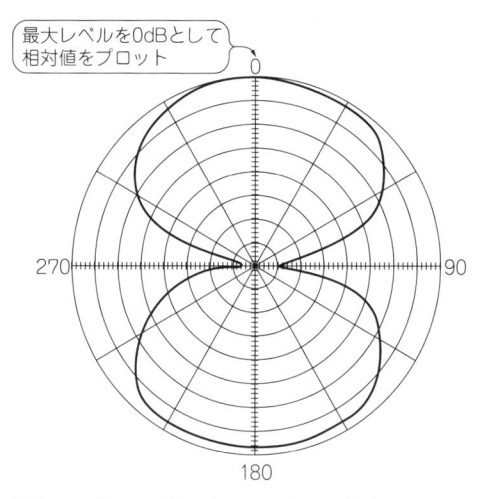

[図22-15] レーダ・チャート上に，最大レベルに対する相対レベルで指向性をプロットする

⑧ レベルが最大となった高さで被測定アンテナを左右に回転させ，受信レベルが最大となるポイントを探し，そのレベルを測定する（P_H[dBm]）
⑨ アンテナの水平偏波のゲインを求める．アンテナ・ゲインは$P_H - P_{H0}$
⑩ その高さで，被測定アンテナを360°回転させて，指向性を求める
⑪ レーダ・チャート上に，P_Hに対する相対レベルで指向性をプロットする（図22-15）

● 垂直偏波の測定
① 図22-16のような測定系を設置する．アンテナを取り付ける支柱には樹脂製の

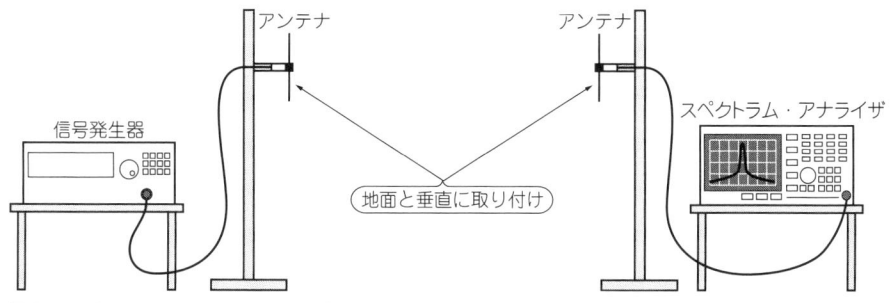

[図22-16] アンテナ・ゲインと指向性測定のための構成（垂直偏波）

22-3 ゲインと指向性の測定

ポールや角材などを使用する．段ボール箱を積み重ねてアンテナを固定しても良い
② 信号発生器(SG)の出力周波数，レベルを設定する
③ 二つのダイポール・アンテナを，地面と垂直に高さ1.5mに固定する
④ 二つのダイポール・アンテナを対向させた状態から受信側を左右に回転させ，受信レベルが最大となるポイントを探し，そのレベルを測定する(基準レベル：P_{V0} [dBm])
⑤ 受信側のダイポール・アンテナを，被測定アンテナに交換し，実際に使われる際の地面に対する向きと同じように配置する(水平偏波の測定時と同じ向き)
⑥ 被測定アンテナを左右に回転させ，受信レベルが最大となるポイントを探す
⑦ ⑥で最大となったポイントで，被測定アンテナの高さを上下に変化させ，受信レベルが最大となるポイントを探す
⑧ レベルが最大となった高さで被測定アンテナを左右に回転させ，受信レベルが最大となるポイントを探し，そのレベルを測定する(P_V [dBm])
⑨ アンテナの垂直偏波のゲインを求める．アンテナ・ゲインは$P_V - P_{V0}$
⑩ その高さで被測定アンテナを360°回転させて，指向性を求める
⑪ レーダ・チャート上に，P_Vに対する相対レベルで指向性をプロットする

はじめての高周波測定

第23章

受信機に関する測定
～受信感度，受信帯域，2信号特性などの諸特性を正しく評価～

携帯電話やGPSなど，電波を用いた通信システムが身の回りに存在しますが，全ての通信システムにおいて受信機の性能および特性がとても重要です．
　受信機の性能（受信感度）や特性（2信号特性など）によって，通信可能な距離が大きく左右されます．受信機にはさまざまな評価項目があるので，それを正しく評価する必要があります．

　受信機にはさまざまな特性評価項目があります．本章では，受信機の基本的な測定項目について，その測定方法を紹介します．図23-1に受信機に関する測定のフローチャートを示します．
　受信感度は，受信機の性能を表す最も重要な特性なので，受信機の性能評価において最初に測定されます．また，受信機は受信感度が高い（低いレベルの信号を受信できる）ことが要求されます．微弱無線を使った自動車のキー・レス・エントリ・システムの場合，受信機の受信感度は－110dBm～－120dBmです．また，GPS受信機の受信感度は－150dBm～－160dBmもあります．
　受信帯域の測定は，受信機がどの周波数範囲の信号を受信できるかという評価なので，受信感度を測定するときに一緒に測定されます．
　2信号特性は，受信機が妨害波に対してどれだけ強いかという評価です．隣接する周波数帯に高いレベルの信号（電波）が存在する場合や，電波の込み合った周波数帯で使われる場合には，測定を行う必要があります．また，周波数変換を伴う受信機（スーパーヘテロダイン方式）の場合，受信周波数帯付近だけでなく，広い周波数帯域で測定を行う必要があります．

23-1　受信感度の測定（アナログ変調）

　受信機にはさまざまなものがあり，受信する信号の変調方式（アナログまたはデ

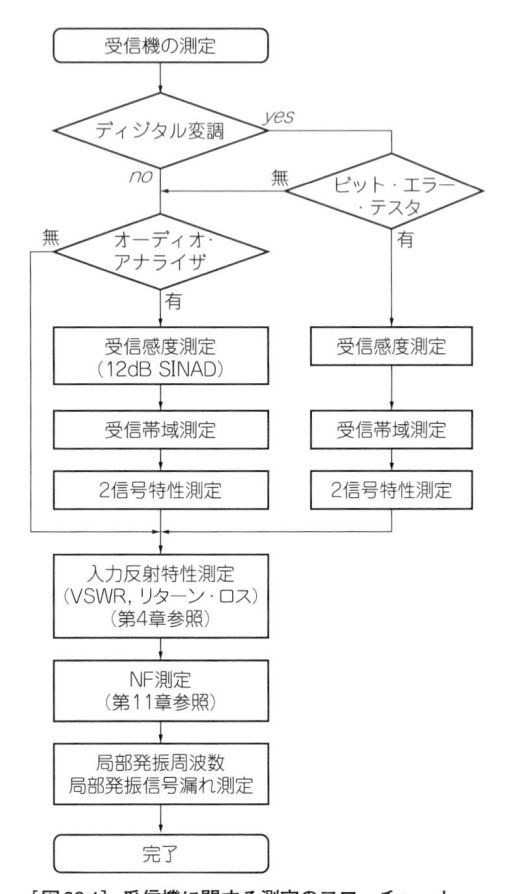

```
                ┌──────────────┐
                │  受信機の測定 │
                └──────┬───────┘
                       │
                  ╱ディジタル╲  yes
                  ╲ 変調    ╱─────────┐
                       │no            │
                       │          ╱ビット・エラー╲ 無
                       │          ╲  ・テスタ   ╱────┐
              ┌────────┤               │有         │
              │   ╱オーディオ╲ 無       │           │
              │   ╲ アナライザ╱────┐   │           │
              │        │有      │   │           │
              │  ┌─────┴──────┐ │  ┌─┴────────┐│
              │  │ 受信感度測定 │ │  │受信感度測定││
              │  │ (12dB SINAD)│ │  └─┬────────┘│
              │  └─────┬──────┘ │    │          │
              │  ┌─────┴──────┐ │  ┌─┴────────┐│
              │  │ 受信帯域測定 │ │  │受信帯域測定││
              │  └─────┬──────┘ │  └─┬────────┘│
              │  ┌─────┴──────┐ │  ┌─┴────────┐│
              │  │ 2信号特性測定│ │  │2信号特性測定││
              │  └─────┬──────┘ │  └─┬────────┘│
              │        │←───────┘    │          │
              │        ├──────────────┘          │
              │        │←────────────────────────┘
              │  ┌─────┴──────────┐
              │  │ 入力反射特性測定 │
              │  │(VSWR,リターン・ロス)│
              │  │  (第4章参照)    │
              │  └─────┬──────────┘
              │  ┌─────┴──────┐
              │  │   NF測定    │
              │  │ (第11章参照) │
              │  └─────┬──────┘
              │  ┌─────┴──────────┐
              │  │ 局部発振周波数   │
              │  │ 局部発振信号漏れ測定│
              │  └─────┬──────────┘
              │  ┌─────┴──────┐
              │  │    完了     │
              │  └────────────┘
```

[図23-1] **受信機に関する測定のフローチャート**

ィジタル)や変調信号の周波数によって，受信感度の測定方法が異なります．

　アナログ変調方式の受信機や低速なディジタル変調方式の受信機の場合，一般に12dB SINAD(シナド，Signal to Noise And Distortion)と呼ばれるパラメータで感度を評価します．SINADは次式で定義されます．

$$SINAD = \frac{S+N+D}{N+D} \quad \cdots\cdots\cdots\cdots\cdots\cdots\cdots\cdots\cdots\cdots\cdots\cdots (23\text{-}1)$$

　ただし，S：信号電圧[V]，N：雑音電圧[V]，D：ひずみ電圧[V]
そして，12dB SINADとは，12dBのSINADが得られる受信信号レベルを指します．一般にこの評価にはオーディオ・アナライザと呼ばれる測定器が使われます．

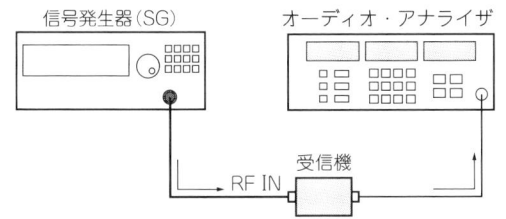

[図23-2] 受信感度，受信帯域測定のための構成（アナログ変調）…信号発生器（SG），受信機，オーディオ・アナライザを接続

● 測定手順
① 図23-2に示すように，信号発生器(SG)，受信機，オーディオ・アナライザを接続する．アナログ変調の受信機の場合には，受信機の復調出力をオーディオ・アナライザに入力する．ディジタル変調の受信機の場合には，波形整形前の復調信号を取り出して，オーディオ・アナライザに入力する
② 信号発生器の出力周波数を，受信機の受信周波数に設定する
③ 受信信号の変調タイプに合わせて信号発生器の出力信号に変調をかける．変調周波数は1kHzに設定する
④ オーディオ・アナライザの表示をSINAD表示にする
⑤ 信号発生器の出力をONにし，オーディオ・アナライザのSINAD表示が12dBとなるように，出力信号レベルを調整する
⑥ SINADが12dBになったときの信号発生器の出力レベルが，受信機の受信感度を表す

23-2　受信感度の測定（ディジタル変調）

　一般的なディジタル変調方式の受信機の場合，ビット・エラー・レート(BER，ビット誤り率)を用いて受信機の感度を評価します．$BER\,[\%]$とは，受信機で復調したディジタル・データの誤り率のことで，次式で定義されます．

$$BER = \frac{B_{error}}{B_{all}} \times 100 \quad\quad\quad\quad\quad\quad\quad\quad\quad\quad\quad\quad (23\text{-}2)$$

　ただし，B_{all}：送った全ビット数，B_{error}：誤った受信ビット数
BERの測定には，ビット・エラー・テスタと呼ばれる測定器が使われます．

● 測定手順
① 図23-3に示すように信号発生器，受信機，ビット・エラー・テスタを接続する．

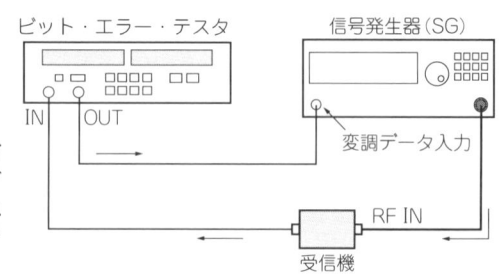

[図23-3] 受信感度，受信帯域測定のための構成（ディジタル変調）…信号発生器，受信機，ビット・エラー・テスタを接続

ビット・エラー・テスタのデータ出力を信号発生器の変調データ入力に接続する．受信機の復調データ出力をビット・エラー・テスタのデータ入力に接続する
② 信号発生器の出力周波数を受信機の受信周波数に設定する
③ 受信信号の変調タイプに合わせて信号発生器の出力信号に変調をかける
④ ビット・エラー・テスタから疑似データ(1010，PN9，PN15など)を出力する
⑤ 信号発生器の出力をONにし，ビット・エラー・テスタの誤り率表示が規定の値(10^{-3}，10^{-4}など)となるように，出力信号レベルを調整する
⑥ 規定の誤り率になったときの信号発生器の出力レベルが受信機の受信感度を表す

23-3　受信帯域の測定

　受信帯域の測定も受信感度を観測しながら行うので，受信感度の測定と同じように変調方式などによって，オーディオ・アナライザとビット・エラー・テスタを使い分けます．

● オーディオ・アナライザを使った受信帯域の測定手順
① 図23-2に示すように信号発生器，受信機，オーディオ・アナライザを接続する．アナログ変調の受信機の場合には，受信機の復調出力をオーディオ・アナライザに入力する．ディジタル変調の受信機の場合には，波形整形前の復調信号を取り出して，オーディオ・アナライザに入力する
② 信号発生器の出力周波数を，受信機の受信周波数に設定する
③ 受信信号の変調タイプに合わせて信号発生器の出力信号に変調をかける．変調周波数は1kHzに設定する

④ オーディオ・アナライザの表示をSINAD表示にする
⑤ 信号発生器の出力をONにし，受信機の入力での信号レベルが，受信機の受信感度より3dB高くなるように，出力信号レベルを設定する
⑥ SINADを確認しながら，信号発生器の出力周波数を受信周波数から徐々に下げ，SINAD表示が12dBになる周波数を見つける．これをf_L[Hz]とする
⑦ 再び信号発生器の出力周波数を，受信機の受信周波数に設定する
⑧ SINADを確認しながら，信号発生器の出力周波数を受信周波数から徐々に上げ，SINAD表示が12dBになる周波数を見つける．これをf_H[Hz]とする
⑨ f_Lとf_Hの間が受信帯域[Hz]

● ビット・エラー・テスタを使った受信帯域の測定手順
① 図23-3に示すように信号発生器，受信機，ビット・エラー・テスタを接続する．ビット・エラー・テスタのデータ出力を，信号発生器の変調データ入力に接続する．受信機の復調データ出力を，ビット・エラー・テスタのデータ入力に接続する
② 信号発生器の出力周波数を，受信機の受信周波数に設定する
③ 受信信号の変調タイプに合わせて，信号発生器の出力信号に変調をかける
④ ビット・エラー・テスタから，疑似データ(1010，PN9，PN15など)を出力する
⑤ 信号発生器の出力をONにし，受信機の入力での信号レベルが，受信機の受信感度より3dB高くなるように，出力信号レベルを設定する
⑥ ビット・エラー・テスタの誤り率表示を確認しながら，信号発生器の出力周波数を受信周波数から徐々に下げ，誤り率表示が規定の値(10^{-3}，10^{-4}など)になる周波数を見つける．これをf_L[Hz]とする．
⑦ 再び信号発生器の出力周波数を，受信機の受信周波数に設定する
⑧ ビット・エラー・テスタの誤り率表示を確認しながら，信号発生器の出力周波数を受信周波数から徐々に上げ，誤り率表示が規定の値(10^{-3}，10^{-4}など)になる周波数を見つける．これをf_H[Hz]とする
⑨ f_Lとf_Hの間が受信帯域[Hz]

23-4　2信号特性の測定

　2信号特性の測定は，受信信号と一緒に，無関係な別の周波数の信号を受信機に入力し，受信感度に与える影響を測定します．2信号特性の測定も，受信感度を観

測しながら行うので，受信感度の測定と同じように，変調方式などによって，オーディオ・アナライザとビット・エラー・テスタを使い分けます．

● オーディオ・アナライザを使った2信号特性の測定手順
① 図23-4に示すように，2台の信号発生器，2信号パッド（パワー・スプリッタ），受信機，オーディオ・アナライザを接続する．アナログ変調の受信機の場合には，受信機の復調出力をオーディオ・アナライザに入力する．ディジタル変調の受信機の場合には，波形整形前の復調信号を取り出して，オーディオ・アナライザに入力する．SG_1を希望波発生用，SG_2を妨害波発生用とする
② SG_1の出力周波数を，受信機の受信周波数に設定する

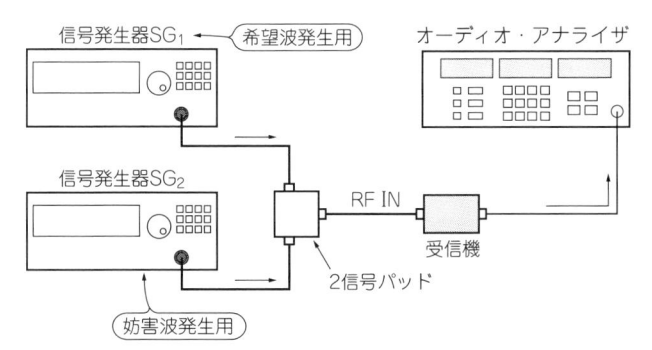

[図23-4] 2信号特性測定のための構成…2台のSG，2信号パッド（パワー・スプリッタ），受信機，オーディオ・アナライザを接続

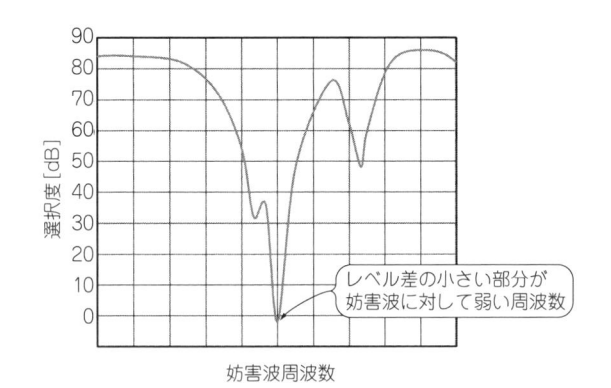

[図23-5] 2信号特性の測定結果例
レベル差の小さい部分が，妨害波に対して弱い周波数

③ 受信信号の変調タイプに合わせて，SG_1の出力信号に変調をかける．変調周波数は1kHzに設定する
④ オーディオ・アナライザの表示をSINAD表示にする
⑤ SG_1の出力をONにし，受信機の入力での信号レベルが受信機の受信感度より3dB高くなるように出力信号レベルを設定する(P_S[dBm])
⑥ SG_2の出力周波数を，受信機の受信周波数よりも十分低い周波数 f に設定し，出力をONにする．SG_2は無変調
⑦ SINAD表示が12dBになるようにSG_2の出力レベル調整し，そのときのSG_2の出力レベルを読み取る(P_F[dBm])
⑧ 受信機入力における希望波と妨害波のレベル差を求める($P_F - P_S$[dB])
⑨ SG_2の出力周波数 f を変えながら，⑦，⑧を繰り返す
⑩ グラフの横軸を妨害波周波数，縦軸をレベル差としてデータをプロットし，図23-5のようなグラフを作成する．なお，レベル差は一般に選択度と呼ばれる
⑪ レベル差の小さい部分が，妨害波に対して弱い周波数帯を表す

● ビット・エラー・テスタを使った2信号特性の測定手順
① 図23-6に示すように，2台の信号発生器，2信号パッド(パワー・スプリッタ)，受信機，ビット・エラー・テスタを接続する．ビット・エラー・テスタのデータ出力を，SG_1の変調データ入力に接続する．受信機の復調データ出力を，ビット・エラー・テスタのデータ入力に接続する．SG_1を希望波発生用，SG_2を妨害波発生用とする
② SG_1の出力周波数を，受信機の受信周波数に設定する

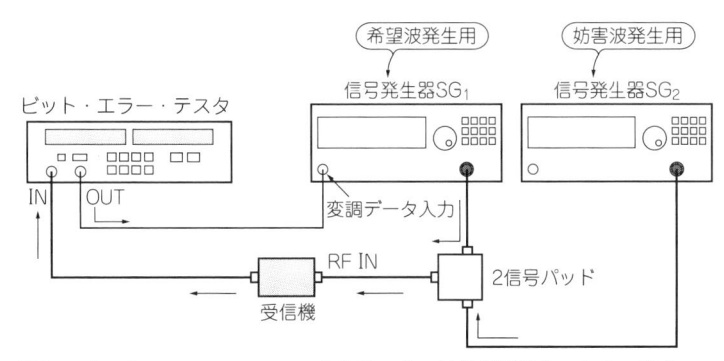

[図23-6] ビット・エラー・テスタを使った2信号特性測定のための構成

③ 受信信号の変調タイプに合わせて，SG_1 の出力信号に変調をかける
④ ビット・エラー・テスタから，疑似データ（1010，PN9，PN15など）を出力する
⑤ SG_1 の出力をONにし，受信機の入力での信号レベルが，受信機の受信感度より3dB高くなるように，出力信号レベルを設定する（P_S[dBm]）
⑥ SG_2 の出力周波数を，受信機の受信周波数よりも十分低い周波数 f に設定し，出力をONにする．SG_2 は無変調
⑦ ビット・エラー・テスタの誤り率表示が規定の値（10^{-3}，10^{-4} など）となるように SG_2 の出力信号レベルを調整し，そのときの SG_2 の出力レベルを読み取る（P_F[dBm]）
⑧ 受信機入力における，希望波と妨害波のレベル差を求める（$P_F - P_S$[dB]）
⑨ SG_2 の出力周波数 f を変えながら，⑦，⑧を繰り返す
⑩ グラフの横軸を妨害波周波数，縦軸をレベル差としてデータをプロットし，図23-5のようなグラフを作成する
⑪ レベル差の小さい部分が，妨害波に対して弱い周波数帯を表す

23-5 局部発振周波数と局部発振信号漏れレベルの測定

　一般的な受信機の場合，受信機内部に局部発振回路を持っています．通常，受信機の外部から局部発振回路を直接測定することはできません．そのため局部発振周波数（LO周波数）の測定は，アンテナ端子で行われます．アンテナ端子から漏れてくる信号で，局部発振周波数の測定を行います．同時にアンテナ端子からの局部発振信号（LO信号）の漏れレベルの測定も行います．

● 測定手順
① 図23-7に示すように，受信機とスペクトラム・アナライザを接続する
② スペクトラム・アナライザの中心周波数を局部発振信号周波数に合わせる
③ SPAN，RBWなどを調整し，局部発振信号の周波数[Hz]と漏れレベル[dBm]を測定する

[図23-7] 局部発振周波数と局部発振信号漏れレベル測定のための構成

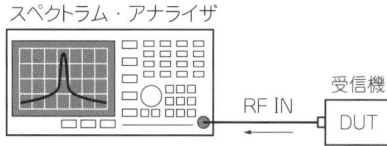

はじめての高周波測定

第24章

送信機に関する特性の測定
～周波数，出力，スプリアス，放射特性などの諸特性を正しく評価～

高周波の信号を送り出す送信機においては，送信信号の出力レベルやその周波数，不要なスプリアス信号の出力レベルなどが重要です．
小型の通信機器においては，一枚の基板上に送信回路とアンテナが一緒に実装されることが多くなっています．この場合，アンテナも含めた形で送信機の諸特性を評価する必要があります．

本章では送信機の基本的な測定項目の測定方法と，簡易的な放射特性の測定方法を紹介します．図24-1に送信機特性の測定フローチャートを示します．

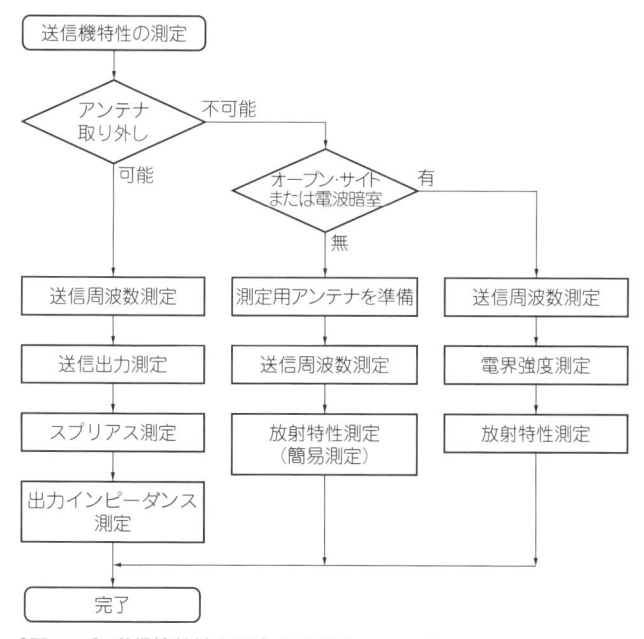

[図24-1] 送信機特性を測定する際のフローチャート

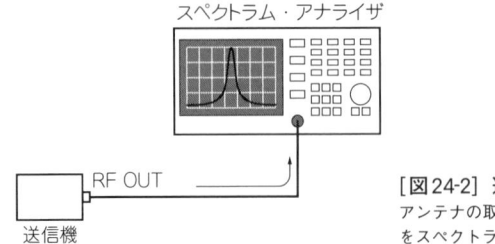

[図 24-2] 送信周波数測定のための構成 1
アンテナの取り外しが可能な場合．送信機の出力をスペクトラム・アナライザに接続

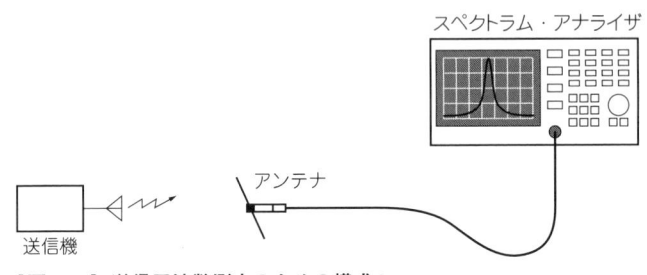

[図 24-3] 送信周波数測定のための構成 2
アンテナの取り外しが不可能な場合．スペクトラム・アナライザにダイポール・アンテナなどを取り付ける

24-1　送信周波数の測定（FSK 変調以外）

送信機の送信周波数の測定の場合，変調を止め，無変調状態で測定を行います．

● 測定方法 1…アンテナの取り外しが可能な場合
① 送信機のアンテナを取り外す
② 送信機の変調を止める
③ 図 24-2 に示すように，送信機の出力をスペクトラム・アナライザ（または周波数カウンタ）に接続し，送信周波数の測定を行う（第 7 章参照）

● 測定方法 2…アンテナの取り外しが不可能な場合
① 図 24-3 に示すように，スペクトラム・アナライザにダイポール・アンテナなどを取り付ける．手作りの簡易アンテナでもよい
② 送信機の変調を止める
③ 送信機と測定用のアンテナを適当な距離に配置する

④ 送信を行い，スペクトラム・アナライザで送信周波数の測定を行う

24-2 送信周波数の測定（FSK変調）

　FSK変調の送信機の場合，送信出力のスペクトルをスペクトラム・アナライザで観測し，観測したスペクトルの二つのピークから，送信周波数を求めます．

● 測定方法1…アンテナの取り外しが可能な場合
① 送信機のアンテナを取り外す
② 図24-2に示すように，送信機の出力をスペクトラム・アナライザに入力する
③ 送信を行い，スペクトラム・アナライザで送信出力スペクトル（**写真24-1**）を観測する
④ 図24-4に示すように，送信出力スペクトルの二つのピーク周波数（f_1, f_2）を測定する．なお，スペクトラム・アナライザのMax Hold機能を使うと測定が容易になる
⑤ ④の測定結果から送信周波数を求める．送信周波数は$(f_1 + f_2)/2$で求まる

● 測定方法2…アンテナの取り外しが不可能な場合
① スペクトラム・アナライザにダイポール・アンテナなどを取り付ける（**図24-3**）．手作りの簡易アンテナでもよい
② 送信機と測定用のアンテナを適当な距離に配置する
③ 送信を行い，スペクトラム・アナライザで送信出力スペクトル（**写真24-1**）を観測する
④ 図24-4に示すように送信出力スペクトルの二つのピーク周波数（f_1, f_2）を測定

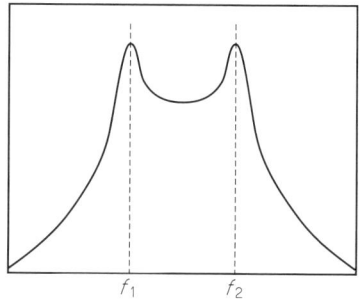

[図24-4] FSK変調の送信機の送信周波数測定…送信出力スペクトルにおける二つのピーク周波数（f_1, f_2）を足して2で割る

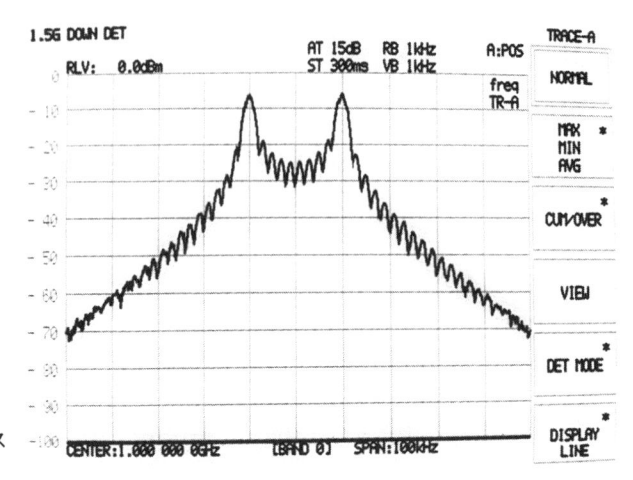

[写真24-1] スペクトラム・アナライザで送信機の出力スペクトルを観測したようす

する．なお，スペクトラム・アナライザのMax Hold機能を使うと測定が容易になる．

⑤ ④の測定結果から，送信周波数を求める．送信周波数は$(f_1 + f_2)/2$で求まる

24-3 　　送信出力の測定

　送信機の送信出力の測定は，変調を止めて無変調状態で測定を行う場合と，変調状態で行う場合があります．

　アンテナと一体になった送信機の出力の正確な測定は，電波暗室やオープン・サイトを持つ会社や公的機関に測定を依頼する必要があります．正式な測定は，24-5節で説明する簡易的な測定によって放射特性の見極めをある程度行ってからでも遅くありません．

　ここではアンテナを脱着できる場合の送信出力の測定方法を示します．

● 測定方法1…無変調
① 送信機のアンテナを取り外す
② 送信機の変調を止める
③ 図24-2に示すように送信機出力とスペクトラム・アナライザ(またはパワー・センサ＋パワー・メータ)を接続する
④ 送信を行い送信パワーを測定する

● 測定方法2…変調，スペクトラム・アナライザで測定
① 送信機のアンテナを取り外す
② 図24-2に示すように送信機出力とスペクトラム・アナライザを接続する
③ 送信を行う
④ 送信信号のスペクトルをすべてカバーできるようにスペクトラム・アナライザの周波数SPANを設定する
⑤ スペクトラム・アナライザの測定機能（指定範囲内の合計電力を求める）を使い，送信パワーを測定する．送信パワーは規定の帯域幅内，または送信スペクトル全体を測定する

● 測定方法3…変調，パワー・メータで測定
① 変調信号の電力を測定可能なパワー・センサを用意する
② 送信機のアンテナを取り外す
③ 図24-5に示すように送信機出力にパワー・センサ＋パワー・メータを接続する
④ 送信を行い，パワー・メータで送信パワーを測定する

24-4　スプリアスの測定

　送信機からは，送信周波数以外にもさまざまな周波数の信号が出てきます．送信周波数以外の不要な信号のことをスプリアス（spurious）と呼びます．主なスプリアスとして，送信周波数の高調波が挙げられます．

● 測定手順
① 送信機のアンテナを取り外す
② 送信機の変調を止める
③ 図24-2に示すように送信機出力とスペクトラム・アナライザを接続する
④ 送信を行い送信周波数以外の周波数成分の周波数とレベルを測定する

24-5　放射特性の測定

　アンテナと一体になった送信機の放射特性の測定では，測定対象の送信機と測定用のアンテナを，少なくとも3m離して配置する必要があります．また，反射の影響を避けるためには，その周囲と上方にも何もない空間が必要なので，屋外での測

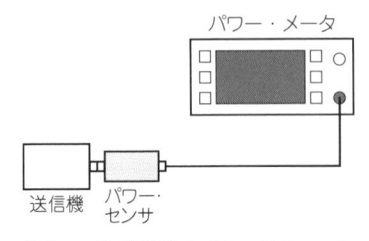

[図24-5] 送信機出力にパワー・センサ＋パワー・メータを接続

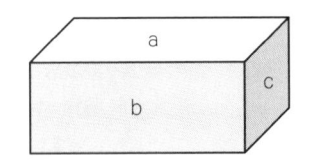

[図24-6] 放射特性を測定する場合，地面に対する送信機の配置をいろいろ変えて測定する必要がある
図では分かりやすくするために測定対象の送信機の形状を直方体としている

定が望まれます．測定用のアンテナとして，ダイポール・アンテナを使います．

放射特性を測定する場合，地面に対する送信機の配置をいろいろ変えて測定する必要があります．分かりやすくするために，測定対象の送信機の形状が，**図24-6**に示すような直方体として説明します．この場合，測定は最低限以下の3方向で行う必要があります．

- 面aを地面に水平に配置
- 面bを地面に水平に配置
- 面cを地面に水平に配置

この三つの配置についてそれぞれ，以下の測定Ⅰ（水平偏波の測定），測定Ⅱ（垂直偏波の測定）を行います．なお，水平偏波と垂直偏波の概要は第22章の「アンテナ特性の簡易測定」で解説済みです．

● 測定Ⅰ…水平偏波の測定
① 図24-7のような測定系を設置する．ダイポール・アンテナを取り付ける支柱には，樹脂製のポールや角材などを使用する．送信機は高さ1mの木製テーブルや台，または段ボール箱上に設置する
② 送信機は無変調でキャリアが送信される状態にする
③ ダイポール・アンテナを地面と水平に高さ1.5mに固定する
④ 送信機を左右に回転させ，受信レベルが最大となるポイントを探す
⑤ ④で最大となったポイントで，ダイポール・アンテナの高さを上下に変化させ，受信レベルが最大となるポイントを探す
⑥ その高さで送信機を360°回転させて，放射特性を測定する

● 測定Ⅱ…垂直偏波の測定
① 図24-7のような測定系を設置する．ダイポール・アンテナを取り付ける支柱に

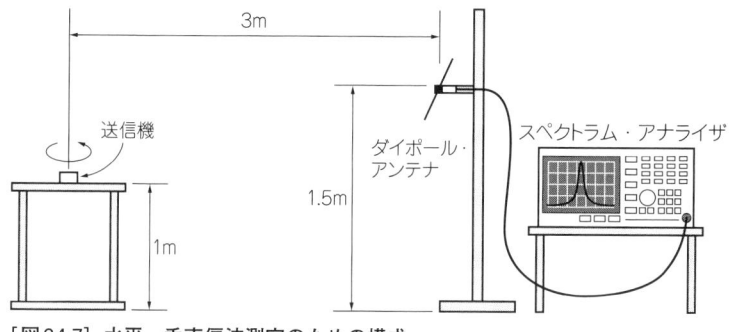

[図24-7] 水平・垂直偏波測定のための構成

は，樹脂製のポールや角材などを使用する．送信機は高さ1mの木製テーブルや台，または段ボール箱上に設置する
② 送信機は無変調でキャリアが送信される状態にする
③ ダイポール・アンテナを地面と垂直に高さ1.5mに固定する
④ 送信機を左右に回転させ，受信レベルが最大となるポイントを探す
⑤ ④で最大となったポイントで，ダイポール・アンテナの高さを上下に変化させ，受信レベルが最大となるポイントを探す
⑥ その高さで送信機を360°回転させて，放射特性を測定する

● 測定結果のまとめ
① 面a，面b，面cが地面に水平の状態で測定したデータから，測定結果の最大レベル P_{max}[dBm]を求める
② レーダ・チャート上にP_{max}に対する相対レベルで，測定したすべての放射特性をプロットする（**図24-8**）

24-6　出力インピーダンスの測定

アンテナを取り外しできる送信機の場合，送信機とアンテナとのマッチングが必要になります．そのため送信機出力のインピーダンスが重要になります．

● 測定手順
① ベクトル・ネットワーク・アナライザを用意する
② 送信周波数が含まれるように測定周波数範囲を設定する

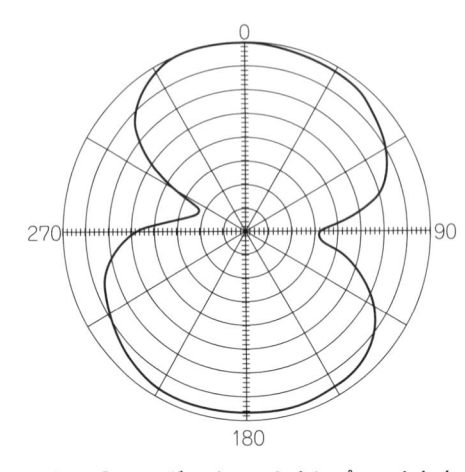

[図24-8] レーダ・チャート上にプロットした放射特性
P_{max} に対する相対レベルで，測定したすべての値をプロットする

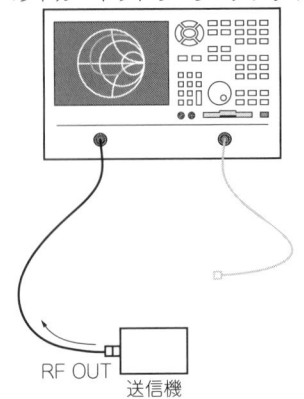

[図24-9] 出力インピーダンス測定のための構成…ベクトル・ネットワーク・アナライザのポート・ケーブルを送信機の出力に接続

③ ポート・パワー（測定用ポートから出力される測定用高周波信号のレベル）を設定する．送信出力以下に設定する
④ 測定ポイント数（②の周波数範囲内の測定ポイント数）を設定する．
⑤ 1ポートの校正を行う（第3章 3-1節参照）
⑥ 送信機のアンテナを取り外す
⑦ 送信機の局部発振回路を止める
⑧ 図24-9に示すように，ベクトル・ネットワーク・アナライザのポート・ケーブルを送信機の出力に接続する
⑨ 送信機の電源を入れる
⑩ 出力インピーダンスを測定する
⑪ 表示フォーマットをスミス・チャートやVSWR，LOG MAGにし，マーカを使ってインピーダンスまたは反射を測定する

はじめての高周波測定

第25章
EMI問題個所の測定
~ピンポイントで信号(電磁波)の漏れを探せる~

　高周波回路や高周波機器では，EMC対策が重要です．回路にシールド・カバーをかぶせたり，回路をアルミの削り出しのケースに収めたり，これらはすべてEMC対策のために行われています．
　本章では，EMCとEMIの概略を説明した後，簡易的にEMI問題個所を見つける方法を紹介します．

25-1　EMIはスペクトラム・アナライザがあれば簡易測定できる

　EMC (Electro Magnetic Compatibility；電磁両立性) は，EMI (Electro Magnetic Interference；電磁妨害) とEMS (Electro Magnetic Susceptibility；電磁感受性) に分けられます．
　EMIが低いということは，電子機器から発生した電磁波がほかの機器やシステムに影響を与えないことを意味しています．また，EMSが低いということは，ほかの機器やシステムからの電磁的な妨害の影響を受けないことを意味しています．従って，どちらか一方を満足しただけでは不十分で，EMIとEMSの両方を満足する必要があります．そのために高周波回路では，シールド・ケースやシールド・カバーが使われ，電源や信号の入出力には貫通コンデンサが使われています．
　EMSの測定には，電波暗室とEMS測定用の機器が必要になるので，測定設備を有する会社や公的機関に測定を依頼する必要があります．
　一方，EMIの測定は，簡単な測定用のアンテナとスペクトラム・アナライザがあれば，簡易的な測定は可能です．

25-2　　　　　　　　手作り簡易アンテナによる測定

　EMIで不具合が起こった場合，まず必要なのが，信号の漏れている個所の特定

[写真25-1] 製作した測定用アンテナ
片側にSMAコネクタの付いたセミフレキシブル・ケーブルを加工したもの

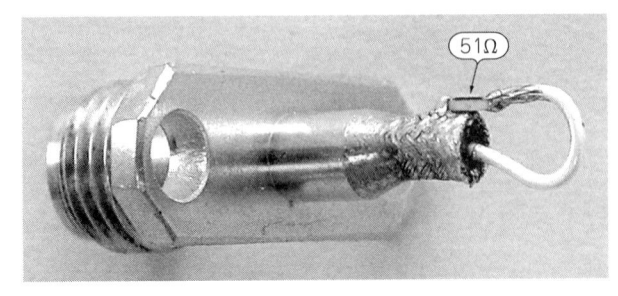

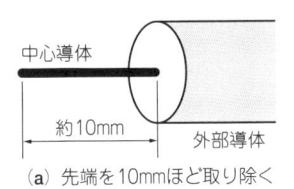

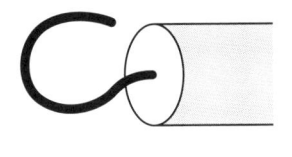

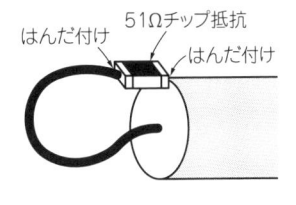

[図25-1] 写真25-1の等価回路

[図25-2] 写真25-1に示した測定用アンテナの作り方
(a) 先端を10mmほど取り除く
(b) 中心導体をループ状に曲げる
(c) 抵抗を外部導体にはんだ付け

です．以下にその簡易的な測定方法を示します．

● 測定準備

　機器から漏れた信号をキャッチし，さらにその位置を特定するためには，機器に対して十分小さな形状を持つ測定用のアンテナが必要になります．測定用のアンテナが市販されていますが，手作りのアンテナでも十分測定可能です．

　写真25-1に測定用アンテナの製作例を示します．また，図25-1にその等価回路を示します．写真に示すアンテナは，片側にSMAコネクタの付いたセミフレキシブル・ケーブルを加工したものです．加工の手順は以下の通りです．

① 図25-2(a)のように，ケーブルの先端から10mm程度の外部導体と絶縁体を取り除く
② 図25-2(b)のように，中心導体をループ状に曲げる
③ 図25-2(c)のように，中心導体の先端と外部導体の端との間に，51Ωのチップ抵抗をはんだ付けする

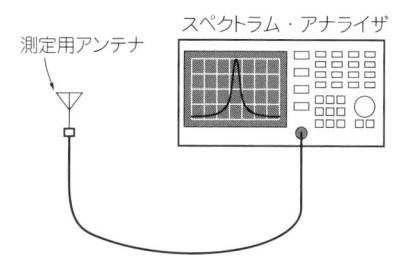

[図25-3] EMI問題個所の測定…測定用アンテナとスペクトラム・アナライザを利用する

スペクトラム・アナライザで信号レベルを確認しながら，測定用アンテナを機器の表面に接触しないように動かし，観測レベルが最も大きくなる個所を探す

● 測定方法
① 図25-3に示すように，測定用アンテナとスペクトラム・アナライザを接続する
② 対象機器を通常の動作状態で動作させる
③ スペクトラム・アナライザの中心周波数などを設定する．漏れている信号の周波数が分かっている場合には，スペクトラム・アナライザの中心周波数をその周波数に合わせ，SPANは1MHz以下に設定する．漏れている周波数が不明な場合には，スペクトラム・アナライザのSPANをFULL SPANに設定する
④ スペクトラム・アナライザで信号レベルを確認しながら，測定用アンテナを機器の表面に接触しないように動かし，観測レベルが最も大きくなる個所を探す
⑤ その部分に対策(シールド強化など)を行う
⑥ 対策後，もう一度測定を行い，その効果を確認する

はじめての高周波測定

第26章
高周波測定の注意点
~正確な測定と測定機器の保護に必要~

第2章から第25章までの中で，高周波回路のさまざまな特性の測定方法を紹介しました．各章の測定方法や測定手順には，その測定で重要な，最低限の注意点しか示していません．
　本章では，さまざまな高周波測定に共通する注意点を列記するので，高周波測定の基本として守ってください．

● 測定器の電源は測定の30分前に入れる

　測定器の電源は，少なくとも測定の30分前にはONにしてください．電源をONにすると，さまざまな回路の動作によって，測定器内の温度が時間とともに上昇していきます．温度変化によって測定結果は変動するので，定常状態に達してから測定を開始する必要があります．そのためには，30分程度の暖機が必要です．

● 入出力端子の最大定格を確認する

　ネットワーク・アナライザ，スペクトラム・アナライザ，信号発生器など，これら高周波測定器のRF信号入出力端子には，超えてはならない定格があります．その定格を超えてしまうと，高価な高周波測定器を壊してしまう恐れがあるので，十分な注意が必要です．
　特に注意が必要なのが，スペクトラム・アナライザのRF入力端子です．一般的なスペクトラム・アナライザの場合，RF入力端子に直流信号が印加されると，最悪の場合，入力のアッテネータを焼損してしまいます．
　各種測定器の入出力端子に表示されている，警告(Warning)の例を**写真26-1**に示します．(a)は信号発生器の出力端子，(b)はベクトル・ネットワーク・アナライザのポート(入力)，(c)はスペクトラム・アナライザの入力端子の表示例です．

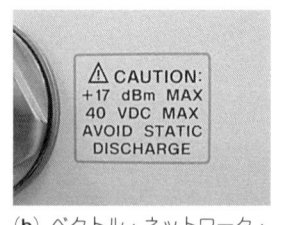

(a) 信号発生器の出力端子　　(b) ベクトル・ネットワーク・アナライザのポート（入力）　　(c) スペクトラム・アナライザの入力端子

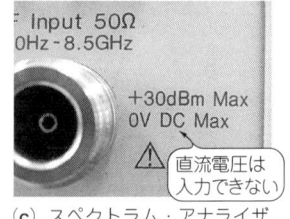

[写真26-1] 各種測定器の入出力端子に表示されている警告（Warning）の例

● 測定用ケーブルにも損失がある

さまざまな測定を行う際に，測定器と被測定回路の接続や測定器どうしの接続に，同軸ケーブルが使われます．高価な測定用の同軸ケーブルであっても，少なからず損失を持っています．その損失は周波数が高くなるに従って増えていきます．図26-1にケーブルの損失データの例を示します．

従って同軸ケーブルで接続する際には，使用する周波数における，ケーブルの損失分を補正する必要があります．使用するケーブルの損失データ（図26-1）がない場合には，事前に測定しておく必要があります．

● 変換コネクタにも損失がある

同軸ケーブルと同じように，変換コネクタにも，わずかに損失があります．正確な測定を行うためには，このわずかな損失も補正する必要があります．変換コネクタの損失は，次式のような形でカタログに載っています．

$0.05 + 0.01f$,

ただし，fは周波数[Hz]

● 固定アッテネータの減衰量は表示通りでない

固定アッテネータの減衰量は，表示されている値通りではないので，注意が必要です．また，周波数特性もあるので，使用する周波数における損失を事前に測定しておく必要があります．

● コネクタの接続

オス（Male, Plug）のコネクタと，メス（Female, Jack）のコネクタを接続する際には，必ずオスのコネクタのナット部分を回してください（写真26-2）．

周波数 / 挿入損失の測定データ

Frequency range [GHz]	Insertion Loss min [dB]	Return Loss max [dB]
0.0 - 1.8	-0.32	-33.50
1.8 - 3.6	-0.43	-30.31
3.6 - 5.4	-0.53	-29.55
5.4 - 7.2	-0.64	-29.63
7.2 - 9.0	-0.77	-28.41
9.0 - 10.8	-0.84	-26.32
10.8 - 12.6	-0.89	-24.67
12.6 - 14.4	-0.99	-22.12
14.4 - 16.2	-1.01	-25.69
16.2 - 18.0	-1.09	-26.98
M1: 0.00	0.00	0.00
M2: 0.00	0.00	0.00

Remarks: n/a

SUCOFLEX 104

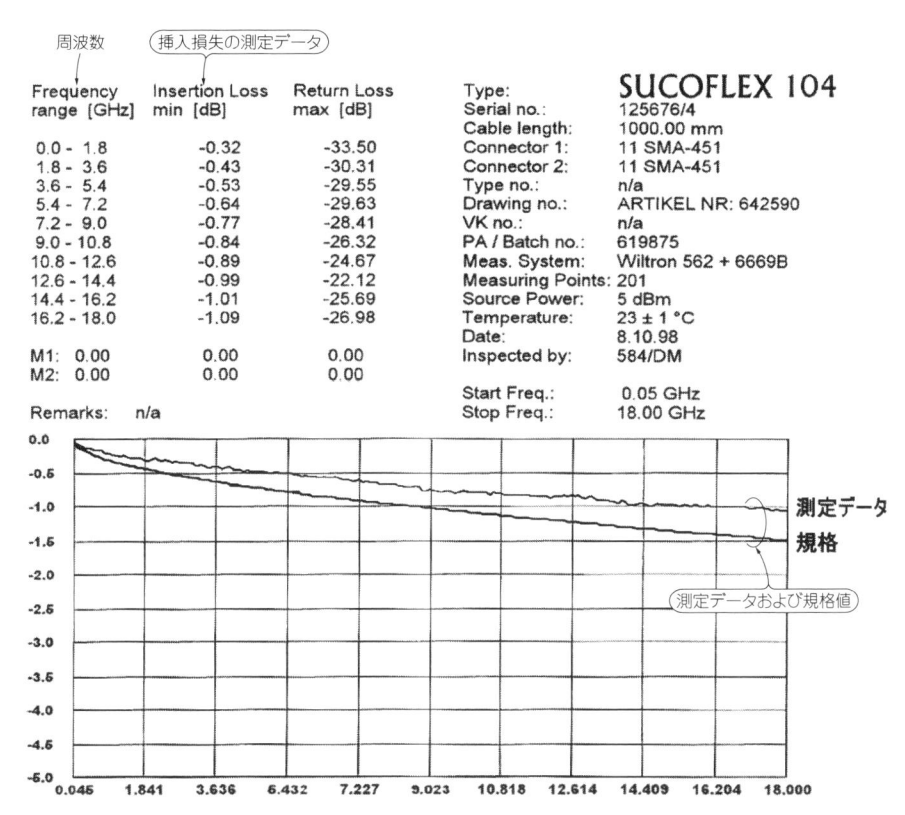

Type:	
Serial no.:	125676/4
Cable length:	1000.00 mm
Connector 1:	11 SMA-451
Connector 2:	11 SMA-451
Type no.:	n/a
Drawing no.:	ARTIKEL NR: 642590
VK no.:	n/a
PA / Batch no.:	619875
Meas. System:	Wiltron 562 + 6669B
Measuring Points:	201
Source Power:	5 dBm
Temperature:	23 ± 1 °C
Date:	8.10.98
Inspected by:	584/DM
Start Freq.:	0.05 GHz
Stop Freq.:	18.00 GHz

測定データ
規格
測定データおよび規格値

[図26-1] メーカが出荷時に添付しているケーブルの損失データ
SUHNER社のSUCOFLEX 104の例

ナット部分を回す

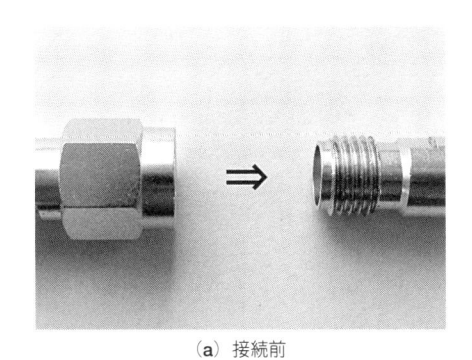

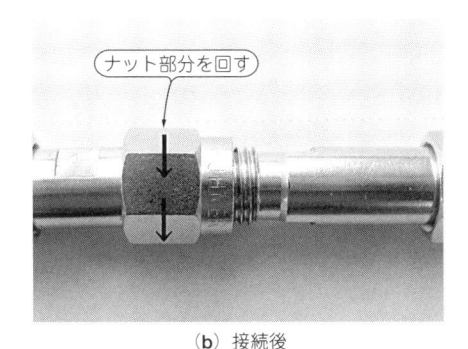

（a）接続前　　　　　　　　　　　　　（b）接続後

[写真26-2] オスのコネクタとメスのコネクタを接続する際には，必ずオスのコネクタのナット部分を回す

メスのコネクタを回すと，メスの中心導体がオスの中心導体を削ってしまい，コネクタの寿命が短くなります．一方，オスのコネクタのナット部分を回すと，メスの中心導体にオスの中心導体がまっすぐに入っていくので，中心導体がほとんど削られません．

はじめての高周波測定

第27章

測定器選択のコツ
～測定器の購入，レンタルの際に気を付けたいスペック～

高周波測定では，測定項目ごとにさまざまな測定器が必要になります．そして，同じ種類の測定器でも，機能や性能の違うものがたくさんあります．そのため，測定器を購入またはレンタルしようとした場合，測定器選びに悩まされます．
本章では，主要測定器を選ぶ際のポイントを示します．測定器選択の参考にしてください．

本章で説明する測定器の主要なメーカ一覧を，表27-1に示します．

27-1　スカラ・ネットワーク・アナライザ

スカラ・ネットワーク・アナライザの場合，測定周波数範囲，測定の確度は，組み合わせて使用する信号発生器，検波器，VSWRブリッジによって決まります．従ってスカラ・ネットワーク・アナライザ本体ではなく，周辺機器の選択が重要になります．

[表27-1] 本章で説明する測定器の主要なメーカ一覧

スカラ・ネットワーク・アナライザ	・アジレント・テクノロジー ・アンリツ ・エアロ・フレックス ・Giga-tronix	信号発生器	・アジレント・テクノロジー ・アンリツ ・エアロ・フレックス ・Giga-tronix
ベクトル・ネットワーク・アナライザ	・アジレント・テクノロジー ・アンリツ ・ローデ・シュワルツ	パワー・メータ	・アジレント・テクノロジー ・アンリツ ・エアロ・フレックス ・ローデ・シュワルツ ・Giga-tronix ・Boonton Electronics
スペクトラム・アナライザ	・アジレント・テクノロジー ・アンリツ ・ローデ・シュワルツ ・アドバンテスト ・エアロ・フレックス ・テクトロニクス		

27-1 スカラ・ネットワーク・アナライザ

● 信号発生器
- 測定周波数帯をカバーするものを選択する
- 測定スピードは信号発生器の掃引（sweep）スピードで決まる

● 検波器
- 測定周波数帯をカバーするものを選択する
- 入力の反射（VSWR）の小さいものの方が，反射による測定誤差は小さい

● VSWRブリッジ
- 測定周波数帯をカバーするものを選択する
- 入力の反射（VSWR）の小さいものの方が，反射による測定誤差は小さい
- 方向性が良くないと，小さな反射は正確に測定できない

27-2　ベクトル・ネットワーク・アナライザ

　ベクトル・ネットワーク・アナライザの選択でポイントとなる項目を以下に示します．

● 周波数範囲
- 測定周波数帯をカバーするものを選択する

● ダイナミック・レンジ
- 大きな減衰量（フィルタなど）や大きなアイソレーション（スイッチなど）の測定が必要な場合，ダイナミック・レンジの大きなものを選択する

● 掃引スピード
- 自動計測などで測定時間の短縮が必要な場合，掃引スピードのできるだけ早いものを選択する

● 信号レベル可変範囲（内蔵アッテネータ）
- 測定対象回路の飽和レベルが低い場合，低い信号レベルでの測定が必要になるので，要確認

● バイアス・ティー
- 測定対象回路に対し，入出力端子を通して直流バイアスを供給する必要がある場合，バイアス・ティーを内蔵したものが便利

● 校正キット
- 校正時間の短縮，作業者によるばらつきの低減，校正の再現性の向上を図るのであれば，電子校正モジュールを使用したい
- メカニカル校正キットの場合，必要な測定精度と費用を考えて選択する

27-3　スペクトラム・アナライザ

スペクトラム・アナライザの選択でポイントとなる項目を以下に示します．

● 周波数範囲
- 測定周波数帯をカバーするものを選択する
- できれば，測定対象の3次高調波までカバーするもの

● 周波数基準（内蔵基準発振器）
- 正確な周波数測定を行う場合には，確度，エージング・レートなどの良いものを選択する
- 高精度の周波数基準がほかの測定器にある場合にはそこから供給すればよい（第7章参照）

● 振幅確度
- レベル測定の確度が要求される場合，振幅確度の高いものを選択する

● 表示平均ノイズ・レベル
- 測定可能な最低レベルの目安
- 測定対象の最低信号レベルよりも，この値が10dB以上低いものを選択する

● 分解能帯域幅（RBW）
- RBWの値を小さくできるほど，隣接したスペクトルの分離能力が高くなる．100Hz離れた信号を観測した例を**写真27-1**に示す．

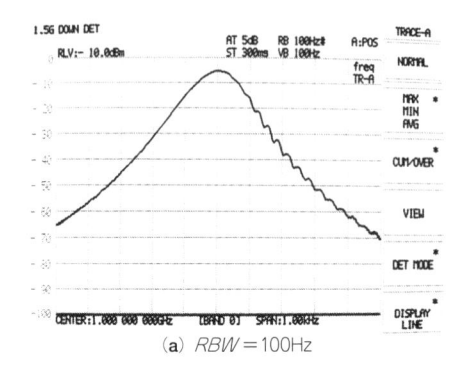

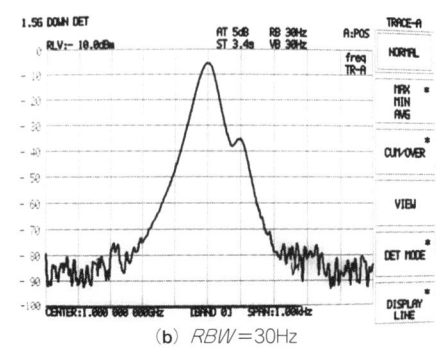

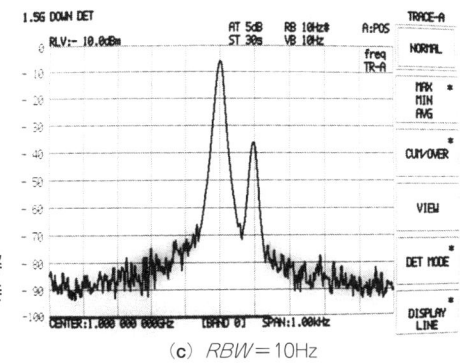

[写真27-1] スペクトラム・アナライザは分解能帯域幅（RBW）の値を小さく出来るほど隣接したスペクトルの分解能が高い

RBWを変えながら100Hz離れた信号を観測した例

(a) $RBW=100Hz$
(b) $RBW=30Hz$
(c) $RBW=10Hz$

- RBWの値を小さくできるほど，表示平均ノイズ・レベルが低くなる．RBWによる違いの例を**写真27-2**に示す．

● オプション機能
- 周波数カウンタ：マーカによる測定よりも周波数測定確度は高い
- 位相雑音測定：発振回路などの位相雑音特性の測定に便利
- 雑音指数測定：スペクトラム・アナライザでNFの測定を手軽に行える

27-4 信号発生器

信号発生器の選択でポイントとなる項目を以下に示します．

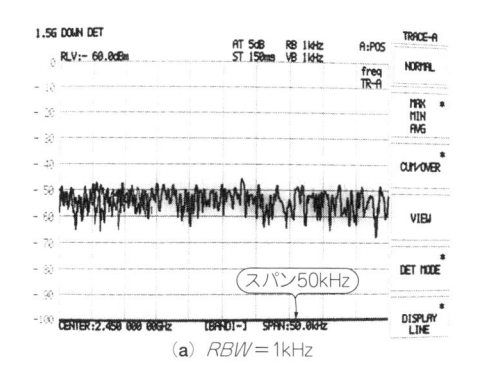

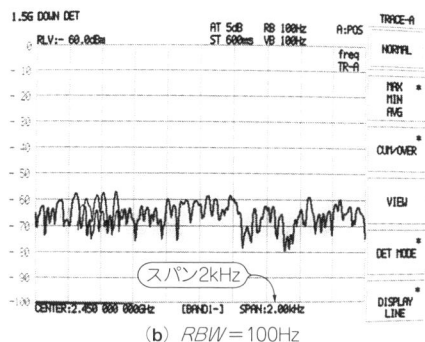

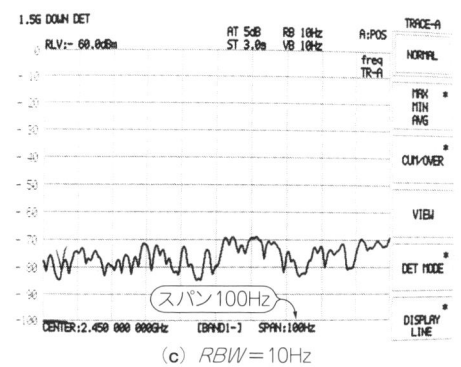

[写真27-2] スペクトラム・アナライザは分解能帯域幅（RBW）の値を小さく出来るほど表示平均ノイズ・レベルが低い
RBWの値によって表示平均ノイズ・レベルが変わる

(a) $RBW=1\text{kHz}$
(b) $RBW=100\text{Hz}$
(c) $RBW=10\text{Hz}$

● 周波数範囲
- 必要な周波数帯をカバーするものを選択する

● 周波数基準（内蔵基準発振器）
- 周波数精度の高い信号が必要な場合には，確度，エージング・レートなどの良いものを選択する
- 高精度の周波数基準がほかの測定器にある場合にはそこから供給すればよい（第7章参照）

● 周波数分解能
- 必要な周波数に設定可能な機種を選択する
例1）1000MHz，1001MHz ………：分解能1MHzでもよい
例2）1000MHz，1000.001MHz …：分解能1kHzが必要

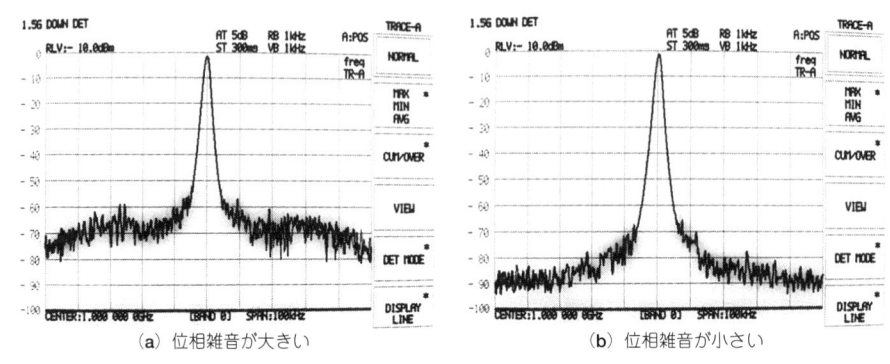

(a) 位相雑音が大きい   (b) 位相雑音が小さい

[写真27-3] 信号発生器は位相雑音の小さい機種を選択したい

● SSB位相雑音
- 低雑音の局部発振信号や基準信号として使用する場合には，できるだけ低い値（低位相雑音）のものを選択する．**写真27-3**(a)は位相雑音の大きい信号発生器の出力例，**写真27-3**(b)は位相雑音の小さい信号発生器の出力例

● 出力パワー
- 必要な出力パワー範囲をカバーする機種を選択する

● 出力レベル分解能
- 必要な出力レベルに設定可能な機種を選択する

● 出力レベル確度
- 出力レベルの確度が要求される場合，レベル確度の高いものを選択

● 変調機能
- アナログ変調，ディジタル変調など，必要な変調機能を持っているもの，必要に応じて変調機能を追加できるものを選択する
- CW信号(Continuous Wave；無変調の正弦波信号)だけ使う場合には，変調機能は不要

27-5　パワー・メータとパワー・センサ

パワー・メータとパワー・センサの選択でポイントとなる項目を以下に示します．

● パワー・メータ
- CW，アベレージ，ピークなど，パワー・メータによって測定可能な信号が異なる
- 被測定信号を測定可能な機種を選択する

● パワー・センサ
- CW，アベレージ，ピークなど，パワー・センサによって測定可能な信号が異なる
- パワー・メータ本体と組み合わせて，被測定信号を測定可能な機種を選択する
- パワー・センサによって測定できるレベル範囲が異なる
- 被測定信号のレベル範囲をカバーする機種を選択する

はじめての高周波測定

第28章

測定に必要なコネクタやケーブルの選び方とメーカ一覧
~上限周波数や反射特性,挿入損失,許容電力などを確認して選ぼう~

高周波測定では,測定器本体のほかにケーブルやコネクタなどといった測定用のアクセサリが必要になります.測定用アクセサリの特性が測定結果に影響を与えることもあるので,その選択にも注意が必要です.
本章では選択のポイントに加え,主要な取り扱いメーカを示します.アクセサリ選択の参考にしてください.

表28-1に,測定器本体以外で必要になる,さまざまな測定用アクセサリを選ぶ際のポイントをまとめました.測定用アクセサリごとに選択のポイントを示していますが,共通する選択のポイントが結構あります.

- 使用可能な上限周波数(周波数帯)
- 反射特性:受動回路の場合使用周波数帯で $VSWR \leq 1.2$
- 許容電力

などです.また,これらを扱う主なメーカの一覧を表28-2に示します.測定用アクセサリを扱うメーカは,本表に示した主要なメーカ以外にもたくさんあります.

測定用アクセサリの情報収集はウェブ・サイトの検索以外に,毎年1回開催されるマイクロウェーブ展や,海外の高周波・マイクロ波関連の雑誌が非常に役に立ちます.高周波・マイクロ波関連の雑誌には,

- Microwave Journal
- Microwaves & RF

などがあります.

[表28-1] 測定用アクセサリを選択する際に気を付けたいこと

項　目	選択のポイント
コネクタ	● 使用可能な上限周波数 ● 反射特性…使用周波数帯で $VSWR \leq 1.2$ ● 許容電力…大信号を取り扱う場合，要注意 ● 機械的精度…機械的精度が低いと相手のコネクタを痛める ● 寿命（付け外し回数）
ケーブル	● 使用可能な上限周波数 ● 反射特性…使用周波数帯で $VSWR \leq 1.2$ ● 挿入損失特性 ● 許容電力…大信号を取り扱う場合，要注意 ● 最小曲げ半径 ● 曲げに対する特性の安定度（反射特性，挿入損失特性） ● 使用可能温度範囲…温度試験などで使用する場合，注意
終端器	● 使用可能な上限周波数 ● 反射特性…使用周波数帯で $VSWR \leq 1.2$ ● 許容電力…大信号を取り扱う場合，要注意
変換コネクタ	● 使用可能な上限周波数 ● 反射特性…使用周波数帯で $VSWR \leq 1.2$ ● 挿入損失特性 ● 許容電力…大信号を取り扱う場合，要注意
固定アッテネータ	● 使用可能な上限周波数 ● 反射特性…可能であれば使用周波数帯で $VSWR \leq 1.2$ ● 減衰量の精度，周波数特性 ● 許容電力…大信号を取り扱う場合，要注意
可変アッテネータ	● 使用可能な上限周波数 ● 反射特性…可能であれば使用周波数帯で $VSWR \leq 1.2$ ● 減衰量の可変範囲 ● 許容電力…大信号を取り扱う場合，要注意
ステップ・アッテネータ	● 使用可能な上限周波数 ● 反射特性…可能であれば使用周波数帯で $VSWR \leq 1.2$ ● 減衰量の精度，周波数特性 ● 許容電力…大信号を取り扱う場合，要注意 ● 寿命（切り替え回数）
方向性結合器	● 使用可能な周波数帯 ● 反射特性…可能であれば使用周波数帯で $VSWR \leq 1.2$ ● 結合量 ● 方向性…方向性の値が大きいほど理想的な方向性結合器 ● 挿入損失 ● 許容電力…大信号を取り扱う場合，要注意
パワー・スプリッタ	● 使用可能な周波数帯 ● 反射特性…使用周波数帯で $VSWR \leq 1.2$ ● 分配の精度（損失，位相） ● 許容電力…大信号を取り扱う場合，要注意
電力分配器／合成器	● 使用可能な上限周波数 ● 反射特性…可能であれば使用周波数帯で $VSWR \leq 1.2$ ● 分配のバランス（損失，位相） ● 分配ポート間のアイソレーション…アイソレーションが小さいと接続した回路間で影響を及ぼし合う場合がある．可能であれば20dB以上 ● 挿入損失 ● 許容電力…大信号を取り扱う場合，要注意

項　目	選択のポイント
検波器	● 使用可能な上限周波数 ● 反射特性…可能であれば使用周波数帯で $VSWR \leq 1.2$ ● 感度 ● 検波出力の極性…プラス（＋電圧）とマイナス（－電圧）がある ● 立ち上がり/立ち下がり…スイッチング・スピードの測定で使用する場合注意
バイアス・ティー	● 使用可能な周波数帯 ● 反射特性…使用周波数帯で $VSWR \leq 1.2$ ● 挿入損失 ● 許容電流（DC）
サーキュレータ	● 使用可能な周波数帯 ● 反射特性…可能であれば使用周波数帯で $VSWR \leq 1.2$ ● ポート間のアイソレーション…アイソレーションが大きいほど理想的なサーキュレータ．可能であれば 20dB 以上 ● 挿入損失 ● 許容電力…大信号を取り扱う場合，要注意
アイソレータ	● 使用可能な周波数帯 ● 反射特性…可能であれば使用周波数帯で $VSWR \leq 1.2$ ● アイソレーション…アイソレーションが大きいほど理想的なアイソレータ．可能であれば 20dB 以上 ● 挿入損失 ● 許容電力…大信号を取り扱う場合，要注意
DC ブロック	● 使用可能な周波数帯 ● 反射特性…使用周波数帯で $VSWR \leq 1.2$ ● 挿入損失 ● 許容電力…高周波信号 ● 耐電圧…直流電圧
アンプ	● 使用可能な周波数帯 ● 反射特性 ● ゲイン ● NF…微弱信号の増幅の場合 ● 出力電力…大信号増幅の場合 ● P1dB…出力信号レベルに対して，可能であれば 5dB 程度余裕があるもの
ミキサ	● 使用可能な周波数帯（RF，LO，IF） ● 反射特性 ● 変換損失 / 変換ゲイン ● LO 信号レベル ● P1dB…入力信号レベルに対して，可能であれば 5dB 程度余裕があるもの
インピーダンス変換パッド	● 使用可能な上限周波数帯 ● 反射特性…可能であれば使用周波数帯で $VSWR \leq 1.2$ ● 挿入損失…低損失なものが必要な場合はトランスを用いたものを選択
同軸ライン・ストレッチャ	● 使用可能な上限周波数帯 ● 反射特性…使用周波数帯で $VSWR \leq 1.2$ ● 挿入損失…低損失なものが望ましい ● 挿入位相可変量…使用周波数帯において必要な位相変化量が得られるもの ● 許容電力…大信号を取り扱う場合，要注意
スライディング・ショート	● 使用可能な上限周波数帯 ● 反射特性…使用周波数帯でできるだけ全反射に近いもの ● 反射位相可変量…使用周波数帯において必要な位相変化量が得られるもの ● 許容電力…大信号を取り扱う場合，要注意
T 分岐	● 使用可能な上限周波数帯
ショート・コネクタ	● 使用可能な上限周波数帯 ● 反射特性…使用周波数帯でできるだけ全反射に近いもの ● 許容電力…大信号を取り扱う場合，要注意

[表28-2] 測定用アクセサリを扱うメーカー一覧（2009年6月現在）

測定用小物	ヒロセ電機	ワカ製作所	ユウエツ精機	オリエントマイクロウェーブ	スタック電子	多摩川電子	アンリツ	アールアンドケー	TDK	潤工社	MKTタイセー
コネクタ	○	○	○	○	○		○				○
ケーブル		○	○	○	○		○			○	
終端器	○		○	○	○	○	○				○
変換コネクタ	○	○	○	○	○	○	○				○
固定アッテネータ	○	○	○	○	○	○	○				○
可変アッテネータ						○		○			
ステップ・アッテネータ	○				○	○	○	○			
方向性結合器	○		○	○		○		○			○
パワー・スプリッタ						○	○				
電力分配器/合成器	○		○	○	○	○		○			○
検波器					○	○	○				
バイアス・ティー	○						○	○			
サーキュレータ				○					○		
アイソレータ				○					○		
DCブロック	○				○		○				
アンプ				○				○			
ミキサ								○			○
インピーダンス変換パッド	○				○	○	○				
同軸ライン・ストレッチャ	○			○							
スライディング・ショート											
T分岐	○	○		○	○						
ショート・コネクタ	○										

HUBER+SUHNER	Maury Microwave	Mini-Circuits	アジレントテクノロジー	タイコエレクトロニクス	アンフェノール	NARDA	MITEQ	MECA	Midwest Microwave	Radiall	SV Microwave
○	○			○	○				○	○	○
○	○	○	○	○	○			○	○	○	○
○	○	○	○			○	○	○	○	○	○
○	○		○		○	○			○	○	○
○			○	○		○		○	○	○	○
		○				○	○		○		
		○	○			○	○		○		
	○	○	○			○	○	○	○	○	
○		○	○						○		
		○	○			○	○	○	○		
		○	○			○				○	
		○	○				○	○			
						○		○			
						○		○			
○		○	○			○		○	○	○	
		○	○				○				
		○					○				
○		○	○								
						○ (Phase Shifter)					
	○										
○				○							
	○										

索引

【数字・アルファベット・記号】

1/2波長共振器 —— 249
10MHz Reference Input —— 126
10MHz Reference Output —— 128
12dB SINAD —— 294
1dB Compression Point —— 145
1dBゲイン圧縮レベル —— 145
2nd Order Inter Modulation —— 157
2次高調波 —— 137
2次相互変調ひずみ —— 157
2乗検波領域 —— 241
2信号特性 —— 293
2信号パッド —— 298
2ポート校正 —— 99, 118
3rd Order Inter Modulation —— 157
3rd Order Intercept Point —— 155
3次インターセプト・ポイント —— 155
3次高調波 —— 137
3次相互変調ひずみ —— 156, 157
4次高調波 —— 137
active circuit —— 98
active mixer —— 217
Adapter —— 36
Amplitude Modulation —— 240
Amplitude Shift Keying —— 240
ASK —— 240
Averaging —— 102, 120, 122
Band Elimination Filter —— 195
Band Pass Filter —— 193
Band Stop Filter —— 196
Band Width —— 196
BER —— 295
Bias Tee —— 41
Circulator —— 41
Coaxial Line Stretcher —— 46
Combiner —— 40
Compression Point —— 241
Continuous Wave —— 27, 239
conversion gain —— 217
conversion loss —— 216
Cutoff Frequency —— 193
CW —— 27, 239
DCブロック —— 43, 55, 327
DELAY —— 100
Detector —— 41
dipole antenna —— 283
Directional Coupler —— 38
directivity —— 39
Double Balanced Mixer —— 44
Down-conversion —— 45, 216
effective dielectric constant —— 247
Electrical Delay補正 —— 65
Electro Magnetic Compatibility —— 309
Electro Magnetic Interference —— 309
Electro Magnetic Susceptibility —— 309
Excess Noise Ratio —— 176
Fixed Attenuator —— 36
Fixed Short —— 48
Frequency Domain —— 273
FSK変調 —— 303

Group Delay —— 197
HEMT —— 171
IF帯域幅 —— 102
IIP3 —— 160, 167
IM —— 155
IM2 —— 157
IM3 —— 157
IMD —— 155
Inter Modulation —— 155
IP3 —— 155
Isolation校正 —— 99, 119
Isolator —— 43
isotropic antenna —— 281, 282
K帯 —— 30
LCRメータ —— 253
Linear magnitude —— 275
Load Pull —— 204
LOAD校正 —— 64
Local信号 —— 221
LOGMAG —— 80
LO-IFアイソレーション特性 —— 221
LO-RFアイソレーション特性 —— 221
Lower Local —— 180
LO信号 —— 221
Minimum Loss Pad —— 45
Modulated Wave —— 240
Navy —— 28
NF, Noise Figure —— 171, 320
NFメータ —— 174
Noise Source —— 175
Notch Filter —— 196
OIP3 —— 160, 167
Output IP3 —— 160
P1dB —— 145
passive circuit —— 98
passive mixer —— 216

Peak Search —— 131
Phase Noise —— 223
PINダイオード —— 190
Plug —— 314
Port Extension補正 —— 65
Power Amplifier —— 44
Power Divider —— 40
Power Meter —— 26
Power Splitter —— 40
power-added efficiency —— 203
Precisionタイプ —— 28
Programmable Step Attenuator —— 38
Pulling特性 —— 223, 228
Pulse Modulation —— 240
Pushing特性 —— 223, 227
RBW —— 53, 319
Ref Level —— 53
Reflection校正 —— 99
Resolution Band Width —— 53
Response校正 —— 105
Return Loss —— 79
Scalar —— 19
Scatteringパラメータ —— 20
Signal to Noise And Distortion —— 294
Signal Tracking機能 —— 131
SINAD —— 294
Sliding Short —— 47
SMA型コネクタ —— 29
Smoothing —— 120
Source Pull —— 204
spurious —— 305
SSB位相雑音 —— 322
Step Attenuator —— 38
Subminiature Type A —— 29
Sweeper —— 26
Swept Signal Generator —— 26, 115

331

SWR —— 80
Tangential Signal Sensitivity —— 242
tan σ —— 246
TDR —— 72
TDR測定 —— 273
Time Domain —— 274
Time Domain Reflectometry —— 72
Transmission Line —— 268
Transmission校正 —— 99
TSS —— 242
T分岐 —— 47, 236, 327
Up-conversion —— 45, 216
Upper Local —— 181
Variable Attenuator —— 37
Video Band Width —— 53
Voltage Standing Wave Ratio —— 79
VSWRオートテスタ —— 85
VSWRブリッジ —— 85
Wheatstone Bridge —— 85
Y-factor —— 181

【あ・ア行】
アイソトロピック・アンテナ —— 282
アイソレーション特性 —— 117, 220
アイソレータ —— 43, 184, 327
誤り率 —— 295
アンテナ特性 —— 281
アンテナのゲイン —— 281
位相角 —— 79
位相雑音 —— 223, 322
位相雑音測定システム —— 225
インターセプト・ポイント —— 155
インピーダンス測定 —— 61
インピーダンス変換パッド —— 45, 327
エージング・レート —— 319, 321
オートチューナ —— 204

【か・カ行】
過剰雑音比 —— 176
カットオフ周波数 —— 193
可変アッテネータ —— 37, 113, 326
ガラス・エポキシ基板 —— 245
感度評価 —— 242
基準校正係数 —— 50
局部発振周波数 —— 300
局部発振信号 —— 220
許容電力 —— 325
グラウンド付きコプレーナ・ウェーブ・ガイド —— 267
群遅延特性 —— 20, 100, 197
経時変動 —— 108, 111
ゲート機能 —— 277
結合度 —— 38
減衰帯域幅 —— 196
検波回路 —— 190, 239
検波器 —— 19, 41, 58, 189, 327
高周波用ケーブル —— 33
校正キット —— 20, 319
校正係数 —— 51
校正の基準面 —— 65
高調波 —— 137, 305
コプレーナ・ウェーブ・ガイド —— 267

【さ・サ行】
サーキュレータ —— 41, 327
サーミスタ —— 27
最小損失パッド —— 45
最大放射方向 —— 282
サイド・ローブ —— 283
雑音指数 —— 171
雑音指数アナライザ —— 174
雑音指数測定 —— 320

雑音電力 —— 173
シールド・カバー —— 309
シールド・ケース —— 309
シールド・ルーム —— 184
指向性 —— 281
実効誘電率 —— 246
シナド —— 294
遮断周波数 —— 193
周波数安定度 —— 224
周波数カウンタ —— 125, 320
周波数基準 —— 319, 321
周波数測定 —— 125
周波数分解能 —— 321
受信感度 —— 293
受信帯域 —— 293
出力インピーダンス測定 —— 231
出力負荷インピーダンス —— 204
出力レベル確度 —— 322
出力レベル分解能 —— 322
受動ミキサ —— 44, 216
真数表示 —— 173
振幅確度 —— 319
振幅変調 —— 240
スイッチング・スピード —— 187
ストリップ・ライン —— 267
スプリアス —— 305
スライディング・ショート
　—— 47, 205, 228, 231, 327
絶対ゲイン —— 283
線形検波領域 —— 241
線形領域 —— 146
相加平均 —— 196
相互変調ひずみ —— 155
相乗平均 —— 196
ソース・プル —— 201, 204
挿入位相特性 —— 100, 197

測定用アクセサリ —— 325
損失補正 —— 176

【た・タ行】
ダイナミック・レンジ
　—— 53, 102, 318
タイム・ドメイン —— 274
ダウン・コンバージョン —— 45, 216
立ち上がり時間 —— 229
ダブルバランスド・ミキサ —— 44
単一指向性 —— 281
通過位相特性 —— 197
通過時間 —— 197
通過帯域幅 —— 196
低位相雑音 —— 322
定在波比 —— 80
低雑音増幅器 —— 44
テスト・フィクスチャ —— 256
デルタ・マーカ —— 227
電圧定在波比 —— 79
電磁感受性 —— 309
電子校正モジュール —— 20, 319
電磁妨害 —— 309
電磁両立性 —— 309
伝送線路 —— 247, 267
伝送線路の損失 —— 267
電力基準出力 —— 51
電力合成器 —— 40
電力増幅器 —— 44
電力パターン —— 281
電力付加効率 —— 203
電力分配器 —— 40, 326
電力密度 —— 281
等価雑音温度 —— 176
同軸検波器 —— 41, 189
導体表面 —— 268

等方向アンテナ —— 282

【な・ナ行】
内蔵アッテネータ —— 318
内蔵基準発振器 —— 319, 321
入射波 —— 73, 79
入力インピーダンス —— 285
入力電力-出力電圧特性 —— 58
ノイズ・ソース —— 174
ノイズ・フロア —— 55
能動ミキサ —— 44, 217
ノッチ・フィルタ —— 196

【は・ハ行】
バイアス・ティー —— 41, 55, 327
波長短縮率 —— 250
バラン —— 86
パルス変調 —— 240
パワー・スプリッタ —— 40, 326
パワー・センサ —— 26, 49, 323
パワー・メータ —— 26, 49, 323
反射位相 —— 47, 228
反射係数Γ —— 73, 79
反射特性 —— 19, 77
反射波 —— 73, 79
半波長ダイポール・アンテナ —— 283
不整合個所 —— 273
不平衡出力 —— 86
フル2ポート校正 —— 99, 118
分解能 —— 130, 275
分解能帯域幅 —— 319
平均電力 —— 27
平衡出力 —— 86
変換ゲイン —— 217
変換効率 —— 201

変換コネクタ —— 326
変換損失 —— 216
変換特性 —— 240
変換パッド —— 45
妨害波 —— 293
方向性ブリッジ —— 19, 39, 85
方向性結合器 —— 38, 326
方向特性 —— 281
放射電界強度 —— 281
放射電力強度 —— 281
放射パターン —— 281
ポート・パワー —— 63, 102

【ま・マ行】
マイクロストリップ・ライン
　　—— 247, 267
マッチング —— 78
ミキサ —— 44, 152, 168, 215, 327
ミスマッチ —— 110
無指向性 —— 281
無指向性アンテナ —— 283
メカニカル校正キット —— 21, 319

【や・ヤ行】
誘電正接 —— 246
誘電体部分での損失 —— 268
誘電率 —— 246

【ら・ラ行】
ライン・ストレッチャ —— 234
リターン・ロス —— 79
リング共振器 —— 248
レーダ・チャート —— 291
レセプタクル —— 256
ロード・プル —— 201, 204

〈著者略歴〉

市川裕一（いちかわ・ゆういち）

アイラボラトリー（http://www1.sphere.ne.jp/i-lab/）代表
1963 年　　群馬県南牧村に生まれる
1985 年　　群馬大学工学部電子工学科卒業後，高周波回路／マイクロ波回路の開発・設計に従事
1999 年　　独立開業．高周波回路／マイクロ波回路の受託設計・開発・試作を開始
2008 年　　群馬アナログカレッジ講師（高周波回路）
現在　　　　高周波回路／マイクロ波回路の受託設計・開発・試作，コンサルティング業務，セミナ講師に従事

専門　　　　高周波回路／マイクロ波回路設計，技術指導，教育，講演
趣味　　　　旅行，食べ歩き，献血
所属団体　　NPO 法人アナログ技術ネットワーク（ATN）（http://www.analog-technology.or.jp/）

［著書］
GHz 時代の高周波回路設計（共著，CQ 出版社）
シミュレーションで始める高周波回路設計（CQ 出版社）
高周波回路設計のための S パラメータ詳解（CQ 出版社）
簡単な回路の製作から始める　高周波回路の設計と製作（共著，誠文堂新光社）

- ●**本書記載の社名，製品名について** ── 本書に記載されている社名および製品名は，一般に開発メーカーの登録商標です．なお，本文中ではTM，®，©の各表示を明記していません．
- ●**本書掲載記事の利用についてのご注意** ── 本書掲載記事は著作権法により保護され，また産業財産権が確立されている場合があります．したがって，記事として掲載された技術情報をもとに製品化をするには，著作権者および産業財産権者の許可が必要です．また，掲載された技術情報を利用することにより発生した損害などに関して，CQ出版社および著作権者ならびに産業財産権者は責任を負いかねますのでご了承ください．
- ●**本書に関するご質問について** ── 文章，数式などの記述上の不明点についてのご質問は，必ず往復はがきか返信用封筒を同封した封書でお願いいたします．ご質問は著者に回送し直接回答していただきますので，多少時間がかかります．また，本書の記載範囲を越えるご質問には応じられませんので，ご了承ください．
- ●**本書の複製等について** ── 本書のコピー，スキャン，デジタル化等の無断複製は著作権法上での例外を除き禁じられています．本書を代行業者等の第三者に依頼してスキャンやデジタル化することは，たとえ個人や家庭内の利用でも認められておりません．

[JCOPY]〈出版者著作権管理機構委託出版物〉
本書の全部または一部を無断で複写複製（コピー）することは，著作権法上での例外を除き，禁じられています．本書からの複製を希望される場合は，出版者著作権管理機構（TEL：03-5244-5088）にご連絡ください．

RFデザイン・シリーズ
はじめての高周波測定

2010年 6月15日　初版発行　© 市川 裕一 2010
2025年 6月 1日　第6版発行

著　者　市川　裕一
発行人　櫻田　洋一
発行所　CQ出版株式会社
　　　　東京都文京区千石4-29-14（〒112-8619）
　　　　電話　販売　03-5395-2141

編集担当者　野村　英樹
DTP・印刷・製本　三晃印刷株式会社
Printed in Japan
乱丁・落丁本はご面倒でも小社宛お送りください．送料小社負担にてお取り替えいたします．
定価はカバーに表示してあります．
ISBN978-4-7898-3021-8